戰略透視：冷戰後美國層級戰略體系

曹雄源◆著

楊序

戰略研究攸關國家安全與國際政治發展已為不爭的事實，其實質內涵的轉變更直接影響著國際關係與世界格局的變化方向。而美國在戰略研究方面引領著世界各國主要戰略方向與國家戰略佈局，更成為瞭解當前世局變遷的重要指標。事實上，無論是在冷戰期間，抑或是自後冷戰時期以來，學術界對於美國霸權地位的未來多有辯論，但無可諱言地，在可預見的未來，美國在世界政治舞台上作為最動見觀瞻的主導角色仍將難以撼動。自冷戰結束以來美國「國家安全戰略」之研究更受重視，已成為觀察新世紀初國際關係的焦點所在。

正因如此，美國學術界對於國家安全戰略研究自然也成了一股風潮，美國如何在全球化的競爭下與互賴合作的國際關係中維持其霸權的地位，其國家安全戰略的佈局與擘劃如何決定美國政策方針的趨向，在在攸關美國的國家整體安全，與面對威脅的防範因應。然而，面對全球新的威脅與挑戰，美國如何展現強大國力予以應變制變，美國的戰略思維尤值得深入瞭解。國防大學戰略研究所所長曹雄源博士歸納了過去我們所知悉的美國戰略，包含國家戰略、國防戰略及軍事戰略，並進一步提出「層級戰略」的概念，可謂在社會科學的知識脈絡下，發展出更加符合學術研究的規範，並清楚地說明此三者的個別意義與相互關係。此外，曹博士融合了東西方戰略思想，更豐富了學術研究的價值。

曹博士是國內罕見同時兼具軍事專業，與正統國際關係理論學術訓練的專家，本書選擇從國際關係理論與傳統戰略理論面向來分析自柯林頓時期，美國在國際權力結構由兩極對抗演變成為一超多強的時刻，訂定出美國國家安全戰略所強調的核心目標——「安全、繁榮、民主」，乃至小布希時期為打擊恐怖主義所訂定的「全球反恐」戰略，此戰略思維的背後，實包含了「國家戰略」、「國防戰略」、「軍事戰略」三個層次，而「國家安全戰略」對安全、繁榮與民主作指導，「國防戰略」與「軍事戰略」的擘劃則須配合「國家安全戰略」的需求，三者實為相輔相成。「層級戰略」集三者之大成，屬思想方針，並依其所屬的層次，提出對野戰戰略及軍事戰略的指導方針，使得戰略思維有了明確、清晰的思想架構，使本書更具有高度的思考價值。本書同時也可作為政府高層擬定國防戰略與軍事戰略的參考。時值此大作付梓之際，個人非常高興有此榮幸予以高度推薦。

國防部副部長

楊念祖 謹識

李司令序

冷戰結束後，國際兩極的格局演變成「一超多強」的國際體系，美國超強地位仍不斷面臨威脅與衝擊，卻仍維持屹立不搖，實乃源自於「空有資源尚不足成事，獨有兵器武力亦然之，國家必得有適切戰略，必要規劃及全般能力之機制體系」的戰略思維，美國國家安全戰略不斷精進提升，亦受惠於此思維之擴張延伸效應。

回溯美國國家安全戰略制定的初期，不易窺出其經緯，正在學術界苦思其中玄妙之際，國防大學戰略研究所所長曹雄源博士，以其多年來對於美國國家安全戰略之鑽研與授課心得，匯集而成第一本專書「戰略解碼：美國國家安全戰略的佈局」，將柯林頓與小布希總統執政時期的國家安全戰略作有系統的整理，清晰地歸納出美國國家安全戰略的三大核心——安全、經濟繁榮與民主，可謂為美國國家安全戰略之研究開啟了先河。過去個人服務於國防大學副校長期間，與曹所長多有接觸，對其在教學與學術研究方面的努力深感欽佩。

而今曹所長的第二本專書「戰略透視：冷戰後美國層級戰略體系」更進一步提出「層級戰略」的概念，本書從中西戰略專家對「戰略」所作定義出發，乃至探討東西方戰略思想的發展與比較，並輔以社會科學知識與研究方法，形成「層級戰略」的思想框架，釐清「國家戰略」、「國防戰略」與「軍事戰略」三者之間的關係，並以國際關係相關理論來加以印證，使得美國國家安全戰略的研究不僅止於學術研究，更與實際國家事務充分結合，引領學術界一個新的研究途徑，更結合曹所長在國際關係領域的專業素養，使得本書內容對於有志於美國戰略研究者提供更豐富的參考價值。本專書的完成誠屬不易，殊值入列學術領域窮究探討，為更多鑽研國家安全戰略研究的學者先進開拓了新視野，尤其期待在國內能建構屬於台灣全般戰略體系的思維。感佩專書之難能可貴，殊榮爰以為誌。

憲兵司令部中將司令

李翔宙 謹識

李 序

從古到今，人類為求生存發展，族群或國家基本上都有一套增強實力及抵禦外敵入侵的方法，此種方法可稱之為「謀略」、「策略」或「戰略」。冷戰結束後，「一超多強」的國際體系於焉成形，美國成為世界唯一超強的地位莫之能撼。詳究美國在國際上的主導地位，「美國國家安全戰略」扮演十分重要的角色。晚近，國內對於「國際關係與戰略」之研究有如雨後春筍，然學界對於「美國國家安全戰略」的觀點，仍莫衷一是、各家說法不一。因此，國防大學戰略研究所所長曹博士，能從國際關係理論的面向梳理「美國國家安全戰略」的脈絡，殊值肯定。

本書所提出的「層級戰略」概念，為戰略研究開闢一條新的研究途徑，其表現的特點有三：首先，是釐清「國家戰略」、「國防戰略」與「軍事戰略」三者之關係，國家安全戰略係基於國家利益策定其國家目標，並向下指導其他各階層的戰略，各階層戰略則向上支持國家目標之達成。其次，是運用國際關係中「新現實主義」、「新自由主義」、「民主和平論」等理論之觀點，分別探討「安全」、「繁榮」及「民主」三個國家安全戰略上的國家目標，以彌補傳統戰略理論「海權論」、「空權論」與「心臟地區說」之不足，解決上層理論的問題。第三，釐清在層級戰略思想概念下的各級戰略相互間的指導及隸屬關係。

本書總共十五章，區分為第一章緒論；第二章論述理論探討與分析架構；第三章介紹層級戰略；第四至九章論述國家戰略；第十、十一章為探討國防戰略；第十二至十四章為軍事戰略；第十五章為結論，總結美國各級戰略，上承國際關係相關理論，以「國家戰略」為首，「國防戰略」為體，「國家軍事戰略」為肢，佐以重要美國政府文獻，包括柯林頓與小布希政府的「國家安全戰略」、「國情諮文」、「四年期國防總檢」等相關資料。

本書內容豐富，其循序清晰的知識脈絡，以及對美國國家安全戰略體系的深入探討，不但極具學術價值，而且還可供政府領導階層及戰略規劃者新的參考，以構思我國的「國家安全戰略」體系。尤有進者，本書立論完整、層次分明，一般青年學子若能仔細研讀，亦可獲益良多。

政治大學

李登科教授 謹識

宋 序

就戰略思想而言，一般認為可區分為東方戰略思想與西方戰略思想。西方戰略思想與國際關係理論的根源如出一轍，多是現實主義的典型，西方現實主義學者對馬漢的「海權論」、杜黑的「空權論」、麥金德的「心臟地區」等戰略發展產生啟迪與影響。而現實主義更是新現實主義的立論來源，「層級戰略」的理論基礎又不離新現實主義的思維，可見西方戰略思想與「層級戰略」之思維，在理論的領域上有密不可分的關係。而東方戰略思想所強調者大部分為國家利益、權力、富國強兵、安全與生存，此思維又與「層級戰略」所要闡述有關安全的面向也有密切的關係。本書更將東西方戰略巨著《孫子兵法》與《戰爭論》，與「層級戰略」所論述的核心內涵作簡要分析，有助讀者瞭解「層級戰略」與東西方戰略的相關性，這在學術界肯定是絕無僅有。

眾所周知戰略的範疇其實包括了政治、經濟、軍事、文化、心理及科技等層面，對於國家的生存與發展影響至鉅。美國白宮所正式發行的「國家安全戰略」文件對美國國家價值與國家利益之相關戰略提供了相當明確且深入之研究方向。正因如此，國防大學戰略研究所所長曹雄源博士，幾年前從美國丹佛大學國際關係學院獲得博士學位返國後，即著手研究美國官方正式發行的「國家安全戰略」文件，整理成書《戰略解碼：美國國家安全戰略的佈局》，對於美國戰略研究苦無有系統整理與可供參酌之文獻資料，無疑是天降甘霖。而今曹博士更進一步將美國「國家戰略」、「國防戰略」與「軍事戰略」三者，歸納提出甚富創新的「層級戰略」思想概念，結合社會科學知識與理論，建構更為完整的戰略思想架構，使戰略研究的途徑更加豐富，更形塑了戰略研究的新趨向。

要進行戰略學門層次的建構，並不是一件容易的事，以往對戰略的區分僅限於「總體戰略」、「大戰略」、「國家戰略」、「軍事戰略」與「野戰戰略」等，唯對其間的關係並未進行理論的檢證與上下關係的詮釋，曹博士所提出的「層級戰略」恰釐清了戰略與戰略相互之間的鏈結關係，讓美國各戰略層次之上下關係更為清晰，既是研究國際關係與美國戰略的佳作，更是可供美國戰略研究的一本教科書。

附帶一提的是，曹博士自98學年（2009年9月）起，不辭舟車勞頓，每週遠從桃園前來台中東海大學政治學系，教授本系大學部學生。教授課目包括：「美國戰略研究」、「美國國家安全戰略」及「政策規劃與評估」。曹博士就其專業學術涵養與能力，傾囊相授，深獲學生們好評與喜愛。此外，曹博士亦積極推動與加強國防大學與東海大學之間的交流合作，戰略研究所與政治學系之間的學術研討與對話，不但對東海大學而且也對政治學系貢獻良多。值此付梓出版之際，個人樂意為之序。

東海大學政治學系教授兼系主任

宋興洲 謹識

韓 序

古代對於「戰略」的解釋通常是從軍事觀點出發，如克勞塞維茲認為「戰略是運用交戰來遂行戰爭的目的」，但近代對於「戰略」的解釋則較廣泛，本書就是很好的例子，首先從中西戰略專家對「戰略」所作定義出發，然後探討東西方戰略思想的發展與比較，並進一步輔以社會科學知識與研究方法，形成「層級戰略」的思想框架，包括美國「國家戰略」、「國防戰略」及「軍事戰略」等三個層次，在面對威脅與挑戰時，如何向下指導，與向上回饋，構成整體綿密的國家安全網絡。而美國這三個層次的「層級戰略」亦為戰區「聯戰計畫作為與執行程序」（JOPES）的上層指導。使得本書內容對於有志於美國戰略研究者提供更豐富的參考價值。

長久以來，坊間書籍中論述國際關係的專書甚多，但同時兼具「國際關係與戰略」視角，與有系統地歸納整理美國「國家戰略」、「國防戰略」及「軍事戰略」三個層次的著作卻相當罕見。本書引用資料豐富，論證詳實，具有三大特色，首先，藉由對東西方戰略思想發展的探討，瞭解東西方戰略思想背後的影響因素；其次，以國際關係理論與傳統戰略理論作為分析架構，並進一步檢證美國柯、布兩任總統的國家安全戰略思維與佈局，使「理論」與「實況」能夠相互印證，更凸顯其研究的價值。並將其聚焦於「國家安全」、「經濟繁榮」及「政治民主」的三大核心課題，使讀者在爾後研究與剖析美國國家安全戰略相關課題中，更能掌握其戰略佈局的真貌及精義。

最後，曹所長一向治學嚴謹，引證有據，在國際關係理論與美國國家安全戰略上鑽研深入，且著墨甚廣，深受學術界的讚許與肯定，對提昇國際關係理論知識的深化與美國國家安全戰略的研究多所助益。今日曹所長將其教學研究心得彙集成書出版，一饗讀者同好，書名為《戰略透視：冷戰後美國層級戰略體系》，值此出版之際，個人樂意推薦，並為之序。

國防大學教育長

韓岡明 謹識

作者序

筆者在整理柯林頓暨小布希政府時期「國家安全戰略」（國家戰略）、「國防戰略」與「軍事戰略」後，經常思考如何將此三個戰略建構出更符合學術規範的論述，因此在教學過程中獲得許多好的靈感，以及來自研究生卓越意見的提供，經過不斷的思索與討論，遂將其界定為「層級戰略」。顧名思義「層級戰略」意即，戰略與戰略之間有範圍與屬性之分，並突顯戰略與戰略之間有上下及指導的關係。然而，若僅從此種概念出發，恐無法窺探「層級戰略」中各式戰略的深層意涵，誠如學者貝特斯（Richard Betts）所言：「戰略研究的危險是：只看見軍事的樹木，卻看不見政治的森林。」的確，若未將國際關係相關理論導入，並無法深入探究美國「層級戰略」的意涵。

職是之故，本書以國際關係理論新現實主義、新自由主義與民主和平理論為論述基礎，分別詮釋美國柯林頓暨小布希政府「國家安全戰略」所揭櫫的三大核心目標：安全、經濟繁榮與民主。「國家安全戰略」向下指導「國防戰略」與「軍事戰略」，而後兩者所論述的內涵即是如何支撐與達成「國家安全戰略」的目標。易言之，「國家安全戰略」上有國際關係理論做為指引，向下指導國防部的建軍備戰，而國防部所發佈的次級戰略則反饋確保「國家安全戰略」三個核心目標的達成。本書循此邏輯思維撰寫，共區分四篇，第一篇為理論與層級戰略篇，筆者期望學術界除進行東西方戰略思想研究外，亦能將「層級戰略」列為研究途徑，故本書特別對社會科學知識與研究方法進行探究，俾證明其為可行的研究途徑。另筆者也依「台灣政治學會」暨「中國政治學會」專書聯合審查委員意見，增列分析架構，使本書的論述更為嚴謹。其次，第二至四篇，分別對美國「國家戰略」、「國防戰略」與「軍事戰略」進行剖析與理論的檢驗。

本書能完成，除感謝「台灣政治學會」暨「中國政治學會」專書聯合審查委員精闢的意見外，本所王長河老師對孫子兵法相關概念的意見提供，研究生王勇程上校、程詣証上校、連清輝先生在資料校對的協助，使本書得以在一百年三月於「五南圖書出版股份有限公司」出版，在此表達個人的誠摯謝意。同時也藉此感謝「五南圖書出版股份有限公司」主編劉靜芬小姐及責任編輯李奇蓁小姐的協助。此外，也要感謝家人對我專注本書寫作的鼓勵與包容，若無他們的協助，本書實難以順利完成。本書是筆者在兩年前完成「戰略解碼：美國國家安全戰略的佈局」乙書後，另一本研究心得。「層級戰略」概念的提出仍有待學界後續的討論與強化，本書內容在經數次校對後仍可能存在錯誤，尚請學術先進與讀者不吝指正。在此，筆者衷心企盼本書的出版能引起戰略研究社群，對於美國「層級戰略」的關注，以及我國在相關戰略領域研究的重視。

國防大學戰略研究所少將所長

曹雄源 謹識

英文縮簡表
（List of Abbreviation & Acronym）

AIDS（Acquired Immunodeficiency Syndrome）愛滋病，後天性免疫不全症候群
APEC（Asia Pacific Economic Cooperation）亞太經濟合作
ATACMS（Army Tactical Missile System）陸軍戰術飛彈系統
BUR（Bottom-Up Review）通盤檢討
BWC（Biological Weapons Convention）生物武器公約
C4ISR（Command, Control, Communications, Computers, Intelligence, Surveillance, and Reconnaissance）指揮、管制、通信、資訊、情報、偵察與搜索
CBRN（Chemical, Biological, Radiological, Nuclear）化學、生物、輻射與核子
CG（Center of Gravity）作戰重心
CI（Critical Infrastructure）重要基礎設施
CIA（Central Intelligence Agency）中央情報局
CM（Consequence Management）災後處理
CORM（Commission on Roles and Missions）武裝部隊角色與任務委員會
CP（Counterproliferation）反擴散
CPG（Contingency Planning Guidance）應變計畫作為指導
CTBT（Comprehensive Nuclear Test Ban Treaty）全面禁止核試爆條約
CTRP（Cooperative Threat Reduction Program）合作降低威脅計畫
CWC（Chemical Weapons Convention）化學武器公約
CWIN（The Cyber Warning and Information Network）網際空間警示與資訊電腦網
DHS（Department of Homeland Security）國土安全部
DIMEFIL外交、資訊、軍事、經濟、金融、情報與執法
DNDO（Domestic Nuclear Detection Center）國內核子偵測中心

DNI（Director of National Intelligence）國家情報總監
DOD（Department of Defense）美國國防部
DOJ（Department of Justice）司法部
ETRI（Expanded Threat Reduction Initiative）擴大降低威脅機制
FBI（Federal Bureau of Investigation）聯邦調查局
FEMA（Federal Emergency Management Agency）聯邦危機管理局
FISMA（The Federal Information Security Management Act）聯邦資訊安全管理法案
FSD（Full Spectrum Dominance）全方位的優勢
GDP（Gross Domestic Product）國民生產總值
GWOT（Global War on Terrorism）全球反恐戰爭
HIV（Human Immunodeficiency Virus）人體免疫缺損病毒，愛滋病毒
HSPD（Homeland Security President Directive）國土安全總統決策指令
IAEA（International Atomic Energy Agency）國際原子能總署
IC（International Community）國際社群
ICE（U.S. Immigration and Customs Enforcement）移民暨海關局
IED（Improcised Explosive Device）急造爆裂物
IMET（International Military Education and Training）國際軍事教育及訓練
IMF（International Monetary Fund）國際貨幣基金
IO（Information Operations）資訊作戰
ISACs（Information Sharing and Analysis Center）資訊分享與分析中心
JDAM（Joint Direct Attack Munitions）聯合直攻彈藥
JIACGs（Joint Interagency Coordination Groups）跨部反恐聯合機制協調組織
JSOW（Joint Standoff Weapon）聯合遠距攻擊武器
KR（Key Resource）主要資源
MDBs（Multilateral Development Banks）多邊發展銀行
MILSTAR（Military Strategic and Tactical Relay Satellite）軍事戰略與戰術中繼衛星
MIO（Military Information Operation）軍事資訊作戰
MSOs（Military Strategic Objectives）軍事戰略目標

MTCR（Missile Technology Control Regime）飛彈技術管制機制

MTW（Major Theater War）主要戰區戰爭

NAFTA（North America Free Trade Agreement）北美自由貿易協定

NCPC（National Counterterrorism Center）國家反恐中心

NCRCG（National Cyber Response Coordination Group）國家網路回應協調小組

NDS（National Defense Strategy）國防戰略

NIMS（National Incident Management System）國家緊急事件管理系統

NIPP（ National Infrastructure Protection Plan）國家重要基礎設施防護計畫

NMS（National Military Strategy）國家軍事戰略

NMSP-WOT（National Military Strategic Plan for the War on Terrorism）反恐戰爭的國家軍事戰略計畫

NP（Nonproliferation）不擴散

NPEG（Nonproliferation Expert Group）八大工業國不擴散專家小組

NPT（Nuclear Non-Proliferation Treaty）核不擴散條約

NSC（National Security Council）國安會

NSG（Nuclear Suppliers Group）核子供應團體

NSS（National Security Strategy）國家安全戰略

OAS（Organization of American States）美洲國家組織

OECD（Organization for Economic Cooperation and Development）經濟合作發展組織

OEF（Operation Enduring Freedom）持久自由行動

OIF（Operation Iraqi Freedom）伊拉克自由行動

OMB（Office of Management and Budget）管理與預算辦公室

ONA（Operation Net Assessment）作戰淨評估

OSTP（Office of Science and Technology Policy）科學與技術辦公室

PSI（Proliferation Security Initiative）擴散安全機制

QDR（Quadrennial Defense Review）四年期國防總檢

QSR（Quadrennial Strategy Review）四年期戰略總檢

SARS（Severe Acute Respiratory Syndrome）非典型性肺炎

SJFHQ（Standing Joint Force Headquarters）常設聯合部隊指揮部

SOF（Special Operations Forces）特種作戰部隊
SOFA（Status of Forces Agreement）部隊狀態協議
TSA（Transportation Security Agency）運輸安全署
TTP（Tehrike-e-Taliban Pakistan）塔利班在巴基斯坦黨羽
USAID（US Agency for International Development）國務院國際發展署
USCG（United States Coast Guard）美國海岸防衛隊
WB（World Bank）世界銀行
WMD（Weapons of Mass Destruction）大規模毀滅性武器
WTO（World Trade Organization）世界貿易組織

目錄

第一篇　理論與層級戰略篇

表目錄

圖目錄

第一篇

理論與層級戰略篇

第一章　緒　論

Our Extraordinary diplomatic leverage to reshape existing security and economic structures and create new ones ultimately relies upon American power. Our economic and military might, as well as the power of our ideals, make America's diplomats the first among equals.

William J. Clinton

我們卓越的外交影響力，重新塑造了現行的安全與經濟組織，並建立最終得以依靠美國實力的新組織。我們的經濟與軍事力量，以及我們理念的力量，使得美國外交官成為同儕之間的翹楚。

（柯林頓・1995年國家安全戰略）

從古至今，人類爲求生存發展，族群或國家有一套增強實力及運用防衛抵禦外敵入侵的方法，此種方法可稱之爲「謀略」、「策略」或「戰略」，就軍事與安全領域而言，較常使用「戰略」一詞。本書探討美國有關國家安全、國防與軍事戰略，希望透過對「層級戰略」[1]的解析，瞭解美國各式戰略上下之關係及意涵，故對相關名詞使用統以「戰略」稱之。然而，長久以來，「戰略」一詞在西方與東方世界（特指中國與台灣）各有不同的詮釋，誠如布恩·巴卓洛米斯（J. Boone Bartholomees, Jr.）所言：「在現今世界中，要定義『戰略』（strategy）並不如想像容易，但是對其定義是重要的。」[2]因此，要瞭解美國戰略思維之前，須對西方世界正式使用迄今已逾兩百年的名詞——「戰略」，做一個整理。此外，本章亦會對東、西方戰略思想的發展做一概述。另外，爲使「層級戰略」能在社會科學知識的脈絡下，更符合學術研究的規範，本體論、認識論、方法論與研究方法的陳述與運用，也是本章所要探討的重點。

第一節　戰略的定義

首先，筆者將西方研究「戰略」的學者，對「戰略」的定義歸納分述如後。卡爾·克勞塞維茲（Karl Von Clausewitz）認爲「戰略」是運用交戰（engagement）來遂行戰爭的目的。巴希爾·李德哈特（Basil H. Liddell Hart）則將「戰略」定義爲：「分配與運用軍事手段達成政策目的之藝術，戰略能成功最重要目的是，取決於對目的與手段徹底的盤算與協調。」巴卓洛米斯則認爲：「戰略僅是一個問題解決的過程。」[3]哈利·雅格（Harry R. Yarger）對「戰略」一詞曾做如下的定義：「戰略可被理解爲依照國家政策指導，發展及運用政治、經濟、社會心理及軍事力量，以創造保護或促進在戰略環境下國家

[1] 詳見第三章層級戰略。

[2] J. Boone Bartholomees, Jr."A survey of the Theory of Strategy," *U.S. Army War College Guide to National Security Issues*, Volume1: Theory of War and Strategy (U.S.: U.S. Army war College, 2008), p.13.

[3] *Ibid.*, pp14-15.

利益效果之藝術與科學。」[4]喬徐瓦・高德斯坦（Joshua S. Goldstein）對「戰略」則做如下的定義：「戰略是行爲者運用權力的指南，行爲者依據戰略發展及部署國力，從而達成目標。」。[5]

其次，近代中國研究「戰略」的學者，對此一名詞的定義，則可綜整分述如下。蔣緯國對戰略之定義：「戰略爲建立力量，藉以創造與運用有利狀況之藝術，俾得在爭取同盟國之目標、國家目標、戰爭目標、戰役目標或從事決戰時，能獲得最大成功公算與有利之效果。」[6]孔令晟則將戰略定義爲：「戰略是涵蓋接觸前、接觸及對決後，全程的行動思想和構想。」[7]鈕先鍾認爲「戰略」就是「戰之略」，也就是「戰爭藝術」（art of war）。[8]姚有志則歸納西方戰略學者等人的觀點，並將「戰略」定義爲：「指在一定時期對戰爭全局的籌劃與指導。」[9]許嘉對「戰略」一詞則謂：「戰略中的『戰』字，表明它關注的是鬥爭領域；而『略』主要是指韜略、謀略，『戰略』就是所謂的戰爭韜略。」[10]由以上學者的定義可得知，對戰略的認知並沒有一定的共識。然而，從現代的觀點言，戰略須依其「層級」之不同而有不同的解釋，[11]然戰略若屬於國家層級則可定義爲：「一國爲達成國家目標或利益的全面思維。」

戰略觀念的內涵隨著時代的進步而不斷擴大和加深，形成一種源遠流長的演進過程。從此種過程中可獲得三點初步共識：（1）戰略是智慧的運用，中國古人稱之爲「謀」，孫子說：「上兵伐謀」，所以，戰略是鬥智之學，伐謀之學；（2）戰略思考的範圍是限於戰爭，與戰爭無關的問題則不包括在內，這也是當年翻譯「strategy」的人在「略」字前面加一個「戰」字的理由；（3）戰爭中所使用的主要工具就是武力，也就是「兵」，所以我國古代把戰略稱爲兵學。簡言之，戰略爲用兵之學，作戰（operation）之學。然自第二次

---

[4] Harry R. Yarger, "The Strategic Appraisal: The Key To Effective Strategy," J. Boone Bartholomees, Jr. (ed), *U.S. Army War College Guide to National Security Issues*, Volume1: Theory of War and Strategy, p.51.

[5] Joshua S. Goldstein著；歐信宏、胡祖慶合譯，《國際關係》（International Relations），（台北：雙葉書廊有限公司，2003年），頁61。

[6] 蔣緯國，《大戰略概說》，（台北：三軍大學，1976年），頁7-8。

[7] 孔令晟，《大戰略通論：理論體系和實際作為》，（台北：好聯出版社，1995年），頁89。

[8] 鈕先鍾，《戰略研究入門》，（台北：麥田出版股份有限公司，1998年），頁22。

[9] 姚有志（主編），《戰爭戰略》，（北京：解放軍出版社，2005年），頁1。

[10] 許嘉，《美國戰略思維研究》，（北京：軍事科學出版社，2003年），頁2。

[11] 有關國家安全戰略與軍事戰略之定義請參考第4及12章。

世界大戰後，國際政治環境產生重大變化，上述第二、三點狹義的界定，必須擴大其內涵，或作彈性的解釋，一般稱之為「大戰略」（grand strategy），[12]更廣義的說，則應包括「國家安全戰略」、「國防戰略」與「軍事戰略」。本書對戰略之定義係依據美軍軍語辭典，戰略即：「於平時及戰時發展與運用政治、經濟、心理與軍事諸力量之藝術與科學，以對政策提供最大支持，俾增加勝利的可能性與有利結果，並降低挫敗的機會。」。[13]

第二節　東西方戰略思想發展

此處所要探討的重點是東西方戰略思想發展做一概述，使吾人瞭解東西方戰略思想背後的影響因素為何？兩者在戰略思想發展上，是否有交集處，俾找出兩者與「層級戰略」的關係，是為本節探討之主要目的。

一、東西方戰略思想發展影響因素探討

眾所周知戰略思想以人腦為源頭，研究戰略思想首先必須注意做為思想源頭的人，雖然人人都能思考，但僅極少數人能做較為深入的思考，而這些能做深入思考之人，其所提出曠世巨作者便是思想家，在戰略領域中即為「戰略思想家」。易言之，任何戰略思想家必受若干背景因素的影響。概括言之，可分為六項：地理、歷史、經濟、文化、政府組織與技術等。

首先，就地理言，全體人類共同生活在地球上，均受地理環境影響，雖然製造歷史者是人，但是地理則能決定在何處創造歷史。一切思想與制度莫不受地理因素輔助及限制。[14]例如，中國兵聖孫子在始計篇曾謂：「故經之以五事，校之以計，而索其情。一曰道，二曰天，三曰地，四曰將，五曰法。」此即謂國家在平時必須對上述五項工作做好經營，其中「地者」指的是空間，其包含地形與地略。地形以戰場地形、地物為主，地略以國與國間的區域地理為

[12] 鈕先鍾，《西方戰略思想史》，（台北：麥田出版股份有限公司，1999年），頁16。
[13] Department of Defense, Dictionary of Military and Associated Terms (US: DOD, 1998), pp.429-430.
[14] 鈕先鍾，《中國戰略思想新論》，（台北：麥田出版股份有限公司，2003年），頁7-8。

主。換言之，好的戰略思想家應當嫻熟地理及善用地理，俾創機造勢。中國因其所處地理位置使然，歷朝歷代所孕育的戰略思想仍是以中國大陸爲主要範疇，並沒有溢出這一廣泛的領域。西方戰略專家對地理的重視也不遑多讓。例如，公元前334年至324年，馬其頓國王亞歷山大歷時十年的東征，消滅了波斯帝國，在西起巴爾幹半島、尼羅河，東至印度河這一廣泛的地域，建立幅員空前的亞歷山大帝國。這次的遠征把西方軍事思想向前推進了一個新的高峰。遠征軍孤軍深入，以進攻爲主要形式，連續戰鬥，進行了數以百計的搶渡江河、圍城攻堅，以及山地、沙漠和平原地作戰，多次以速決戰勝優勢之敵。[15]此外，美國陸軍戰院在其戰略研究相關課程，亦將地理條件列爲權力無可轉換的面向，其特徵包括位置、大小、氣候等均影響一個國家的展望與能力。[16]

第二，歷史經驗在戰略領域中之影響是像地理環境同樣強烈。中國自有文字以來，其戰略思想並沒有因朝代的更迭，使戰略思想產生斷層。換言之，自西周迄今逾3,000年的時間，中國或曾遭受異族的統治，但整個戰略思想的傳承，並未因元、清等外族的統治而中斷，戰略思想的發展反而是與日俱增，不斷累積與深化。人有記憶力，會懷念往事。鈕先鍾認爲如果把思想視爲歷史現象的一部分，則可從歷史的立場來探討思想現象，此種研究成果即稱之爲思想史。思想史不僅要敘述某一個人或某一時代的思想內容和特色，而且還要探索彼此之間的因果關係，以進一步瞭解思想演變過程中的焦點和軌跡，甚至還要由此推斷其未來發展趨勢。[17]由此可知，歷史對經驗的累積及傳承扮演一個非常重要的角色，當然戰略的研究也無法置身事外。戰略家無不重視歷史，阿宏（Raymond Aron）有一句名言：「戰略思想是在每一個世紀，又或在歷史每一時段中，從事像本身所出現之問題吸取其靈感。」簡言之，不同時代會有不同戰略思想出現。[18]

第三，戰爭不脫離經濟的因素，打仗就是打錢，此乃古今中外所共有之歷史經驗。[19]孫子曾說：「凡用兵之法，馳車千駟，革車千乘，帶甲十萬，千

---

15 薛國安，《孫子兵法與戰爭論比較研究》，（北京：軍事科學出版社，2003年），頁182。
16 US Army War College Selected Readings, "*War, National Policy, and Strategy*," 1992, p.9.
17 鈕先鍾著，《西方戰略思想史》，頁17。
18 鈕先鍾，《中國戰略思想新論》，頁8。
19 前揭書，頁8。

里饋糧，則內外之費，賓客之用，膠漆之材，車甲之奉，日費千金，然後十萬之師舉矣。」[20]其言簡意賅道出，打仗首重龐大的人力、物力與財力的支援，有充足的準備，戰爭才可啟動，而這些都是奠定勝利的重要因素，故富國乃強兵之本，此一道理亙古不變。美國陸軍戰院在其戰略研究相關課程，也將經濟因素列爲是決定國力的重要因素之一，這當中除了領土、人口與豐富天然資源外；工業能力與技術創新也視爲重要指標。[21]此從克萊恩（Ray S. Cline）於1975年出版了《世界權力的評價》一書可看出經濟因素的重要性，在該書中，他提出一個對國家權力（亦即國家力量）加以綜合估量的公式：$Pp = (C + E + M) \times (S + W)$；其中Pp即被確認的權力（perceived power）、C爲基本實體（critical mass：population and territory）、E爲經濟能力（economic capability）、M爲軍事能力（military capability）、S爲戰略意圖（strategic purpose）、W爲貫徹國家戰略的意志（will to pursue national strategy）。[22]

第四個影響因素爲文化，文化包括範圍頗廣，宗教、意識形態、民族性均在內。基於不同文化背景，不同民族有其不同戰略行動。薛國安認爲：「孫子的大智大謀並不是天意神授，而是根植於中華大地，吸收中華民族智慧精華的結果。」[23]而集此戰略思想大成的過程，很難與文化的影響脫鉤。傑培森（Ronald L. Jepperson）、溫特（Alexander Wendt）及卡贊斯坦（Peter J. Katzenstein）等人認爲，文化對一個國家安全環境影響深遠，不僅僅是物質因素而已，渠等更進一步指出：「文化環境不僅影響許多種國家行爲的動機，而且也影響國家的基本特質。」[24]施道安（Andrew Scobell）以「戰略文化」（strategic culture）分析中共對外動武的兩個理由。首先，渠認爲文化做爲戰略的主要面向已被廣泛認定，此包括國家用兵傾向的文化衝擊。此外，渠亦認爲中共學者、分析員與政策制定者，經常主張過去與現在的政策與行爲是由國

[20] 魏汝霖，《孫子今註今譯》，（台北：台灣商務印書股份有限公司，1994年），頁82-83。
[21] US Army War College Selected Readings, "*War, National Policy, and Strategy,*" 1992, p.13.
[22] *Ibid.*, p.23.
[23] 薛國安，《孫子兵法與戰爭論比較研究》，頁178。
[24] Ronald Jepperson, Alexander Wendt, and Peter Katzenstein, *Norms, Identiy, and Culutre in National Security*, in Peter J. Katzenstein ed., *The Culture of National Security*: *Norms and Identity in World Politics*, p.33.

際關係傳統中國哲學所決定。[25]此一說法，相當程度歸納中國戰略家都視文化爲不可或缺的一環，而文化更是深深刻劃在中國戰略思想的傳承上。

第五，政府組織、軍事體制，在戰略思想行動過程中，均扮演重要角色。古代國家組織簡單，軍政大權可集中在一個人手中，近代組織日益複雜，官僚體系權力大增，產生極大影響作用。[26]事實上，近代國家的政治發展良窳是決定國家權力的一個重要決定因素，政治發展意味著政府有能力及效能運用人力與資源來追求國家目標。而國家這樣的發展可從兩個重要的政府組織來加以檢視：官僚體系及政黨，此兩者對政府動員其人民達成國家目的是重要的。[27]此外，有效能的政府也可有效掌握軍事組織，換言之，軍事體制之良窳與政府之效能，仍有密不可分的關係。滿清末年，由於滿清官僚腐敗，且無法引進西方先進軍事體制以圖強，最後淪爲次殖民地。此一由政治腐敗及軍事體制所引起的衰敗，已呼應上述兩者對戰略思維發展的影響。而西方世界在18世紀之後，由於技術不斷的更新，政府組織及軍事體制不斷轉型，逐漸超越中國，成爲當時世界的主宰力量。

第六，技術對戰略之影響早已是「老生常談」。時代越進步，技術重要性越強。從未來加以檢視，一切思想行爲越來越受技術指導。有人說過去以兵取勝，現在戰略則以工業取勝，而未來戰略則以技術取勝。以上所言一點不假，由於技術的創新，使得戰爭型式產生變化，從半自動、自動化戰爭到資訊化戰爭；從傳統戰爭到核子戰爭。由於技術的轉變，已深深影響戰略制定過程，朱爾與史諾（Drew and Snow）更明確指出，對某些例子而言，技術已成爲戰略的主要決定因素。技術對戰略的影響是矛盾、複雜且太過廣泛而無法做細部的考量，但其仍可三個方式做爲例子：致命性武器影響對軍事性手段使用的思考；宣示性戰略與部署及運用戰略的不連貫性；與先進武器有關之武器競賽成本（螺旋成本），以上三個因素對大戰略及其形成至少有一個間接的影響。[28]此由工業革命帶來技術的轉變，已使18世紀以來的戰爭形態，歷經多次的改

[25] Andrew Scobell, *China and Strategic Culture*, p.1, internet available from http://www.strategicstudiesinstitute.army.mil/pdffiles/pub60.pdf, accessed March 9, 2009.

[26] 鈕先鍾，《中國戰略思想新論》，頁8。

[27] US Army War College Selected Readings, "*War, National Policy, and Strategy*," 1992, p.19.

[28] Dennis M. Drew and Donald M. Snow, *Making Strategy: An Introduction to National Security Process and Problems*, (Alabama: Air University Press, 1988), pp.52-53.

變。故技術革命影響戰爭形態的同時，戰略家在思考戰略時，很難不受技術轉變的影響。滿清的滅亡除了前述政治及軍事體制的腐敗外，技術與觀念的落後，也是其中一項重要的因素。

二、東西方戰略思想之比較

東西方戰略思想遠源流長，想要在極短的篇幅比較兩者是不太可能的，然而，如果能從東西方戰略的經典著作中，找尋兩本巨著來分析東西方的戰略思想，或許不失爲一條可行的途徑。惟這樣的構想必須克服時代的差異，及一般人對此兩本巨著共識上的落差。故只有在以上兩個條件皆可接受的情況下，做以下的比較才有意義，並能將東西方戰略思想的精髓顯現出來。

美國戰略家柯林斯（John M. Collins）曾說：「孫子是古代第一個形成戰略思想的偉大人物。孫子十三篇可與歷代名著包括2200年後克勞塞維茲之著作媲美。」英國軍事理論家李德哈特也認爲：「《孫子兵法》堪稱兵法之精華。在過去的所有軍事思想家中，惟有克勞塞維茲可與孫子相提並論。」[29]以上的說法可從孫子之《孫子兵法》與克勞塞維茲之《戰爭論》均是世界公認的著名軍事著作得到呼應。前者享有「東方兵學瑰寶」之尊，後者素有「西方兵學聖經」之譽。雖然兩者相差2000多年，但兩者分別代表了東西方古代軍事戰略研究的最高成就，並均在東西方戰略思想融合過程中發揮了重要的角色，兩者均可稱之爲「世界兵學雙壁」或「東西方的兵經」。[30]惟兩者所處的時代條件和文化背景確實差異很大，也因爲此種緣故，我們才能通過比較研究更清楚地看出人類軍事思想的發展和變化。更重要的是從以上的論述，我們大致克服了所謂共識的問題，因爲研究戰略的學者一致認定上述兩本巨著，各自代表東西方的戰略思想的精華。透過對兩者進行比較分析，有益讀者瞭解東西方戰略思維的特點。[31]

承上，中共學者薛國安將「孫子兵法」歸納爲九論：即明謀深圖的廟算論、謀形造勢的形勢論、伐謀攻城的全破論、避實擊虛的虛實論、出奇制勝的

---

29 薛國安，《孫子兵法與戰爭論比較研究》，頁175。
30 前揭書，頁1。
31 前揭書，頁2。

奇正論、攻守兼備的主客論、趨利避害的天地論、文武相濟的治軍論、五德兼備的將帥論，分別加以闡述。薛國安亦將「戰爭論」歸納為九論：即史論結合的軍事方法論、三位一體的戰爭本質論、精神至上的戰略要素論、盡敵為上的主力會戰論、寓攻於守的積極防禦論、以民為盾的民眾戰爭論、以力制勝的戰略進攻論、以政統軍的有限目標論。從上述歸納中，我們看到兩者精華所在，這樣的歸納雖然稱不上盡善盡美，但是在學術研究的領域仍有其貢獻，以下茲就兩者簡要分析比較如後。

孫子與克勞塞維茲兩個東西方戰略思想家，分處在不同的時空，其在戰略思維有所差異，實不足為奇。兩者學說所反應的差異主要集中在戰爭觀、戰略思想、作戰指導思想等方面。首先，就戰爭觀而言，孫子在始計篇即言：「兵者，國之大事，死生之地，存亡之道，不可不察也。」孫子把戰爭列為國家頭等重要的大事，以引起國軍將帥的高度重視。[32]此處「兵」字一詞即謂兵爭、兵事、戰爭或與國防事務有關者，[33]也就是國防及戰爭的重大事項與人民生活福祉、生存息息相關，為政者對此等國家大事，不可隨意輕忽。反觀，克勞塞維茲也是從解釋戰爭入手，但他主要從哲學角度抽象戰爭的本質，提出戰爭是迫使敵人服從我們意志的一種暴力行為的觀點，直接揭示了戰爭的本質。[34]克勞塞維茲在《戰爭論》第一章即說明：「戰爭只不過是一種較大規模的決鬥而已。」簡言之，戰爭的手段就是戰鬥，目的就是殲滅敵人，其一切思想都是以此種觀念為核心。[35]所以，兩者可一言概括之，即孫子是持理性的戰爭觀；而克勞塞維茲則是崇尚暴力的戰爭觀。[36]

其次，就戰略思想而言，由於歷史、文化、政治思想的影想，中國人重謀，西方人尚力，這種區別在《孫子兵法》和《戰爭論》中表現相當明顯。[37]此由《孫子兵法》各章談論的重點，若以今日軍事的觀點重心詮釋，評量勝負〈始計篇〉、經營戰爭〈作戰篇〉、謀劃攻防策略〈謀攻篇〉、戰力比較分析〈軍形篇〉、動量的運用〈兵勢篇〉、攻守布陣的法則〈虛實篇〉、作戰目標

---

[32] 前揭書，頁207。
[33] 魏汝霖，《孫子今註今譯》，頁65。
[34] 薛國安，《孫子兵法與戰爭論比較研究》，頁207。
[35] 鈕先鍾，《西方戰略思想史》，頁258-259。
[36] 薛國安，《孫子兵法與戰爭論比較研究》，頁207。
[37] 前揭書，頁209。

〈軍爭篇〉、通權達變〈九變篇〉、戰爭中的磨擦〈行軍篇〉、地理、軍隊、將領與軍事作戰〈地形學〉、地略、戰略與將略〈九地篇〉、火器的使用〈火攻篇〉、運用中間人的藝術〈用間篇〉。故《孫子兵法》全書始於評量勝負，終於情報。計畫目的在於能行，情報目的則爲先知。不知不能行，故計畫（始計篇）必須以情報（用間）爲基礎，始能構成完整戰略思想體系。從《孫子兵法》各篇內容陳述的內容及所表現出之思想體系，充滿計畫與謀略。[38]孫子認爲戰略之最高運用即在不戰而屈人之兵，而戰爭最上乘的手段即是伐謀，這些思想都是「全勝」的具體作爲。相較於孫子，克勞塞維茲認爲，戰爭是一種暴力行爲，而暴力的使用是沒有限度的。因此，他的戰略思想以戰而勝敵爲戰略目的。諸如，最大限度的使用暴力，在戰爭中手段只有一種，那就是戰鬥，用流血的方式解決，即消滅敵人軍隊，主力會戰是戰爭的眞正重心等等觀點，無不散發出克勞塞維茲以戰爭手段爭取戰勝的思想。[39]

第三，孫子與克勞塞維茲兩者在戰略理論立足點的不同，自然會導致其作戰理論側重的不同，以下就打擊目標、兵力運用、戰場指揮、戰場偵察、戰場控制、軍事理論及攻擊防禦分述比較如表1.1。

表1.1　孫子與克勞塞維茲戰略理論比較

區分	孫子	克勞塞維茲
打擊目標	孫子主張避實擊虛。	克勞塞維茲則強調打擊重心。
兵力運用	孫子雖然強調以眾擊寡，但也強調謀略運用的重要。	克勞塞維茲是數量優勢論者，一貫主張集中優勢兵力，全力以赴與敵對戰，力求首戰必勝。
戰場指揮	孫子側重於因敵制勝，渠對作戰指揮最高要求是用兵如神。所謂神就是那種能與敵變化而取勝的人	克勞塞維茲則側重於按計畫行事，其主張戰略的任務是制定戰爭計畫和戰局方案，作戰中的一切行動應按計畫進行。
戰場偵察	孫子主張盡知的敵我之情。	克勞塞維茲卻認為戰場充滿迷霧，不可能完全瞭解清楚。

[38] 鈕先鍾，《中國戰略思想新論》，頁45。
[39] 薛國安，《孫子兵法與戰爭論比較研究》，頁211。

戰場控制	孫子強調為將者要善於在戰場指揮過程中運用四治之法：治氣、治心、治力與治變。	克勞塞維茲也多次強調戰場控制問題，他認為有效控制戰場的最好方法是克服戰爭的阻力。
軍事理論	孫子兵法在軍事理論上的一大創見就是第一次明確提出了兵以詐立的觀點，認為兵者詭道也。	克勞塞維茲也承認詭詐的作用，但他認為詭詐與作戰行動是彼此分離的兩碼事，他也認為詭詐是一種欺騙手段。基本上，克勞塞維茲對詭詐是持鄙視態度。
攻擊與防禦	孫子做為一個長於辯證法的軍事思想家，自然攻守兼備。	克勞塞維茲一生中參加過多次作戰，而且多半是防禦戰鬥。或許因為這一緣故，他對防禦研究尤為深入，致使《戰爭論》中關於防禦的論述不僅篇幅最長而且內容也很豐富，其中明確提出了「防禦是比攻擊強的一種作戰形式」的觀點。

資料來源：薛國安，《孫子兵法與戰爭論比較研究》，頁218、225。魏汝霖，《孫子今註今釋》，頁106與116。

以上的分析比較，未必能顯現孫子與克勞塞維茲對戰略思想的全貌，惟從上述分析比較，仍可略知兩者戰略思想的梗概，以及兩人對人類戰爭史的影響。簡言之，渠等戰略思想所要追求的目的（ends）都是一樣，所不同者在其使用方法（ways）與手段（means）。例如，孫子講求的是以迂爲直、以逸待勞、以最小戰損獲致最大的戰果；克勞塞維茲則強調優勢兵力所帶來的戰果，雖然兩者看法及使用方式不盡相同，但求取戰爭最後勝利卻都是他們戰略的最高指導原則，故從兩者的論述中仍可發現，渠等對戰爭問題的關注仍有頗多相似之處。

第三節　社會科學知識與研究方法

社會科學之研究自孔德（Auguste Comte）、史賓瑟（Herbert Spencer）、米勒（John Miller）與涂爾幹（Emile Durkheim）以來，提出許多實證論的觀點，在科學哲學過去數百年的發展歷史中，實證論觀點一直居於主導的地位。就科學哲學邏輯或研究策略的層次而言，實證論比較接近自然科學研究的取向。從實證論的立場言，科學的邏輯其實只有一個，那就是自然科學的邏輯；所以社會科學若要冠上科學的名號，就必須要服從自然科學的邏輯要求。實證論的邏輯就是要透過科學的方法，來解釋人類生活世界的運作模式與人類行爲的法則，進而對人類行爲產生預測與控制的功能。研究者要對研究的現象加以推論、預測或控制，首先就必須確立人類社會現象是穩定、不變的，如此研究者可透過科學的方法與步驟，找出社會現象的因果脈絡，進而推論到研究之外的對象。換句話說，實證論相信人類社會現象有一眞實存在的本質，只要研究者運用科學客觀與中立的方法及步驟，對研究現象進行有系統、有組織的資料收集過程，最後就可找出這個眞實的本質。[40]

本書所引用之國際關係理論包括現實主義、新現實主義、新自由主義與民主和平理論等，紐費（Mark Neufeld）提出實證認識論三個主要特徵，即科學的聯合（unity of science）、事實與價值分離（separation of fact from value）與經驗主義（empiricism），現實主義與新現實主義兩個學派兩者皆屬實證論陣營，兩者僅存在些微差距。依照史密斯（Steve Smith）的說法，實證論者認爲自然科學的方法論可運用於研究社會科學。[41]新現實主義代表人物華爾茲（Kenneth Waltz）謂：「理論爲一組關於特殊行爲或現象的系列法則。」渠並強調：「理論須從客觀事實中加以抽象解析，並將人們所看到與經歷的大部分事情排除在外。」另一方面，新自由主義也分享對實證認識論的相同承諾，新自由主義代表人物基歐漢則認爲此兩種理論皆屬理性研究方法，建立可供測試的假設。

對一門學科要加以有系統論述，必須先說明「方法論」、「研究途徑」與「研究方法」三者之間的關係。首先，所謂方法論（methodology）即是進行教學或研究所採行的一個系統方法與原則，其所討論的是科學研究方法的基本假設、邏輯及原則，目的在探討科學研究活動的基本特徵。[42]其次，依照方法論上的界定，研究途徑與研究方法實不同，不能混爲一談。米勒（Delbert

[40] 潘淑滿，《質性研究：理論與應用》，（台北：心理出版股份有限公司，2003年），頁38-39。

[41] Steve Smith, Positivism and beyond in Steve Smith, Ken Booth & Marysia Zalewski, eds., International Theory: *Positivism and beyond* (UK: Cambridge University Press, 2000), p.11.

[42] 彭懷恩，《政治學方法論Q&A》，（台北：風雲論壇出版社有限公司，民88年），頁25。

C. Miller）在「研究設計與社會評量手冊」（*Handbook of Research Design and Sociala Measurement*）乙書中曾指出兩者的差異，渠指出研究者必須先確定所要採取的研究途徑，然後才能選擇所要使用的研究方法。戴克（Vernon Van Dyke）在其所著「政治學：哲學的分析」（Political Science: A Philosophical Analysis）乙書中亦曾指出所謂「研究途徑」是指選擇問題與運用相關資料的標準（criteria for selecting and utilizing data），所謂「研究方法」是指蒐集資料的方法（means of gathering data）。[43]社會科學中所謂方法論是一個有明確規則與程式的體系，研究者可藉評估知識的論點，以決定支持或反對它。「方法」與「途徑」是人的主觀與客觀接觸的橋樑，若沒有此一媒介，一切的活動、理論、思想與方法的知識就無法繼續累積與擴展。[44]「方法」就是研究者爲了要達成認識世界和改造世界的目的，必須採用一切工具、方式、手段與程式的總稱。就哲學立場言，針對「對象」的研究，必然會指涉到對象的本質及其所反映出的相關現象。故方法論的存在，必須有相對應的知識論（epistemology）與本體論（ontology），簡言之，探討「層級戰略」方法論，必須與該學科的知識論與本體論一起研究，才能貫穿整個社會科學知識體系。

如從本體論、認識論及方法論的角度出發，做爲說明實證論研究典範的基礎。就本體論言，實證論研究典範主張實在論（realism）認爲人類生活的社會世界中存有一個客觀、穩定與永恆不變的眞理，而這些眞理可透過科學邏輯的方式加以瞭解，所以眞理是存在的，同時人類社會也只有一個永恆不變的眞理。美國「層級戰略」中之「國家安全戰略」是美國的大戰略，其基本假設仍不離國際無政府狀態，因此國家必須保有強大的兵力才能確保安全，而此一強大的兵力也是推動經濟發展與推展民主的保障。所以，其包含國家對國際現勢的主觀認知，並透過此種戰略，凝聚全民的認知與共識，從而建構出國家戰略的上層指導，並向下指導國防暨軍事、經濟、外交、能源等戰略。

就知識論言，實證論研究典範強調研究者在研究過程，應該採取客觀的、二元的（objectivist/dualist）立場，來探究社會現象的本質，所謂客觀、科學、中立的立場就是指研究者秉持客觀、中立與不介入的態度，與被研究對

[43] 陳德禹，朱浤源主編，《撰寫碩博士論文》，（台北：正中書局，1999年），頁184。
[44] 胡敏遠，《野戰戰略用兵方法論》，（台北，揚智出版社，2006年），頁51。

象保持相當距離，避免研究者因爲個人價值的涉入而左右了研究過程，或因研究者個人偏見而影響研究結果。「層級戰略」之「國防戰略」、「軍事戰略」認知在國際無政府狀態下的本質，故應如何進行政策、人員素質、武器裝備整備、訓練、資源整合，必須有一全般的論述，俾建立一支能保衛國家安全與維護國家利益的部隊。換句話說，建構「國防戰略」與「軍事戰略」須能承續「國家安全戰略」的指導，明確說明如何形塑（shape）一個安全的環境、如何回應（respond）危機的威脅、綢繆（prepare）應對將來的威脅，並擬定可行的目的（ends），透過適切的方法（ways）及有效的手段（means），建構出可行的「國防戰略」與「軍事戰略」，使此一知識體系得以連貫。

就方法論言，實證論研究典範主張研究者要瞭解社會現象之「眞實」本質，就必須透過科學實驗的方法與對實驗情境進行操作（experimental/manipulative），才能具體的、精確的找出社會現象與現象之間的因果關係。[45]所謂的方法論，指的是對某一研究領域所使用之研究方法原理原則所做的探討，從軍事知識體系建構的角度來看，「層級戰略」其實即是一種戰略方法論的建構，使相關知識的比較、論證更能符合社會科學研究的規範。

在研究方法方面，本書以「文獻分析法」與「比較研究法」作爲研究方法。首先，所謂文獻分析法，屬非反應類研究法之一，指的是從政府文獻或以前的調查中蒐集現成的資訊進行分析。文獻資料的來源包羅萬象，可以是政府部門的報告、工商業界的研究、文件記錄資料庫、企業組織資料、圖書館中的書籍、論文與期刊、報章新聞等。其分析步驟有四，即閱讀與整理（reading and organizing）、描述（description）、分類（classifying）及詮釋（interpretation）。爲一種層次化的客觀界定、評鑑與綜合證明的研究方法，確認過去事件的眞實性，主要目的爲「瞭解過去、洞悉現在、預測未來」。[46]事實上，文獻分析的歷史意義在於，研究者以文獻資料分析處理後，所呈現歷史演變的因果關係與辯證。精確地說，此一研究的本質，就是一種因果推論的研究方法，其實際運作方式與實證研究並無不同。[47]本書希望透過此一研究方

[45] 潘淑滿，《質性研究：理論與應用》，頁40-41。
[46] 葉至誠、葉立誠，《研究方法與寫作》，（台北：商鼎文化出版社，2001年），頁102。
[47] 陳偉華，《軍事研究方法論》，（桃園：國防大學，2003年），頁143。

法，引用美國柯林頓及小布希政府所出版的戰略報告，依其層級加以區分爲「國家戰略」、「國防戰略」與「軍事戰略」，並根據內容加以詮釋，同時歸納美國「層級戰略」的戰略意涵。

其次，比較研究法是一種重視比較的研究方法，其用於研究的基本方法有二：（一）比較兩者之間的差異程度；（二）比較兩者之間的相同程度。比較差異的目的在於舉證不同因產生不同果，故不能將不同現象的因果關係混爲一談；比較相同的目的在於解釋或預測類似情形的因，應該產生相同的果，俾做爲「他山之石可攻錯」的援引或借鑑。本書運用此一研究方法主要對柯林頓及小布希政府各式戰略報告，進行分析與比較，從中分析並歸納其相同處，同時也比較其在「國家安全戰略」、「國防戰略」、「四年期國防總檢」與「軍事戰略」之轉變所代表的戰略意涵。

本書係以「層級戰略」做爲主要的研究的途徑，惟就其本質言，仍然不離社會科學、國際關係與戰略研究的範疇。故在本體論、認識論、方法論與研究方法仍是依循國際關係暨戰略理論的脈絡。換句話說，自有國際社會以來，無政府狀態的本質並沒有因時代的演變而改變，國家追求權力與國家利益的目標也沒有消失，而國家對各項戰略的擬定與執行，便是追求國家利益與目標的具體做法。因此，「層級戰略」與東西方戰略思想、傳統戰略與國際關係研究的社會科學知識與研究方法的運用，有其緊密的關係。本書援引社會科學知識脈絡與研究方法以探究「層級戰略」，歸納如圖1.1。

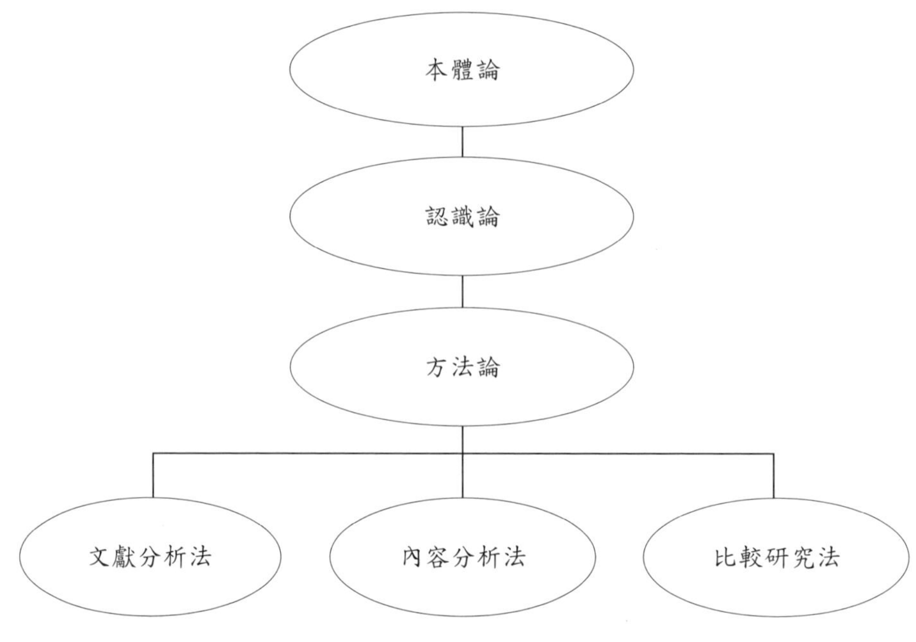

圖1.1　社會科學知識脈絡與研究方法關係圖（作者自繪）

第四節　章節摘述

本書共區分四篇、十五章。第一篇為理論與「層級戰略」概述，涵蓋一至三章，第一章為緒論，主要介紹戰略的涵意、東西方戰略思想的發展，試從東西方戰略經典巨著：《孫子兵法》與《戰爭論》中找出兩者交集之處，俾在理論上據以鏈結「層級戰略」。此外，為使東西方戰略思想與「層級戰略」在社會科學知識（本體論、認識論及方法論）上更有說服力，本章亦會簡要說明社會科學知識暨研究方法，以及各篇、各章內容的陳述，摘要說明柯林頓及小布希總統時期政府所出版的「國家戰略」（17份報告）[48]、「國防戰略」（3

[48] 柯林頓及布希政府期間所發佈的「國家戰略」計有「國家安全戰略」（1994-2000, 2002, 2006）、「國土安全的國家戰略」（2002, 2007）、「打擊恐怖主義的國家戰略」（2003, 2006）、「伊拉克戰爭勝利的國家戰略」（2005）、「打擊大規模毀滅性武器的國家戰略」

份報告）[49]、「四年期國防總檢」（3份報告）[50]及「國家軍事戰略」（5份報告）[51]等計28份官方戰略報告。另有關國防部「呈總統與國會的年度報告」、總統、國防部長、參謀首長聯席會議主席演說或國會證詞、學者、專家對相關問題的探討則爲本書其他參考資料來源。

第二章則從國際關係暨戰略理論的視角，如引用新現實主義的安全觀、新自由主義的合作觀及民主和平理論等，詮釋美國「國家戰略」的意涵，以及對國防次級戰略的影響。另外，本章亦會闡述戰略理論，並探討其與國際關係理論的關係，同時簡要說明有關戰略研究之研究方法與研究途徑。

第三章冀望藉由「國家安全戰略」及國防部所出版的「國防戰略」與「軍事戰略」報告，鋪陳美國層級戰略體系，並鏈結其上下關係。

第二篇「國家戰略」（National Strategy）篇，涵蓋四至九章，主要檢視柯林頓及小布希政府時期「國家戰略」在反恐、伊拉克戰爭、打擊大規模毀滅性武器與確保網路安全，所強調的重點及其意涵爲何？透過對柯、布政府所提出17份相關「國家戰略」之研析，可清楚瞭解美國整體戰略的思維走向，以及所要強化的領域，俾凝聚美國人民共識，達成國家目標。第四章分析柯林頓政府「國家安全戰略」（National Security Strategy, NSS 1994-2000）、小布希政府「國家安全戰略」（2002、2006）有關安全、經濟繁榮與民主等三個核心目標，解讀美國如何執行確保國內外、盟邦與友好國家的安全，如何推動海內外的經濟繁榮，以及如何協助各國推動民主及轉型中國家對民主成就的鞏固。從美國的角度言，安全是至關重要的國家利益，而經濟是發揮影響的動力，至於民主則是確保安全的根本，三者實爲一體的三面，互爲影響。

第五章剖析2002、2007年「國土安全國家戰略」（National Strategy for Homeland Security），本章首先剖析成立國土安全部，以統一國土安全的事責，確保國家安全。其次，分析六個重要任務領域：情報與預警、邊界與運輸安全、國內反恐、保護重要基礎設施與主要資產、防衛災難性的威脅與緊急事

（2002）與「確保網路安全的國家戰略」（2003）。

49 布希政府期間所發佈的「國防戰略」計有兩份（2005, 2008）。

50 柯林頓及布希政府期間所發佈的「四年期國防總檢」計有三份（1997, 2001, 2006）。

51 柯林頓及布希政府期間所發佈的「國家軍事戰略」計有三份（1995, 1997, 2004）、反恐戰爭的國家軍事戰略計畫（2006）、打擊大規模毀滅性武器國家軍事戰略（2006）。

件的準備及回應。再者，論述有關確保國土安全的要件如法律、科學與技術、資訊分享與層次及國際合作等。

第六章探討2003、2006年「打擊恐怖主義國家戰略」（National Strategy for Combating Terrorism）及2006年「911事件後五年：成就與挑戰」（9/11 Five Years Later: Successes and Challenges），本章首先論述恐怖主義的本質，該戰略認為隨著科技的進步及全球化所帶來的便利，恐怖份子也經由這樣的途徑獲得具破壞性的力量。其次，論述美國打擊恐怖主義的戰略意圖，該戰略認為美國必須制止恐怖攻擊，並最終創造一個不會接納恐怖份子與其支持者的國際環境。再者，本章也會進一步探討美國如何達成其打擊恐怖主義的目的，如擊敗恐怖份子及其組織與目標，又如強調每一個國家反恐的義務及斷絕對恐怖主義的資助。

第七章分析2005年「伊拉克戰爭勝利國家戰略」（National Strategy for Victory in Iraq），本章主要針對美國如何在伊拉克戰爭中獲得勝利並全身而退。首先，在政治的路徑上，美國認為要協助一個民主的政府，阻止敵人獲得廣大群眾的支持。在安全的路徑上，美國須協助伊拉克建立足以確保安全的力量。在經濟的路徑上，美國須協助伊拉克政府建立具有履行重要服務一個完善經濟的基礎。經由此三個整合的路徑，以協助伊拉克人民擊敗恐怖份子、海珊信眾及拒絕承認以色列的阿拉伯國家。

第八章論述2002年「打擊大規模毀滅性武器國家戰略」（National Strategy to Combat Weapons of Mass Destruction），本章首先針對該戰略三個基石：打擊大規模毀滅性武器的使用、強化不擴散以打擊大規模毀滅性武器的擴散及回應大規模毀滅性武器使用的後果處理。其次，探討反擴散的方法如禁止、嚇阻、防衛與降低，以及不擴散的手段，包括不擴散的積極外交作為、多邊機制、不擴散及威脅降低的合作與核物質的管制、美國外銷管制及不擴散的制裁等。再者，深入討論大規模毀滅性武器使用的後果處理，最後，探討整合三個基石的方法。

第九章討論2003年「確保網際空間安全的國家戰略」（National Strategy to Secure Cyberspace），本章首先討論網路威脅與脆弱性，該戰略有組織網路攻擊的威脅，足以造成美國重要經濟與國家安全基礎設施的嚴重破壞；而在脆弱性方面包含五個層面：家用與小企業、大型企業、重要部門／基礎設施、國家層面與全球性。其次，討論國家政策與指導原則，本節主要討論該戰略所勾勒有關聯邦單位在網路安全之角色與任務。再者，討論該戰略五個優先選項：安全回應層次、安全威脅與弱點降低計畫、安全察覺與訓練計畫、確保政府網路安全與國內外網路安全合作。

第三篇討論「國防戰略」（National Defense Strategy, NDS）與「四年期國防總檢」（Quadrennial Defense Review），包含第十、第十一兩章。第十章分析2005、2008年「國防戰略」，首先探討美國所處的戰略環境，該戰略認爲冷戰後的國際環境，在安全的領域上已產生根本性的變化，非傳統安全所帶來的危害已超越傳統安全。故國防部面對新型態安全須有新的思維，建立新的能力與手段，以應對美國部隊所面對的威脅。此外，該戰略之目標需要平衡風險及瞭解抉擇所隱含的風險，該戰略認爲需解釋四個面向的風險：作戰風險、未來作戰風險、部隊管理風險與組織風險等。

第十一章探究1997、2001、2006年「四年期國防總檢」（Quadrennial Defense Review, QDR），首先主要討論如何落實「國防戰略」，瞭解美國在傳統領域的優勢，並如何防止敵人運用恐怖手段與大規模毀滅性武器對美國發動攻擊。其次，爲有效防止敵人對美國、盟邦與友好國家的攻擊，美國部隊也須調整戰力與兵力發展，以應對日益狡猾的敵人。

第四篇探討「國家軍事戰略」（National Military Strategy, NMS），包括第十二至十四章，內容計「國家軍事戰略」、「反恐戰爭的國家軍事戰略計畫」與「打擊大規模毀滅性武器國家軍事戰略」等三章。第十二章論述「國家軍事戰略」，本章首先闡述該戰略之國家軍事目標旨在保護美國及其利益，並保持美國基本價值的完整。其次，美國認爲要執行該戰略，須有足夠的兵力防衛本土、維持有效能的海外駐軍、同時遂行廣泛的接觸行動與較小規模應變行動，包括維和、遂行兩場遠距、同時進行的主要戰爭，以及所面對的大規模毀滅性武器與不對稱威脅。再者，該戰略認爲美國的兵力規劃至少能在兩場主要戰爭贏得一場戰爭，並能執行幾場應變事件，所以未來兵力的規劃與規模，強調的是日益增加的創新與有效方式，俾達成目標。

第十三章分析2006年「反恐戰爭的國家軍事戰略計畫」（National Military Strategic Plan for the War on Terrorism），本章首先論述全球反恐的任務，此任務主要防止恐怖份子對美國的攻擊，以及運用網路或使用大規模毀滅性武器，並建立一個不利恐怖份子發展的國際環境。其次，該戰略強調美國的部隊將會運用直接與間接的方法，以支持反制敵人意識形態的活動，支持溫和的力量與建立夥伴的能力，俾打擊敵人瓦解其力量。再者，對美國部隊的優先任務仍未偏離反恐戰爭，故美國部隊須將反恐戰爭置於最優先選項，第二優先選項則是重要但非至關重要的軍事作戰任務，如區域衝突、維和與人道救援等。

第十四章討論2006年「打擊大規模毀滅性武器國家軍事戰略」（National Military Strategy to Combat Weapons of Mass Destruction），本章首先論述打擊恐怖主義國家軍事戰略的六項指導綱領，這些原則包括：全面的層次防禦、建立整合的指管、執行全球兵力的管理、以能力爲基礎的計畫、以效果爲基礎的方法及保證。其次，在軍事戰略架構上，包含目的（軍事戰略目標）、方法（軍事戰略目標）與手段（作戰指揮官、軍種部門與戰鬥支援單位）等。再者，有關軍事行動綱領則包含情報、夥伴國家的能力及戰略溝通的支持等。

第十五章爲結論，總結美國各級戰略，上承國際關係相關理論，以「國家戰略」爲首，「國防戰略」爲體，「國家軍事戰略」爲支，建構起美國全方位的戰略體系。經由理論及戰略層次的分析，當可更進一步分析美國層級戰略體系及蘊含的戰略思維。

第二章　理論探討與分析架構

Freedom is the non-negotiable demand of human dignity; the birthright of every person - in every civilization. Throughout history, freedom has been threatened by war and terror; it has been challenged by the clashing wills of powerful states and evil designs of tyrants; and it has been tested by widespread poverty and disease. Today, humanity holds in its hands the opportunity to further freedom's triumph over all these foes. The United States welcomes our responsibility to lead in this great mission.

George W. Bush

自由是人類尊嚴無可妥協的要求；不論任何文明，這是人類與生俱來的權利。在人類的歷史上，自由受到戰爭與恐怖的威脅；曾受到強權國家意志衝突及暴政邪惡陰謀的挑戰；也曾受到遍地貧窮與疾病的考驗。今日，人類已掌握戰勝上述自由之敵的機會。美國非常榮幸能負起領導這項偉大使命之責任。

（小布希．2002年國家安全戰略）

本章從國際關係理論新現實主義的安全觀、新自由主義的合作觀及民主和平理論等視角切入，以解讀美國三個主要戰略所欲達成的核心目標：安全、經濟繁榮與民主，其目的在解決「戰略」的上層結構，使各級戰略在理論的建構上更臻周延。當然，在進一步探討國際關係理論之前，宜就「理論」（theory）一詞加以界定。詹姆斯．比爾（James A. Bill）及羅伯．哈德葛瑞夫（Robert L. Hardgrave, Jr.）對「理論」做了以下的定義：「理論爲一組層次相關的歸納，提議實施經驗測試的新觀察。」[1]詹姆斯．多佛提（James E. Dougherty）與羅伯特．菲特茲葛拉伏（Robert L. Pfaltzgraff）則認爲：「理論僅是對現象的層次反映，旨在解釋並顯現彼此間有意義及理智模式的相關性，而非僅是在一個不連貫領域之無規則的項目。」[2]愛維拉（Stephen Van Evera）則指出：「理論爲描述與解釋現象因果關係的一般陳述。」[3]畢亞提（Paul R. Viotti）與考畢（Mark V. Kauppi）則認爲：「理論做爲世界或某一部分更可理解或更好被瞭解的任務。」[4]肯尼士．華爾茲（Kenneth Waltz）則視理論爲：「關於一個特定行爲或現象的集合或系列法則。」[5]總而言之，國際關係理論的基本功用，是使我們增進關心國際現實的知識，無論是爲了純粹瞭解或者更加積極改變現實的目的。[6]

誠如理查德．貝特斯（Richard Betts）所言：「戰略研究的危險是：只看見軍事的樹木，卻看不見政治的森林。」[7]因此將國際關係理論新現實主義的安全觀、新自由主義的合作觀及民主和平理論，以較爲宏觀的視角導入，檢視美國「國家安全戰略」安全、經濟繁榮與民主等三個核心目標，便能一探美國

---

[1] James A. Bill & Robert L. Hardgrave, *Comparative Politics: The Quest for Theory* (Ohio: Charles E. Merril Publishing Company, 1973), p.24.

[2] James E. Dougherty & Robert L. Pfaltzgraff, *Contending Theories of International Relations: A Comprehensive Survey* (U.S.: Priscilla McGeehon, 2001), p.17.

[3] Stephen Van Evera, *Guide to Methods for Students of Political Science* (U.S.: Cornell University Press, 1997), p.8.

[4] Paul R. Viotti & Mark V. Kauppi, *International Relations Theory: Realism, Pluralism, Globalism* (New York: Macmillan Publishing Company, 1987), p.3.

[5] Kenneth N. Waltz, *Theory of International Politics* (U.S.: McGraw-Hill, Inc., 1979), p.2.

[6] James E. Dougherty & Robert L. Pfaltzgraff, *Contending Theories of International Relations: A Comprehensive Survey* (U.S.: Priscilla McGeehon, 2001), p.49.

[7] Graig A. Snyder著，徐緯地等譯，《當代安全與戰略》（*Contemporary Security and Strategy*）（吉林：吉林人民出版社，2001年），頁4。

各階層戰略的實質意涵。易言之，若僅從現實主義相關傳統戰略理論如：麥金德「心臟地區說」、馬漢的「海權論」及杜黑的「空權論」等傳統戰略理論，其廣度與深度在全球化相互依賴的時代，已無法解釋當前的戰略環境，更遑論詮釋全球唯一強權的戰略觀。

雅格（Harry Yarger）試圖從宏觀的視角來詮釋戰略，渠認爲戰略所要考量的最大因素是影響國家福祉的情況（circumstances）與條件（conditions），然後依序爲「國家利益」、「國家安全戰略」、「國家軍事戰略」與「野戰戰略」。[8]然而，這樣的劃分還是無法將戰略體系說明清楚。事實上，影響國家福祉的因素與國家利益就是「國家安全戰略」論述的對象，而「國防戰略」則應介於「國家安全戰略」與「國家軍事戰略」之間。此外，琳恩．戴維斯（Lynn E. Davis）與傑瑞米．夏比洛（Jeremy Shapiro）在渠等著作中闡述「美國陸軍新國家安全戰略」也是僅論及「國家安全戰略」與「國家軍事戰略」，隨後便論述美國陸軍的角色，[9]此種論述亦未將「國防戰略」納入，在形成戰略體系的論述亦有其不足處。職是之故，將「國防戰略」納入戰略體系的研究，同時引用國際關係相關理論，有助於瞭解美國戰略體系的完整性。

第一節　國際關係理論探討

一、新現實主義的安全觀

新現實主義的主要代表人物是肯尼思．華爾茲、大衛．鮑德溫（David Baldwin）、羅伯特．吉爾平（Robert Gilpin）與羅伯特．利珀（Robert Lieber）等，他們嘗試由「國際結構與國際體系」來描述、解釋與預測國家行

---

[8] Harry R. Yarger, "Toward A Theory of Strategy: Artlykke and the US Army War College Strategy Model," in J. Boone Bartholomees, ed., *U.S. Army War College Guide to National Security Issues, Volume 1: Theory of War and Strategy* (U.S.: U.S. Army War College 2008), p.46.

[9] Lynn E. Davis and Jeremy Shapiro著，高一中譯，《美國陸軍與新國家安全戰略》（*The U.S. Army and The New National Security Strategy*）（台北：國防部長辦公室，2006年），頁22-37。

爲，而不是像古典現實主義單純從國家內部權力或國家利益角度來分析國際政治。新現實主義認爲主權國家是國際體系的組成要素，而國際結構是無政府狀態的自助體系。主權國家是理性追求利益的行爲者，並強調「相對利益」的獲得，因此須從國際結構或體系的角度切入，才能有效解釋國際政治的互動，特別是華爾茲，其嘗試將嚴謹的科學及方法論帶入國際政治領域之研究，因此提出較古典現實主義更爲精確的理論。一般而言，華爾茲被認爲是新現實主義的最主要代表人物，[10]有關渠等對安全的觀點可分述如後。

（一）肯尼思・華爾茲

依照華爾茲的說法，國際政治由於具備下列三個特殊現象，分析國際政治時必須從國際結構中去探索問題的源由，此三種現象爲：

1.國際政治處於無政府狀態（anarchy）。不同於國內政治在權力運作時有明確層次秩序（ordering），國際政治則缺乏一個具有中央威權的國際秩序，國家間彼此相互主權獨立，沒有一個秩序層級。只要國際體系缺乏一個中央威權，無政府狀態將永遠存在，而分析國際政治時，就必須在這個脈絡下進行。

2.各自行爲者有自助的傾向。因爲國際結構爲無政府狀態，在體系內所有單位體須依靠本身力量才能生存，造成體系內各單位必須自助且執行相同的功能。亦即國際體系的結構驅使國家執行相同功能，只有國際無政府狀態發生變化，國家才會發展爲功能不同的相異單位體。換言之，國家內部的因素不屬於新現實主義考慮的範圍。

3.各行爲者的能力不同。在無政府狀態下，所有行爲體執行相同的功能，而其唯一不同之處，即對物質權力的擁有與控制能力相異。因此，對新現實主義學派而言，各行爲者均處於無政府狀態，又有著相同的自助傾向，因此，能解釋國際體系的變數僅有國家之間彼此不同能力分配此一因素。根據國家之間能力的分配不同，國際體系可被劃分爲單極、兩極及多極體系。而國家行爲在這三個體系之中，將分別具有不同的解釋與

[10] 廖舜右、曹雄源，〈現實主義〉，張亞中主編《國際關係總論》（台北：揚智文化，2007年），頁46-47。

預測，簡單的說，不同的國際體系會塑造或影響不同的國家行為。[11]

從新現實主義的觀點言，國家處於無政府狀態，每一個國家都會擔心所處的安全環境，因此必須建構足以自我防衛的武力，以確保國家的安全。華爾茲對權力的解釋不同於現實主義學派的論點，傳統現實主義認為對權力的追求根植於人性，權力是國家追求的目的，而新現實主義則強調權力本身不是目的，而是實現國家目標的有用手段，國家追求的最終目標是安全，而不是權力。此從美國「國家安全戰略」所述三個核心目標中，安全是美國至關重要的利益，可獲得明證，為因應潛在敵人與恐怖組織對美國本土與海外可能生的危害，美國每一年投入防衛其利益的預算是全世界最高，而其所擁有的作戰兵力也是全世界最強的，因此，美國戰略所顯現出的思維與做法，實已具體反映出新現實主義學派國家追求的最終目標是安全的概念。

（二）大衛・鮑德溫

鮑德溫對新現實主義的觀點擷取了以下六項要點：

1.無政府狀態的性質和結果：強調無政府狀態對國家行為有很大的制約作用。

2.國際合作：視國際合作難以達成與難以維持，並認為合作大都依賴國家權力。

3.相對獲益（relative gains）與絕對獲益（absolute gains）：國家在國際關係中獲取相對獲益。

4.國家的優先目標：在國際無政府狀態下，國家認為安全與生存是至關重要的。

5.意圖和實力：注重國家的實力而不是意圖，認為實力是國家安全和獨立的基礎；更注重國際體系中力量的分配。

6.制度與機制：強調國際無政府狀態是國際社會的主要特徵，在缺少超國家之權威機構的協調，或者強制的手段維持國際秩序情況下，國際制度及機制無法有效地發揮作用。[12]

---

[11] 前揭書，張亞中主編《國際關係總論》，頁47。

[12] David Baldwin (ed), *Neorealism and Neoliberalism: The Contemporary Debate* (New York: Columbia University Press, 1993), pp.4-8. & John Baylis and Steve Smith, *The Globalization of*

鮑德溫認爲新現實主義強調無政府狀態，而忽視「相互依存」，對國際合作態度消極，強調國際體系中力量分配的重要性，並具有以權力利益和安全爲主體的思想體系等特徵。而華爾茲則認爲，國際體系中每一個國家，都是在暴力的陰影下處理內政及外交事務。因此，任何國家須時刻準備投入戰爭，否則武備鬆弛的國家，只好聽任窮兵黷武的國家擺布。總之，新現實主義認爲國際關係的原始狀態，就是戰爭狀態。此處所謂的戰爭狀態，不是指戰爭永不停息地發生，而是戰爭在任何時間都有可能爆發，不管各國是否決定進行戰爭。[13] 此觀點也顯現出，爲何新現實主義是如此強調國家利益、權力、安全、生存與競爭等問題。美國「國家安全戰略」不斷強調安全與生存是其國家至關重要的利益，已相當程度反映出美國建構強大兵力的思維，旨在預防恐怖組織對美國海內外利益的破壞，以及潛在敵人對美國國家利益的挑戰。

（三）羅伯特・吉爾平

吉爾平雖然不是第一個提出霸權穩定理論（theory of hegemonic stability）的學者（應爲Charles Kindleberg），然其是該理論的另一個代表人物，他認爲霸權是在國際體系中具有主導地位的大國，並憑藉經濟力量來發揮影響力，因此霸權爲維持其地位，必須控制原料、控制資源、控制市場，並在價值極高商品的生產中具有競爭優勢。霸權的力量主要源於持續成長的經濟力量、軍事力量，以及由經濟與軍事所累積的政治力量。假使經濟發展、軍事技術及其他因素發生改變，霸權的地位將受到萎縮或破壞，將導致不穩定的國際體系。霸權穩定理論中所論述的霸權，不僅須具備超越其他強權的力量，且有將力量轉化爲對國家間行爲進行干預和管理的意願。然而，做爲現實主義典範的次級研究架構之一，霸權穩定理論是相對複雜的論述，一般而言，霸權穩定理論的討論具有三個面向與意涵：（1）國際政經合作機制與霸權之間的正向因果關係；（2）國際政經合作機制與霸權之間的非正向因果關係；（3）霸權穩定理論對

World Politics: An Introduction to International Relations (New York: Oxford University Press, 1997), p.170.

13 肯尼思・華爾茲（Kenneth Waltz），〈無政府秩序和均勢〉，收錄於羅伯特・基歐漢（Robert Keohane）編，郭樹勇譯，《新現實主義及其批判》（北京：北京大學出版社，2002年），頁88。

維持現狀的重視。[14]

一個國家被稱爲霸權，必須具備三個主要特質：有能力去驅動體系內的法則、強烈的意志去推動及承諾去推動體系內主要國家互爲有利之事項。霸權的力量主要依恃其爲大國、持續成長的經濟力量、在經濟領域有關技術的領先及受軍事能力所保護的政治力量。在經濟、技術及其他因素改變下，如果國際階級層次（international hierarchy）受到侵蝕，以及破壞支配國家的地位，則將導致體系的不穩定。此時，有意圖的要求者（pretenders）假如對體系利益視之不公平難以接受，實施霸權的控制將會隨之而起。吉氏進一步指出：「自由市場的平順運作繫於政治力量，沒有支配力量或霸權則不可能有自由的世界經濟。」[15]這樣的思維也反映在美國「國家安全戰略」中，如小布希總統2006年「國家安全戰略」便指出：「美國的戰略希望鼓勵中國爲人民做出正確的戰略抉擇，但也做好發生其他可能狀況的準備。」[16]另外，美國在2009年「國家情報戰略」中亦指明：「中國與美國分享許多利益，但中國聚焦於天然資源的外交與軍事現代化，是形成其全球挑戰的複雜因素。」[17]從上述這些論述中亦可看出美國所顯現之全球霸權思維。

（四）羅伯特・利珀

利珀於1988年在他出版的《不存在共同的權力》乙書中，提出「存在現實主義」，1993年復於其所發表的論文《冷戰之後的存在現實主義》，對此一概念作了進一步的闡述。利珀自稱「存在現實主義」是在冷戰結束後的國際環境下對摩根索「權力與利益」再思考的產物，是對現實主義權力分析的重要充實。利珀的「存在現實主義」主要涉及國際關係研究的三個基本問題：無政府狀態（anarchy）問題、秩序（order）問題和限制（constraint）問題。

---

14 廖舜右、曹雄源，〈現實主義〉，張亞中主編，《國際關係總論》，頁54-55。

15 Robert Gilpin, *The Political Economy of International relations* (Princeton: Princeton University Press, 1987), p.72.

16 The White House, *The National Security Strategy of the United States of America* (Washington D.C.: The White House, 2006), p.42.

17 Dennis C. Blair, *The National Intelligence Strategy of the United States of America*, 2009, p.3.

1. 無政府狀態問題

國際關係與國內政治截然不同，國內政治是有政府的政治，政府擁有權威，能實施法治，能即時順利地解決內部爭端和衝突。而國際關係是發生在一個不存在超國家權威機構的國際層次內，一旦國家之間出現紛爭和衝突，尙無像國內政府那樣的世界權威機構，來確保有關國家的安全與生存。因此，國際範圍的無政府狀態便構成當代國際關係的一個主要特點。這一無政府狀態的直接結果是，各主權國家處於一種「自助體系」中，它們或是依靠自身實力，或是尋求結盟手段維護國家利益。在無政府狀態下，國家面臨著「安全困境」，爲了克服無政府狀態下的不安全感，國家不得不武裝自己，加強防務，但這樣做，又未必能增強自身的安全感，因爲其鄰國和對手也同樣存有戒心，同樣加緊備戰，結果是所有國家都感到更不安全。現代國際關係史證實，不僅超級大國之間關係是這樣，而且第二世界與第三世界之間及第三世界之間關係也是如此，譬如，英阿之間的福島、兩伊戰爭和以阿衝突等便是實例。因此，國際安全實質上是指處於「安全困境」的國家之間之相互依存度，冷戰後的安全重點轉向經濟安全和環境安全。

2. 秩序問題

克服無政府狀態以確保安全的現實主義觀點固然重要，但還遠遠不夠，還必須超越這一觀點，即國際關係不僅僅是研究權力、衝突和無政府狀態，權力政治學已不足以提供全面瞭解國際關係和對外政策的理論基礎，國際關係還必須重視世界秩序和合作問題的研究。世界秩序問題在每次重大衝突或戰爭後都變得更加突出，如第二次世界大戰後，各國採取一系列措施建立國際秩序和合作，以防止另一次戰爭浩劫。結果相對穩定了國際秩序導致20世紀50年代和60年代的經濟發展以及貿易和投資的增長。當代世界秩序問題涉及以下幾個方面：核時代的裁軍、國際合作、經濟整合、國際組織的作用和危機處理機制等。

3. 限制問題

由於國際社會現代化的影響，國際關係歷經明顯的變革，從以歐洲爲中心的體系發展爲全球體系，對國內社會的滲透力增強，國家對外活動的範圍擴大，國際貿易、投資、技術、通訊和文化交流日益發展。這些變化將國家置於一個較爲穩固的相互依存的國際環境裡，國家之間出現了一些自身無法控制的新關係。如果說無政府狀態問題和世界秩序問題是屬於國際層次範疇的問題，那麼，第三個問題則是在國家關係範疇內對國家活動的限制問題。這個問題異常重要，因爲它牽涉到國家如何影響和限制各自社會的種種外部因素。

限制問題主要是指國內政策和對外政策的相互滲透，政治與經濟的相互制約。國際因素影響國內政策，國內政策也反過來影響國際環境；政治影響經濟，反之，經濟也影響政治。這一現象極大地制約著國家的關係。上述基本問題是相互聯繫在一起的，國際關係應從研究無政府狀態的現實著手，尋求擴大合作、建立秩序的途徑，而做到這一點，就須不斷調節國家之間的制約關係。利珀認爲，冷戰後最突出的發展趨勢是一個廣泛開放的國際經濟體系正取代冷戰時期的美蘇全球軍事對抗。但是，經濟相互依存的增長不只是促進廣泛的合作。無疑地，相互依存可帶來經濟合作，然而，在一定條件下它也可能導致衝突。國際範圍和區域層次的經濟合作、競爭和摩擦將成爲冷戰後國際合作的一個重要面向，也將是存在現實主義的一個核心內涵。同時，利珀還指出，存在現實主義將不可避免地遇到國際關係變化帶來的種種挑戰，這些挑戰主要來自於經濟全球化、國際機制化、全球民主化、超國家力量分散化與核武器擴散化。[18]

綜合言之，新現實主義認爲第二次世界大戰後，國際體系就是美國與蘇聯兩個強權所主宰，也就是所謂的兩極體系。蘇聯解體後，國際體系演變成多個強權的體系，而美國是此一體系的支配國，也就是所謂的多極體系，華爾茲不認爲以上這些關於國際體系結構零星的訊息，可解釋國際政治的每一件事情，然而，他深信可解釋一些重要的事物，這些事物包括：首先，強權總是試圖平衡其他強權，在蘇聯解體後，美國支配整個國際體系，但是，權力平衡理論促使我們預期其他國家將會平衡美國在國際的影響力。第二，較爲弱小國家試圖與強權結盟，俾保持他們最大的自主性。新現實主義從體系的觀點看國際政治，認爲國家尋求權力與安全並不是因爲人性（此有別於傳統現實主義的主

---

18 倪世雄，《當代國際關係理論》，頁197-199。

張），而是國際體系結構迫使他們必須爲之。[19]利珀的「存在現實主義」試圖在新現實主義的基礎上提出新的觀點，然只要國際爲無政府狀態，縱使未來國際間走向合作的機率遠超過衝突，但不可諱言，只要國際政治本質未改變，國家追求利益永遠是其最優先選項，任何與國家利益相衝突的事項，都被列爲潛在的威脅。美國2009年情報社群「年度威脅評估」直指：「中國崛起後，有很大的機會扮演一個正向的角色。然而，如果中國選擇運用其日益增強的國力與影響力，反制美國廣泛的利益，將對美國加諸潛在的挑戰。」[20]這樣的論述也說明未來美國與中共兩個國家在合作中隱藏衝突的因子；而衝突中也不排除合作的可能。

二、新自由主義的合作觀

新自由主義學派雖然在國際政治的本質與新現實主義共同分享一些中心假設（如結構無政府狀態、國家爲主要單位體、國家極大化其利益），但是新自由主義學派認爲，即使在結構無政府狀態，國家以自我爲中心，國家之間的合作是可能的，該學派認爲透過資訊的透明與國際機制，能克服新現實主義學派認爲欺騙將影響合作的問題。該學派的主要代表人物是約瑟夫．奈伊（Joseph Nye）、羅伯特．基歐漢（Robert Keohane）、理查德．羅斯克萊斯（Richard Rosecrance）與羅伯特．阿克塞羅德（Robert Axelord）等。

（一）奈伊和基歐漢

奈伊和基歐漢於1977年合著的《權力與相互依存》（*Power and Interdependence*），是70年代西方國際關係理論新自由主義思潮的代表作。他們摒棄「國家是唯一行爲者」的主張，認爲戰後國際社會中國家間（interstate）和跨國（transnational）關係的發展，促使人們重視國際層次諸行爲者的研究，重視超越國界的相互聯繫、結盟關係和相互依存的研究。[21]此外，渠等亦提出「複合依賴」的概念，此概念就時間而言，與社會現代化

[19] Robert Jackson & Georg Sorenson, *Introduction to International Relations: Theories and Approaches* (New York: Oxford University Press, 2003), p.51.
[20] Dennis C. Blair, *2009 Annual Threat Assessment of the Intelligence Community*, p.22.
[21] 倪世雄，《當代國際關係理論》，（台北：五南圖書出版公司，2005年），頁203。

有關，或者如奈伊和基歐漢所稱福利國家之長期發展在1950年代之後更加快速。就空間而言，西歐國家、北美國家、日本、澳洲、紐西蘭等國家是最顯著的。[22]

奈伊和基歐漢復於1985年，提出「多邊主義」（Multilateralism）的概念，正是此一努力的突出例子。他們認爲，「單邊主義」（Unilaterialism）已無法解決涉及國際合作的一系列問題，只有「多邊主義」才能「既協調大國的多邊利益，又維護美國的經濟利益和安全利益。」[23]1986年基歐漢提出對華爾茲國際政治傳統現實主義的重新思考，渠強調三點異於新現實主義的觀點。第一，基歐漢跳脫新現實主義以國家爲中心的概念，他強調以全球相互依存爲中心的概念；第二，基歐漢強調注重層次「過程層次」的分析，修正新現實主義強調層次「結構層次」的分析；第三，基歐漢認爲權力不再是國家唯一的目標，武力不再是國家對外政策的有效手段。全球相互依存、技術合作正逐漸占據國際關係的主導地位。渠也修正新現實主義仍視權力爲目的或手段，國家的一切行動仍是爲了追求政治和經濟權力，國家應根據自身的利益，以合理的方式參與國際政治、經濟與軍事行動。[24]

當然，新自由主義學者對新現實主義學者的主張，在某種程度予以修正提出不同的觀點，鮑德溫針對新自由主義的觀點也同樣擷取了以下六項要點，此六項要點與新現實主義的主張，形成強烈的對照。

1.無政府狀態的性質和結果：並未把無政府狀態的程度和結果看得太嚴重。

2.國際合作：對國際合作態度積極，認爲合作是正常的，是經常發生和存在的現象。

3.相對獲益與絕對獲益：國家的目的在獲取絕對獲益。

4.國家的優先目標：聚焦於國際政治經濟議題，因此對國際合作的展望迥異於新現實主義。

5.意圖與實力：強調國家的意圖及參與國際社會的打算。

---

[22] Robert Jackson & Georg Sorenson, *Introduction to International Relations: Theories and Approaches*, pp.115-116.

[23] 倪世雄，《當代國際關係理論》，頁202。

[24] 前揭書，頁171。

6.制度與機制：認爲國際機制是解決國際無政府狀態問題的有效手段，國際規則及制度等促進國家的合作。[25]

雖然國際仍處於無政府狀態，國家藉由武力確保安全是不變的眞理。然在此情況下，新自由主義認爲國家與國家不見得要兵戎相見，國家基於彼此利益仍有合作的空間，誠如，新自由主義學派的論點，經濟的合作是可能，而且雙方都能雨露均霑，何樂不爲。事實上，美國「國家安全戰略」的第二個核心目標即爲促進經濟繁榮，其背後的意涵即是與各國共同促進全球經濟的繁榮，該戰略的核心理念亦即是新自由主義學派所強調的合作。小布希政府2006年「國家安全戰略」指出：「爲了擴大經濟自由與繁榮，美國不斷促進自由與公平的貿易、開放的市場、穩定的金融體系、全球經濟的整合，以及安全及乾淨的能源開發。」[26]一如美國「國家安全戰略」所闡述，美國並無法解決國際所有的事務，因此，要達成上述目標，與各國的合作是必經的途徑。

（二）理查德·羅斯克萊斯

羅斯克萊斯的新自由主義觀集中反映在他的《貿易國的興起》一書裡。奈伊具體地指出該書繼承了自由主義的傳統，渠還指出，基歐漢列舉了商業自由主義、民主自由主義和調節性自由主義，羅氏的貿易國思想屬於商業自由主義的範疇。渠認爲，國際體系中存在著兩種世界：軍事世界和貿易世界。在傳統的軍事世界裡，國家主要靠武力征服和領土擴張來壯大自己的力量，各國爭逐權力和利益地位，無政府狀態是國家關係的基本準則，均勢成了對付霸權的基本手段。而在現代貿易世界裡，國家不像在軍事政治世界裡那樣爭權奪利，以實力和領土分強弱，而主要依靠發展經濟和貿易，是爭市場，而不是爭權勢。[27]

由於發展經濟與貿易，促進國與國之間的相互依賴。羅氏分析此種發展

[25] David Baldwin (ed), *Neorealism and Neoliberalism: The Contemporary Debate* (New York: Columbia University Press, 1993), pp.4-8. & John Baylis and Steve Smith, *The Globalization of World Politics: An Introduction to International Relations* (New York: Oxford University Press, 1997), p.170.

[26] The White House, *The National Security Strategy of the United States of America* (Washington D.C.: The White House, 2006), p.25.

[27] 倪世雄，《當代國際關係理論》，頁206-207。

趨勢對國家政策的影響，縱觀歷史，國家藉由軍事力量與領土擴張追求權力，但對高度工業化國家而言，經濟發展與貿易是達成優勢與繁榮較爲適當與較廉價的方式。主要原因是用兵的成本增加；而利益卻相對減低，爲何部隊對國家較無幫助；而貿易則不然？依照羅氏的說法，其主要理由是因現代化經濟生產的本質產生變化，早期擁有領土及豐沛天然資源，即爲國家偉大之秘訣。在當今的世界，不再同以前一樣，高素質的勞力、資訊的獲得與資金是成功之關鍵。[28]而日本與德國在第二次世界大戰之後的崛起，似乎印證此種論點。

羅斯克萊斯認爲軍事政治世界是一種危險的世界體系，爭霸戰和均勢此起彼浮，戰爭不可避免。而擺脫此惡性循環危險體系的出路就是貿易世界，貿易將給人類帶來希望。羅氏的另一個重要理論貢獻是他提出的「新的強國聯合論」（a new concept of powers）。他指出，人類暫時還不能改變世界無政府狀態，無法出現一個世界政府，也不可能實現足夠的相互依存或勞動分工，把國際關係改造成國內政治一樣。在這樣的情況下，只有三種方法能制約無政府狀態，防止發展爲動亂或戰爭，即均勢、嚇阻和聯合。聯合國是最有效維持和平的途徑。他爲此提出「新的強國聯合」的三個要素：全體參與、思想一致、對戰爭和領土擴張進行譴責。羅氏認爲，現在是國際關係中形成強國一致最有希望的時期，而形成和保持這一趨勢的關鍵是發展強而有力和平衡的貿易聯繫。[29]

由於國際社會高度互賴，全球化儼然成型。對全球化的發展趨勢，小布希政府2006年「國家安全戰略」指出：「新的貿易、投資、資訊與技術流動已開始轉變國家安全的觀念。全球化使我們遭遇新的挑戰，改變了舊挑戰影響美國利益與價值的方式，同時也大幅提升我們反應的能力，這些挑戰包括大規模傳染疾病、毒品、人口、色情非法交易行爲及非傳統安全的威脅等。要有效解決這些跨國棘手問題美國必須主導改革現行機構與建立新機構的作爲，包含與政府和非政府、跨國與國際組織等，建立新的夥伴關係。」。[30]

---

[28] Robert Jackson & Georg Sorenson, *Introduction to International Relations: Theories and Approaches*, p.112.

[29] 倪世雄，《當代國際關係理論》，頁208。

[30] The White House, *The National Security Strategy of the United States of America*, pp.47-48.

（四）羅伯特・阿克塞羅德

阿克塞羅德以研究國際合作及其規則著稱，在博奕論與合作論方面取得突破性成果。渠1984年出版的《合作的演變》是一部關於合作論的力作，他指出該書的目的是研究如何在沒有中央權威的情況下，在追逐私利的角色之間建立和進行合作。作者運用博奕論中「囚徒困境」的手段對個人行爲者和國際關係之間合作的問題，作了策略性的探討。阿氏所提出的初步結論包括：

1.在國際關係中，各個角色的利益並非完全對抗的，關鍵問題是如何使不同角色相信，他們能從合作中達到互利目的。

2.友誼並非發展合作之必須。在一定條件下，建立在基礎上的合作甚至在敵對之間也是可能的，此稱爲「我活也讓別人活」（live and let live）模式。

3.使「我活也讓別人活」模式得以運作的基本博奕規則是：第一，別人的成功不嫉妒；第二，不首先放棄合作機會；第三，對別人的合作或不合作均持對等態度；第四，不要自作聰明。

4.在進行合作時，採取對應政策是必須的，第一步稱試圖合作，第二步再根據對方的反應決定如何行動。對應成功的秘訣是學習（learning）、仿效（imitating）與抉擇（selection）。

5.一般來說，合作應經過三個階段：第一，在對方共同利益的認定和追求的前提開啓合作；第二，在互惠基礎上制定相應的策略和措施；第三，鞏固在互惠基礎上的合作，防止任何一方不合作帶來的侵害。

6.關於改進合作博奕模式的五點建議：第一，未來比現在更重要，相互合作有利於穩定將來的關係；第二，改變互動激勵機制，互動激勵越持久，合作就越順利；第三，教育人們應相互關心；第四，強調互惠的重要性，互惠不僅幫助別人，也幫助自己；第五，改進「互認」能力，在互動過程中逐漸認可對方所發揮的作用，「持久合作」正是依賴這一能力。

此外，阿克塞羅德基於實務經驗，在1997年發表《合作的複合性——以作用者爲基礎的競爭與合作模式》，此書更是超越其冷戰時期所著《合作的演變》乙書，阿氏認爲，冷戰時期的兩極格局消失，對原來的「兩人囚徒困境」模式形成很大的衝擊。這本書超越了「兩人囚徒困境」的基本模式，提出冷戰後的複合型合作模式。阿氏提出，複合型合作包含四個要素：1.完善強化合作行爲的準則；2.確定有關標準；3.建立必要的合作組織；4.建構相互影響的共同文化。阿氏指出，他在分析以上要素時所使用的方法，是將社會影響模式化，以幫助人們在互動的過程中實現互變，其目的是加強對複雜世界的衝突與合作的瞭解與把握。[31]

雖然新自由主義強調合作的重要，但是該學派也特別指出三點，首先，該學派認爲制度不一定有助合作，也有可能引發衝突，例如像軍事聯盟等，但是合作一定要在制度的配合下進行。其次，國際組織及國際制度化兩者不應劃上等號，國際組織不一定會比國際體制更具制度化或促進合作的成效，國際慣例也未必會比國際組織或體制的制度成效低落。[32]最後，國際制度是不是會有效促進國際合作，不應該從外在形勢來判斷，而是要以實際的實行成效來評估。綜合言之，新自由主義認爲新現實主義拒絕國際制度（international institutions）在促成許多和平與安全的重要性；從自由制度主義角度出發的當代政治人物與學者皆視制度是達成國際安全一個重要的機制；自由制度主義學者接受許多現實主義關於軍事力量在國際關係中仍是重要的假設，但是他們認爲制度可提供合作的架構，此一架構可協助克服國家間安全競爭所帶來的危險。[33]雖然美國在其2009年「國家情報戰略」中，一方面說明中國與俄羅斯等強國對美國國家利益的潛在威脅，但另一方面也指出中國與俄羅斯同列美國的潛在對手。美國也強調與上述國家仍有合作機會，如提升法治、選舉代表性的政府、自由與公平的貿易、能源與革除棘手的跨國問題，以維持共同的利益。[34]因此，透過對話、協商與合作等措施，仍可化解潛在的衝突，促進共同的繁榮與增進彼此的利益。

---

[31] 倪世雄，《當代國際關係理論》，頁418-420。

[32] 鄭端耀，〈國際關係「新自由制度主義」理論之評析〉，《問題與研究》，第36卷第2期，1997年2月7日，頁9。

[33] John Baylis and Steve Smith, *The Globalization of World Politics* (New York: Oxford University Press, 1997), pp.201-202.

[34] Dennis C. Blair, *The National Intelligence Strategy of the United States of America 2009*, p.3.

三、民主和平理論

在國際無政府狀態（Anarchy）中，自由主義學派篤信「民主和平理論」（Theory of Democratic Peace）。「民主和平理論」與麥可．多伊（Michael Doyle）和布魯斯．盧塞特（Bruce Russett）的著作有關，該理論認為民主國家不會兵戎相見。[35]多伊指出康德（Immanuel Kant）1795年論文中闡明永久和平（perpetual peace）見解的重要性，渠聲稱民主代表的就是對人權思想體系的承諾，同時跨國的相互依賴提供民主國家和平趨勢的解釋。多伊更認為透過規範與機制的運作，民主國家之間不會因為彼此有緊張的爭論就動用武裝力量或對其他國家隨意使用武力。[36]他也列舉50個民主國家，發現在過去150年民主國家之間並沒有發生戰爭。[37]另外，盧塞特認為「民主和平理論」不全然拒絕現實主義，而是強調自由的民主國家在國際政治上對歧見的化解比現實主義學者所能接受的範圍更廣。[38]盧氏參考史牟與辛格（Small and Singer）研究資料指出「經濟合作發展組織」（Organization for Economic Cooperation and Development, OECD）成員，如西歐、北美、日本、澳大利亞、紐西蘭等國家，以及工業化較低的民主國家，在第二次世界大戰結束之後45年中（1945-1989）並沒有發生戰爭，[39]以此證明民主國家間不會發生戰爭。

為何民主國家間可和平共處？對此問題，多伊以康德古典自由學派的立論為基礎，曾做出系統性的回答。渠認為三個要素使得民主國家之間能和睦相處，首先，即是植基於和平解決衝突的國內政治文化，民主鼓舞和平的國際關係，因為民主的政府是受人民的監督，人民並不會贊同或支持政府與其他民主國家的戰爭。第二，民主國家持有共同的道德價值，產生如康德所謂的「和平聯盟」（pacific union），此聯盟並非一個正式的條約，而是民主國家基於共同道德基礎的一個領域，以和平方法解決內部衝突在道德層面更優於暴力行

[35] John Baylis and Steve Smith, *The Globalization of World Politics* (New York: Oxford University Press, 1997), p.202.

[36] Michael Doyle, "On the Democratic Peace," *International Security*, 1995, pp.180-184.

[37] James E. Dougherty & Robert L. Pfaltzgraff, *Contending Theories of International Relations: A Comprehensive Survey* (U.S.: Priscilla McGeehon, 2001), p.315.

[38] Bruce Russett, "The Democratic Peace," *International Security*, 1995, p.175.

[39] Bruce Russett, "Controlling the Sword", in Marc A. Genest ed., *Conflict and Cooperation: Evolving Theories of International Relations* (Beijing: Peking University Press, 2003), pp.309-310.

爲，而這樣的態度也轉嫁於民主社群的國際關係。言論與通信自由促進國際的相互瞭解，並有助政治代表的行爲是依其人民觀點行事的保證。第三，民主國家的和平經由經濟合作與相互依賴而強化，「和平聯盟」鼓舞如康德所謂的「商業精神」（the spirit of commerce）是可能的，此精神即是參與國際合作與交流的相互獲得。[40]

約翰・貝里斯（John Baylis）與史提夫・史密斯（Steve Smith）進一步引述盧塞特的觀點，認爲「民主」在國際事務中是相當重要的，不但可減少安全困境的產生，更可達到更大限度的安全，民主的價值在於提供一個更和諧的世界。[41]尼可拉斯・歐納福（Nicholas G. Onuf）及湯瑪斯・強森（Thomas J. Johnson）指出：「通訊技術的進步與史無前例的繁榮程度，以及自由主義關注的人權、寬容與多元，促成與擴大國際的展望，此在民主國家中是最清楚的，其反映國內與國際和平最重要的價值。」[42]因此，民主和平理論對美國「國家安全戰略」思維產生深遠的影響。基於這樣的認知，美國樂於在全世界每個角落推動西方式的民主。所以，如何使各國民主化，便成爲美國推動和平、增進利益與降低威脅的基本手段。

綜合言之，1980年代興起之民主和平理論的主要爭論，即是民主的擴展可促使較佳的國際安全；民主和平理論是植基於康德的邏輯（Kantian logic），強調共和民主的代表性（republican democratic representation）、對人權的承諾及跨國的相互依賴；民主國家之間的戰爭是不常見的，並且他們相信民主國家解決彼此間利益衝突不威脅或使用武力是勝於非民主國家；民主和平理論的擁護者並沒有拒絕現實主義的觀點，而是不同意粗俗現實主義戰爭的想法，他們認爲規範與制度是重要的。[43]促進民主是美國「國家安全戰略」的第三個核心目標，對此小布希政府2006年「國家安全戰略」說明：「與許多國際夥伴共同合作，建立與維持民主與治理良好的國家，以解決人民的需要並成爲國際體系中負責任的成員。長期發展必須包括鼓勵政府做出明智抉擇，並協助其加以完

---

[40] Robert Jackson & Georg Sorenson, *Introduction to International Relations: Theories and Approaches*, p.121.

[41] John Baylis and Steve Smith, *The Globalization of World Politics* (New York: Oxford University Press, 1997), p.202.

[42] *Ibid.*, p.315.

[43] *Ibid.*, pp.202-203.

成。」[44]易言之，美國經由援助手段，催促各國的政治透明與民主的改革，同時協助這些國家民主轉型與鞏固，因為，從民主和平的觀點言，民主的國家數量越多，則國際的和平希望越高。

第二節　傳統戰略理論探討

如前所述，如以傳統戰略理論解讀美國各級戰略之思維確有不足處，故須解決其上層理論的問題，將國際關係新現實主義（安全觀）、新自由主義（合作觀）與民主和平等理論（民主轉型與鞏固）導入，有助詮釋美國「國家安全戰略」有關安全、經濟繁榮及民主等三個核心目標。俟上層理論解決後，傳統戰略理論便能發揮其承轉之作用。

一、海權論

馬漢（Alfred Thayer Mahan）是19世紀末20世紀初著明的地緣政治學者。他十分強調制海權對國際政治的意義，因而被稱為海權主義者。馬漢認為，誰能有效控制海洋，誰就會成為世界強國，而要稱霸海洋，關鍵又在對世界重要戰略海道與海峽的控制。就海權論（Theory of Sea Power）而言，他提出一系列成為海權的圭臬，然而馬漢主要的貢獻是透過制海權來運行這樣的能力。渠以英國為例，馬漢認為英國充分利用制海權達成支配世界，英國曾經控制除了巴拿馬運河以外之世界重要海道，包括多佛海峽、直布羅陀、馬爾他、亞歷山大、好望角、馬六甲海峽、蘇伊士運河及聖勞倫斯河入口。從大戰略的層次言，馬漢相信國家擁有適度的條件便可追求海權（特別是海軍力量），成為繁榮的重要關鍵。對馬漢而言，海洋即是商業的通道，海軍的存在就是要保護友好的商業並阻斷敵人，要達成兩者必須獲得制海權。馬漢更指出，能否取得制海權，還取決於一國所處地理位置、領土結構、疆域、人口、民族特徵及政府形式等因素。一國海岸線的長度和港口質量比領土範圍更重要。英國、日本的

---

[44] The White House, *The National Security Strategy of the United States of America* (Washington D.C.: The White House, 2006), p.33.

島國位置決定了它們必須把發展海上力量放在首位，但法國的廣闊陸地被夾在大西洋與地中海之間，兩段海岸互不連接，遠道阻隔，為保護自己的海岸線，法國海上力量不得不分割為二，因此難以取得制海權。對馬漢而言，海軍戰略的要義就是集中力量找出敵軍，並在決定性的海戰摧毀敵軍。易言之，即是在獲得制海權下，讓商人得以自由航行於海上，同時限制敵國商人的行動使其動彈不得。[45]

二、空權論

杜黑（Guilio Douhet）由第一次世界大戰的恐怖經驗中看到擁有空權（Theory of Airpower）的重要，他相信戰機可獲得地面部隊無法達成戰爭之決定性效果。擁有戰機，則可飛越戰場直接攻擊敵人的作戰意志；擁有制空權，則有能力隨時隨地飛越任何地區。[46]1918年，英國首先成立獨立空軍後，空權的發展正式拉開序幕，當時的航空科技所能提供的空中載具為螺旋槳機，其能力受限於航程、火力、目視及陸基起降等因素，尚無法充分運用空權所強調的優勢。由於科技的不斷進步，空權論的觀念在第二次世界大戰得到印證，自從1939年德軍進攻波蘭以來，狹空中戰力優勢，所向披靡，受到德軍此一戰法的影響，多國紛紛朝建立空軍及發展空中力量而努力，使得航空技藝進展神速，空中力量也在第二次世界大戰被充分運用及驗證，更進一步發展出結合航空科技的空權理論，即結合轟炸機、戰鬥機、航母、防空武力、雷達及夜航等力量的空中優勢。邇來，更由於太空科技的發展，空權論的概念因此更向前延伸。

三、心臟地區說

「心臟地區」說由麥金德（Halford Mackinder）所提出，他認為中亞為世界島的中心地帶，哪一個大國掌握此區域，即具備控制世界島的地緣優勢，成為陸權國家，進而擁有問鼎全球霸權的能力，與掌握海權的國家一較高下。由

[45] David Jablonsky, "Why Is Strategy Difficult?" in J. Boone Bartholomees, ed., *U.S. Army War College Guide to National Security Issues, Volume 1: Theory of War and Strategy* (U.S.: U.S. Army War College, 2008), p.35.
[46] *Ibid.*, p.36.

於20世紀以來科學技術的發展變化，他認爲，由於鐵路、公路等陸上交通工具的發展，陸權對海權重新占據優勢。他把陸權與海權的對抗視爲歷史的一個主題。他以馬其頓人打敗雅典人，羅馬人戰勝迦太基人，是歷史上兩個成功的陸權國家對海權國家的挑戰。而20世紀大英帝國的衰敗，再度反映了海權國家的沒落。麥金德把歐亞大陸和非洲合稱爲世界島。在這個世界上，從東歐到之西伯利亞平原這片內陸地區的河流體系，極少注入世界主要海洋，而其北面的北冰洋又是一片凍土。他把這塊地區又叫作「心臟地區」（heart land），它被德國、土耳其、印度和中國等邊緣國家構成的「內新月形地帶」所包圍，整個世界島又被英國、南非和日本等「外新月形地帶」所包圍。「心臟地區」有豐富的人力、物力資源，幾乎與外界隔絕。麥金德斷言，邊緣地帶極易受到「心臟地區」的攻擊，而「心臟地區」則由於海權國家無法進入得以保持安全，這是歷史上一再被證實的。早在1904年及第一次世界大戰後不久，麥金德就一再把這一塊「心臟地區」稱爲世界的「軸心地區」。麥金德把東歐視爲通向「心臟地區」的大門。他認爲，如果德國和俄國結成聯盟，或者德國能征服俄國，那麼征服世界的基礎就可奠定。他把他的全球戰略歸納爲三句名言：統治東歐者控制心臟地區、統治心臟地區者控制世界島、統治世界島者控制世界。[47]

以上三位戰略思想家所提出之看法，或因科技的進步，或因國際政治環境的轉變，其論點已無法全然解釋全球化快速變遷的世界格局。但是，這些戰略思想家所提出的論點，仍然對當今全球的戰略環境提供相當程度的省思，因爲在國際無政府狀態下，每一個國家仍是以追求國家利益爲主。這些活躍於19及20世紀的戰略理論深受現實主義的影響，在當今現實主義仍受到重視的年代，上述戰略理論對研究美國柯林頓暨小布希政府各級戰略，仍有參考的價值。

第三節　分析架構

柯林頓總統主政期間正是國際權力結構由兩極對抗演變成一超多強的時刻，尤其，柯氏從老布希手中接下總統職務，除了賡續面臨來自傳統與非傳統

[47] 陳漢文，《在國際舞台上》，（台北：谷風出版社，1987年），頁47-48。

安全的威脅外，因第一次波灣戰爭所遺留下來的財政赤字問題，亦是柯林頓政府亟須面對者。再者，前蘇聯加盟國在蘇聯解體後，亦深陷民主轉型與鞏固的問題。故一超多強體系下的安全、國內經濟復甦與繁榮、東歐國家的民主轉型與鞏固等三者，實爲柯林頓政府「國家安全戰略」所強調的核心目標。小布希總統於2001年接任總統，其接任初期之外交政策與柯林頓政府大致相同，[48]惟受到911恐怖攻擊的影響，在其兩任總統期間，全球反恐戰爭爲其政府資源配置的重點，因此對於恐怖組織、大規模毀滅性武器等威脅美國安全之事項格外重視。當然，在經濟的發展上，小布希政府認爲透過自由市場與自由貿易可開創全球經濟成長的新時代，其具體的措施即是大力推動區域及雙邊貿易方案、致力推動市場開放、金融穩定、世界經濟的進一步整合，以及提升能源安全與潔淨能源發展。此外，爲推動世界各國的有效治理與民主轉型，小布希政府認爲應該更有效的運用外援，俾推動受援國政府進行內部改革。因此，一超多強體系下的安全、國內經濟復甦與繁榮及民主轉型與鞏固爲分析柯林頓及小布希政府整體國家戰略的三項主要因素。此戰略思維的背後即是在安全獲得保障之下，經濟的發展便可按部就班循序推動，經濟發展當然可以帶來穩定，同時推動民主改革的深化，故此三者實爲一體的三面，三者相輔相成。換言之，在「國家安全戰略」對於安全、繁榮與民主的指導下，「國防戰略」與「軍事戰略」的擘畫須配合「國家安全戰略」的需求，擬定確保國家安全的策略，爲經濟的發展奠定基礎，並協力推動美國的民主價值。

首先，在安全議題方面，由於冷戰後的國際環境迥異於冷戰時期，薩克宣（Sam C. Sarkesian）、威廉斯（John Allen Williams）與辛巴拉（Stephen J. Cimbala）等人在新的國際安全情勢中認爲，迄目前爲止國家安全尚無一個爲大家接受的正式定義，渠等認爲可能永遠也不會。一般而言，他們所研討的是各國所面臨的國安問題，以及針對這些問題所提出的政策與規劃，並且亦經由探討政府對政策與計畫如何決定與達成的過程。渠等進一步指出：「絕大多數美國人相信國家安全是以其所擁有的軍力及有效的政策，遏阻使用武力妨礙美國追求國家利益的敵人。此定義至少有心理與實質兩個層面。首先有一個客觀

[48] Glenn P. Hastedt, *American Foreign Policy: Past, Present, Future* (New Jersey: Upper Saddle River, 2003), p.83.

標準足以衡量一國的國力與軍力，以成功應對敵人的挑戰，包括必要時不惜一戰。此也包括經濟力量的重要角色，以及使用政軍手段反制或支持其他國家的能力。心理的層面則是主觀的，其反映出大多數美國人關於國家是否有能力維持外在世界安全的見解與態度。」[49]事實上，國家安全所關切的焦點即是防禦設施（security）與安全設施（safety），針對實際及潛在敵人使用武力，亦即置重點於軍事面向。[50]此與柯林頓政府「全球時代的國家安全戰略」所強調如何回應威脅與危機所採取的手段不謀而合，這些手段包括：保護國土（國家飛彈防禦、反制外國情報蒐集、打擊恐怖主義、重要基礎設施的防護、國家安全緊急準備、打擊毒品走私及其他國際犯罪）、較小規模的應變行動、主要戰區的作戰及運用部隊的決策。[51]

2001年9月11日的恐怖攻擊，證明強大如美國者仍有可能遭受恐怖組織的突擊，派翠克（Stewart Patrick）認為：「此攻擊行動使兩件事情變得極為清楚：美國對來自國際的威脅是脆弱的，以及維持多邊合作對應對這些威脅將是重要的。」[52]在恐怖攻擊之後，小布希總統發動全球反恐戰爭，冀望藉由各國的力量，壓制恐怖活動，同時推動有效的民主，以根絕恐怖組織的威脅。古納拉特納（Rohan Gunaratna）認為：「每一個恐怖組織都有其生命週期，蓋達組織的壽命將取決於反恐聯盟在消滅其領導、反制其意識形態、邊緣化其支持與瓦解其召募的能力與意願。不像20世紀大部分的恐怖組織，蓋達組織是更為全方位。在當代國際恐怖主義的語彙（lexicon）中，全方位的恐怖組織在軍事、政治與社經等面向挑戰敵人。因此，戰勝蓋達組織的關鍵是將其連環扣住並在所有重要面向迎戰它。渠亦指出當蓋達組織加諸全世界穆斯林長期的威脅時，穆斯林世界的精英必須挺身而出打擊此威脅，雖然西方世界可以協助全球反恐戰爭，而贏得戰爭的最好方式是以穆斯林對付穆斯林。」。[53]

---

[49] Sam C. Sarkesian, John Allen Williams, and Stephen J. Cimbala, *U.S. National Security : Policymakers, Process, and Politics* (Colorado: Lynne Reinner Publishers, 1995), pp.5-6.

[50] *Ibid*., p.6.

[51] The White House, *A National Security Strategy for A Global Age* (Washington D.C., The White House, 2000), pp.36-50.

[52] Stewart Patrick , Multilaterialism and Its Discontents: The Causes and Consequences of U.S. Ambivalence, in Stewart Patrick and Shepard Forman, ed., *Multilaterialsim & U.S. Foreign Policy* (Colorado: Lynne Reinner Publishers, 2002), p.1.

[53] Rohan Gunaratna, Inside Al Qaeda: Global Network of Terror (New York: Columbia University

其次，在經濟議題方面，由於第一次波灣戰爭對美國經濟發展所帶來的負面衝擊，使美國財政赤字居高不下，柯林頓在其競選時喊出重振美國經濟與改革健康保險的口號，獲得大部分民眾的支持，[54]使其能夠擊敗尋求連任總統的老布希當選美國總統。柯林頓政府在其「接觸與擴大的國家安全戰略」對促進國內繁榮方面，首重提升美國的競爭力、商業與勞工的夥伴關係、提升國外市場的使用（北美自由貿易協定、亞太經濟合作、關稅貿易總協定、美日架構協議、美洲高峰會、擴大自由貿易協定）、加強總體經濟協調、提供能源安全及促進海外可維持發展。[55]經由此一強而有力與整合的經濟政策，可刺激全球經濟成長環境與自由貿易，以促進開放，並讓美國有機會進入國外市場。由於運輸、通訊、網路等科技的快速發展，全球經濟相互依存程度日益升高，例如1987年因美國股票市場跌落所引起的全球金融顫動，經常被使用於做爲全球經濟越來越相互依賴的明證。[56]因此，美國經濟的繁榮不可能自外於國際經濟體系，柯林頓在其競選時即直指美國的問題是經濟問題與健康保險議題，[57]故建立一個穩定的國內及國際金融體系，對於美國與全球經濟健全發展有密不可分的關係。小布希總統在經濟面向的作爲則強調，致力推動市場開放、金融穩定及世界經濟的進一步整合，換句話說美國與加拿大、墨西哥、中國、日本、德國等五大經濟貿易夥伴合作，有利於刺激全球的經濟成長。以美國前五大貿易夥伴加拿大、墨西哥、中國、日本與德國爲例，就柯林頓（1998、2000）及小布希總統（2006、2008）任內雙邊貿易概況，分析美國經濟與世界經濟的良性互動，印證結果確實有助於提升美國的經濟繁榮。

Press, 2002), pp.238-9.

[54] Bill Clinton, *My Life* (Alfred A Knopf: New York, 2004), p.430.

[55] The White House, *A National Security Strategy of Engagement and Enlargement* (Washington D.C.: The White House, 1995), p.19.

[56] Paul R. Viotti and Mark V. Kauppi, *World Politics: Security, Economy and Identity* (New Jersey: Prentice Hall, 2001), p.10.

[57] Bill Clinton, *My Life* ,p.425.

表2.1　美國與五大貿易夥伴貿易統計（unit: $ billion）

國家＼年份	1998 進口	1998 出口	2000 進口	2000 出口	2006 進口	2006 出口	2008 進口	2008 出口
加拿大	173,256	156.603	230.838	178.940	302.437	230.656	339.491	261.149
	329.895		409.778		533.093		600.640	
墨西哥	94.629	78.772	135.926	111.349	198.259	133.721	215.914	151.220
	173.401		247.275		331.980		367.134	
中國	71.168	14.241	100.018	16.185	287.774	53.673	337.772	69.732
	85.409		116.203		341.447		407.504	
日本	121.845	57.831	146.479	64.924	148.180	58.459	139.262	65.141
	179.676		211.403		206.639		204.403	
德國	49.841	26.657	58.512	29.448	89.082	41.159	97.496	54.505
	76.498		87.960		130.241		152.001	

資料來源：U.S. Census Bureau, Foreign Trade Statistics, Canada, Mexico, China, Japan, and Germany (1998, 2000, 2006 and 2008).

從表2.1得知，美國柯林對及小布希總統任內與其主要貿易夥伴加拿大、墨西哥、中國、日本與德國之貿易，雖然前述夥伴在貿易總額的排列順序有些微調整，但整體而言美國與其前五大貿易夥伴的貿易大致維持成長趨勢，此現象頗符合其「國家安全戰略」所述，美國國內的繁榮繫於海外的繁榮，因此如何建構一個公平的貿易體系，便成爲「國家安全戰略」戰略所關注的重點。

第三，在促進民主改革方面，經由與治理制度較落後國家的廣泛接觸，激勵這些國家促進民主與自由市場，包括忠告外國政府進行自由選舉、教導部隊關於文人領軍的重要性、透過救援行動與駐外人員將美國的價值帶入東歐及非洲國家，以積極協助上述地區國家發展司法、媒體與公民社會體系，建立必要的制度來維持民主理念，推動治理不善國家的民主改革與轉型。自由主義學派長期以來認爲民主的國家將會較其他非民主國家更愛好和平，[58]植基於「民主和平理論」的論述，強調規範因素（normative factor）、自由理念（liberal idea）與制度因素（institutional factor），其中規範的倡導者反對採暴力方式解

[58] Jack S. Levy, War and Peace in Walter Carlsnaes, Thomas Risse, and Beth A. Simmons, ed., *Handbook of International Relations* (London: SAGE Publications, 2002), p.358.

決爭端，和平規範在民主國家普遍生根，將有助於防止使用軍事手段解決國家間的爭端。提倡自由理念的學者認為理念才能真正防止民主國家彼此發動戰爭。有些學者則提出制度的觀念，渠等認為民主體制，將會防止不理性的領袖恣意對它國發動戰爭。故民主政府的政策受到國會的監督、民意與媒體的檢驗，在多元而民主的社會較趨於理性，當然可以約束戰爭的發生。因此，如何推展世界各國的民主轉型與鞏固，毫無疑問成為美國「國家安全戰略」三大核心目標之一。

綜上所述，由於前蘇聯的解體，國際政治從兩極邁入一超多強的年代，美國在21世紀前後所面對安全環境，確實不同於冷戰時期。因此如何建構一個符合美國國家利益的「國家安全戰略」（或稱國家戰略、大戰略），是柯林頓及小布希政府引領美國走向富強的指導。柯林頓總統將其「國家安全戰略」區分接觸與擴大（1994-1996）、新世紀（1997-1999）與全球時代（2000）三個版本，自始至終所環繞的三個核心目標即提升安全、促進經濟繁榮與推展民主。小布希政府雖然在其「國家安全戰略」中未明確指出上述三項核心目標，但歸納其2002、2006年「國家安全戰略」的論述仍是以上述三項目標為主軸（參閱本書第四章），故本書分析架構是以冷戰後國際權力結構一超多強為背景，從國際關係相關理論詮釋美國「國家安全戰略」三項核心目標，繼之建立「層級戰略」的概念，「國家安全戰略」三項核心目標如何指導「國防戰略」及「軍事戰略」的擬定，而前述兩個戰略又如何採取具體措施達成「國家安全戰略」的核心目標。

此外，本書也引用鈕先鍾提出之「戰略三重奏：思想、計畫與行動」有關思想的概念。[59]「層級戰略」所述內容及精神實屬於思想的層面，鈕氏曾言現今戰略的內涵不僅超越軍事，而且也超越戰爭的思考。[60]就「國家戰略」言，其思考的範圍包括政治、經濟、外交、軍事、心理、內政、社會、技術等；「國防戰略」則是在「國家戰略」指導下，統籌國防資源，確保國家主權、領土完整，以創造有利於自由、民主和經濟機會的國際秩序。「軍事戰略」則是在前述戰略指導下，提出目標、使命及能力需求，確保部隊戰力於不墜。「層

[59] 鈕先鍾，《戰略研究入門》，〈台北：麥田出版社，1998年〉，頁211。
[60] 前揭書，頁95-96。

級戰略」屬思想面向，並依其所屬的層次，提出對野戰戰略及軍種戰略的指導方針，其關係如圖2.1。

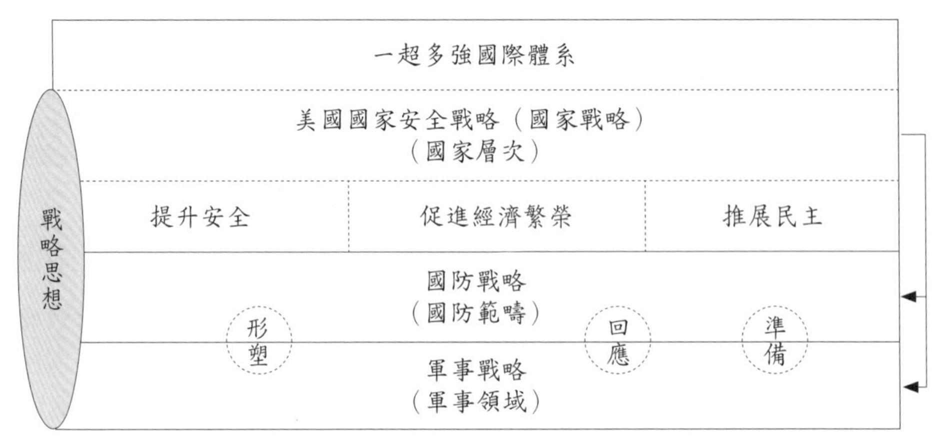

圖2.1　分析架構圖

第四節　小　結

新現實主義與新自由主義在20世紀80年代經過辯論後，已逐漸匯流成國際關係的主流理論。易言之，新自由主義學者並未推翻新現實主義學者的主要觀點（如無政府狀態、國家爲主要行爲體與極大化國家利益），渠等站在新現實主義的基礎上，提出處理國際事務上更爲靈活與彈性的做法。而其中較爲具體的做法，便是合作及機制的觀念，對解決衝突、糾紛或確保合作的持續，對國際關係理論的發展帶來新的思考。對瞭解合作行爲追求自我利益基礎的古典模式，見諸於囚徒困境（prisoner's dilemma game），此爲兩個互爲孤立的囚徒，有合作或背叛的動機。假如他們選擇合作，在某種意義上兩者都不承認犯行，可能因缺乏證據而釋放。假如一個承認犯行並希望獲得減刑，另外一個則會較自白者判更重的刑責。因此，在什麼情況下，人有動機與其他人合作，以追求自我利益？同理，羅梭（Jean Jacques Rousseau）之「獵鹿遊戲」指出如果大家共同合作，以追求共同目標，則可捕獲公鹿。[61]但是假如有一個或更多的參與者不合作，轉而追捕野兔，則公鹿可能脫逃而去。因此，以合作的方式，則可征服公鹿，且所有人都可獲得一頓豐盛的食物。對「囚徒困境」與「獵鹿遊戲」兩者，合作行爲的關鍵在於每一個人都相信其他人願意合作。在缺乏彼此可能合作的假設下，沒有人願意進行合作。因此，合作理論的中心議題植基於自我利益，是由合作所產生之某種程度的相互獎賞，取代以單邊行動及競爭爲基礎之利益概念。藉由兩個國家維持其國際貿易障礙之相關的例子，此問題可說明，假如兩者都取消此種障礙，彼此均可獲益，若一個國家單邊取消這樣的限制，另外一方將有進入新市場的動機。[62]

由於國際合作須在一個鬆弛的情況下進行，在不同文化及地理阻隔單位體間缺乏有效率的組織與規範，克服各國動機及意圖等資訊不足的問題是重要的。合作理論最重要的部分是其動機及利益，合作可視爲衡量單邊行動的動機。經常性的互動、關於國家合作目標在交換訊息形式的透明，以及發展此合作模式可落實的基本制度，代表植基於無政府國際體系自我利益合作理論的構成要素。[63]

國際合作理論的討論，包含兩個國家的關係或更多國家的關係，亦即眾所皆知的多邊主義。雖然合作的協議經常出現在兩個國家間，國際合作的主要焦點已是多邊的。依照魯奇（John Gerard Ruggie）的說法，其將「多邊主義」界定爲「在行爲普遍原則基礎上，協調三個或以上國家之制度形式。」[64]因此，多邊一詞如此界定是關於行爲的普遍性原則，可多重的制度形式來表示，包括國際組織、國際機制與國際秩序，諸如19世紀末開放貿易的秩序或21世紀初的全球經濟。於是，三個或以上行爲者的合作，可根據範圍較廣的

---

[61] Robert Jervis, “Cooperation under the Security Dilemma,” *World Politics*, 30(2) (January 1978), p.167.

[62] James E. Dougherty & Robert L. Pfaltzgraff, *Contending Theories of International Relations: A Comprehensive Survey* (U.S.: Priscilla McGeehon, 2001), p.506.

[63] Geoffrey Garnett, “International Cooperation and Institutional Choice: The European Community’s Internal Market,” *International Organization*, 46(2) (Spring 1992), 533-557;Stephen D. Krasner, “Global Communications and National Power: Life on the Pareto Frontier,” *World Politics*, 43 (April 1991), 336-366. in Dougherty and Pflatzgraff (2001), p.507.

[64] John Gerard Ruggie, “Multilaterialism: The Anatomy of an Institution,” in John Gerard Ruggie, ed. *Multilateralism Matters: The Theory and Praxis of an Institutional Form* (New York: Columbia University Press, 1993), p.11, in Dougherty and Pflatzgraff (2001), p.507.

項目或特定的議題。合作行動在制度的背景下可能發生，多少有些正式、相當數量的規則（rules）、規範（norms）、或共同決策程序（decision-making procedures）。[65]從新自由主義學者的論點，我們可瞭解，縱使在國際無政府狀態下，只要資訊透明、國家展現合作的誠意與良好的國際機制，國際間仍可透過合作達到雙贏的目標。所以，新自由主義與新現實主義最大之不同也是在此。

民主和平理論所代表的意涵即是民主國家尊崇自由、人權與法治，同時恪遵國際規範，不會因爲國與國之間的齟齬而兵戎相見。民主的政府講求效能與效率，更不會窩藏與縱容恐怖組織與活動。因此，民主和平理論的意涵即是所有國家皆能實施民主，則國際的和平便可達成，恐怖組織也能消弭於無形。故國際關係理論新現實主義所持之安全觀，新自由主義所強調的合作，以及民主和平理論學者所持的民主概念，對詮釋美國「國家安全戰略」三項核心目標：安全、經濟繁榮與民主，可更深入瞭解美國的全般戰略思維。

[65] James E. Dougherty & Robert L. Pfaltzgraff, *Contending Theories of International Relations: A Comprehensive Survey*, p.507.

第三章　層級戰略

The United States has profound interests at stake in the health of the global economy. Our future prosperity depends upon a stable international financial system and robust global growth. Economic stability and growth are essential for the spread of free markets and their integration into the global economy. The forces necessary for a healthy global economy are also those that deepen democratic liberties; the free flow of ideas and information, open borders and easy travel, the rule of law, fair and even-handed enforcement, protection of consumers, a skilled and educated work force.

William J. Clinton

全球經濟的健全維繫美國的重大利益，我們將來的繁榮依賴於一個穩定的國際金融體系與強勁的全球成長，經濟的穩定與成長對擴大自由市場與整合它們進入全球經濟是重要的，這些力量是健全的全球經濟所必須的，也是那些深化民主、自由理念與資訊的流通、邊界開放與旅行自由、法治、公平執法、消費者保護、一個有技術與教育的勞動力所必須的。

（柯林頓・1998年國家安全戰略）

就戰略思想而言，一般認爲可區分爲東方（中國）的戰略思想與西方的戰略思想，鈕先鍾在其著作《中國戰略思想新論》，將中國戰略思想區分爲西周、春秋、孫子、戰國諸子、戰國兵書、秦、楚漢相爭、西漢、東漢、魏晉南北朝、隋唐、宋、蒙古與元朝、明、清等朝代。[1]其中歷久彌新，經數千年仍傳誦至今非孫子兵法莫屬，即使在21世紀的今天，更影響西方世界的戰略思維。另外，鈕先鍾在其另一本著作《西方戰略思想史》則將有關西方戰略思想區分爲古代：西方戰略思想的萌芽期（希臘與羅馬）、中古時代：西方戰略思想的停滯期（拜占庭與中世紀）、啓蒙時期：西方戰略思想的復興期（15-18世紀）、近代（上）：西方戰略思想的全盛期（19世紀前期，拿破崙、約米尼、克勞塞維茲）、近代（中）：西方戰略思想的全盛期（19世紀後期，普德學派、法國學派、人文戰略家、海洋與戰略）、近代（下）：西方戰略思想的全盛期（20世紀，第一次大戰後的德國——魯登道夫、豪斯霍夫、希特勒；近代英國兩位大師——富勒、李德哈特；戰後海權思想——英國、歐陸國家；空權思想的興起——杜黑與美英兩國的思想；美國；俄國）。[2]

本書主要以美國柯林頓及小布希政府時期所出版的「國家戰略」、「國防戰略」與「軍事戰略」爲論述主軸，引用國際關係理論，歸納美國各式戰略之思想及其鏈結關係，冀望在東、西方戰略思維體系之外，另闢「層級戰略」研究途徑。換句話說，除了目前戰略研究社群所強調的東、西方戰略思想外，能將「層級戰略」（國家戰略、國防戰略與軍事戰略三者所構成）的概念導入戰略領域加以研究。顧名思義「層級戰略」意即，戰略與戰略之間有範圍與屬性之分，並突顯戰略與戰略之間有上下及指導之關係。易言之，「層級戰略」即戰略之間有指導及隸屬之關係，美國「國家安全戰略」依據「高尼法案」提出，向下指導「國防戰略」及「軍事戰略」。其中「四年期國防總檢」便是依據「國防授權法案」提出，並遵總統「國家戰略」之指導，以「國防戰略」爲戰略基礎，俾指導「軍事戰略」之擬定。上述各戰略分由總統、國防部長及參謀首長聯席會議主席提出，三者之間有思想的指導及層次分明的關係，故以「層級戰略」稱之。爲使戰略研究能與時俱進，在東、西戰略思想之外，另闢

---

[1] 鈕先鍾，《中國戰略思想新論》，（台北：麥田出版股份有限公司，2003年），頁9。
[2] 鈕先鍾，《西方戰略思想史》，（台北：麥田出版股份有限公司，1999年），頁19。

戰略研究的新途徑。

首先，就西方戰略思想言，其與國際關係理論的根源如出一轍，誠如傑克·唐納利（Jack Donnelly）在其著作《現實主義與國際關係》（Realism and International Relations）所列舉有關數個現實主義典範，如修昔底德（Thucydides）、馬基維利（Niccol Machiavelli）、霍布斯（Thomas Hobbes）、摩根索（Hans Morgenthau）都是現實主義的典型代表。例如修昔底德曾經寫過《歷史》一書，這本書記載關於雅典與斯巴達在西元前五世紀末期所發生之「伯羅奔尼薩戰爭」（Peloponnesian Wars）的始末。其中稱之爲「梅里安對話」（Melian Dialogue）的章節，乃是闡釋現實主義傳統思想最有名的文章，在這個對話錄中，派遣到梅斯洛的雅典使者曾經在言行間流露出現實主義的特質，甚而可從中看出其代表的類型乃是基本教義派現實主義。[3]正因爲這樣的思想，修昔底德對美國現代戰略思想的影響是非常顯著的。[4]馬基維利則認爲權力和安全乃是最重要的考量，他更進一步指出：「一位賢明的君王，除了戰爭藝術之外，應該沒有其他的目標及興趣。」霍布斯則總結其人生的經歷，提出「人類生活的自然狀態，乃是戰爭狀態。」[5]摩根索則提出現實主義六原則：即政治受客觀法則所支配、國家用權力追求利益、國家有追求利益的永恆性、追求利益是國家的道德、沒有放諸四海皆準的普世道德、政治權力的範疇是獨立於其他人類的活動領域。[6]西方現實主義學者對馬漢「海權論」、杜黑「空權論」、麥金德「心臟地區」等戰略的發展產生啓迪與影響。而現實主義更是新現實主義的立論來源，「層級戰略」的理論基礎又不離新現實主義的思維，故西方戰略思想與「層級戰略」之思維，在理論的領域上有密不可分的關係。

其次，就東方（中國）戰略思想所強調者大部分爲國家利益、權力（影響

[3] Jack Donnelly著，高德源譯，《現實主義與國際關係》，（台北：弘智文化，2002年9月），頁32。

[4] R. Craig Nation, "Thusydides and Contemporary Strategy," in J. Boone Bartholomees, ed., *U.S. Army War College Guide to National Security Issues, Volume 1: Theory of War and Strategy* (U.S.: U.S. Army War College 2008), p.129.

[5] Jack Donnelly著，高德源譯，《現實主義與國際關係》，（台北：弘智文化，2002年9月），頁15-35。

[6] 張亞中主編，《國際關係總論》，頁45。

力）、富國強兵、安全與生存等領域。例如，《孫子兵法》、《孫臏兵法》與《尉繚子兵法》等，均強調根據敵我雙方的不同情勢，以及天時、地利等不同環境，採用靈活應變的戰術，形成主動出擊的有利態勢，以求克敵制勝，[7]俾確保國家生存與利益。此思維與層級戰略所要闡述有關安全的面向，也有密切的關係，故三者在理論的論述有相互呼應的關係。職是之故，筆者以戰略為核心，將西方戰略思想以左邊菱形示之；東方戰略思想則以右邊菱形示之；「層級戰略」則以中間菱形示之。希望在東、西戰略的基礎上，建構「層級戰略」研究的新途徑，圖3.1所顯示的是東、西戰略及「層級戰略」三者之關係。

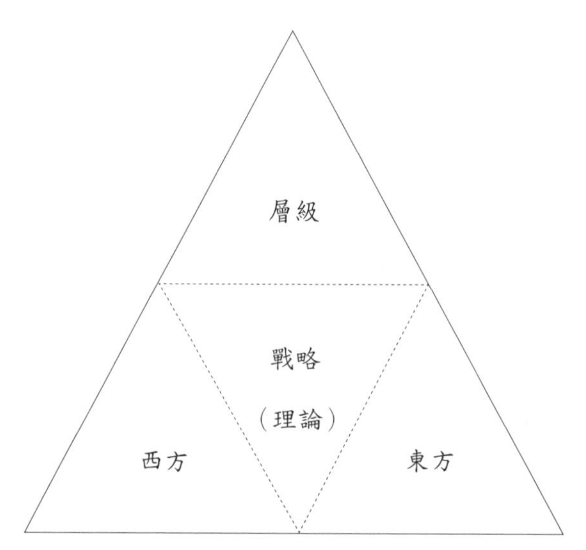

圖3.1　東、西方傳統戰略思想與層級戰略關係圖（作者自繪）

第三，以東西方戰略思想巨著《孫子兵法》及《戰爭論》，與「層級戰略」所論述的核心內涵做簡要分析，有助讀者瞭解「層級戰略」與東西方戰略的相關性。尤其，將後者納入戰略領域研究，確實有其必要性。《孫子兵法》十三篇論述的層面涵蓋評量勝負〈始計篇〉、經營戰爭〈作戰篇〉、謀劃攻防策略〈謀攻篇〉、戰力比較分析〈軍形篇〉、動量的運用〈兵勢篇〉、攻守布陣的法則〈虛實篇〉、作戰目標〈軍爭篇〉、通權達變〈九變篇〉、戰爭中的

[7] 黃金輝，《兵家智謀》，（嘉義：千聿企業社出版部，2001年9月），頁35。

磨擦〈行軍篇〉、地理、軍隊、將領與軍事作戰〈地形學〉、地略、戰略與將略〈九地篇〉、火器的使用〈火攻篇〉、運用中間人的藝術〈用間篇〉。若以「層級戰略」劃分，則《孫子兵法》之〈始計篇〉內容與今日所稱的國家戰略雷同、〈作戰篇〉則與國防戰略概同、〈謀攻篇〉的內容則與軍事戰略相近，餘各篇的論述則約略等同於今日之軍事作戰。《戰爭論》的內容涉及戰爭觀、戰略、戰術、戰爭計畫、後勤維護與軍隊建設等。《孫子兵法》、《戰爭論》與美國「層級戰略」所論述之重點爲安全、軍事、經濟等有異曲同工之妙。從大的面向言，此三者都強調安全、軍事與經濟事務的重要性，然而三者也因所處年代不同，在相關的論述上亦有不同。例如，「層級戰略」強調推展民主的重要性，此概念在《孫子兵法》與《戰爭論》中並未論及。然而民主的概念在當代國際政治占有舉足輕重的地位，因爲民主國家越多，發生戰爭與衝突的機會則越少，意即透過民主的轉型與鞏固，可以減少戰爭的發生，對國際和平有其重要的意涵。表3.1爲《孫子兵法》、《戰爭論》與「層級戰略」在安全、軍事、經濟與民主五個面向的比對。

表3.1　《孫子兵法》《戰爭論》與「層級戰略」五個面向比對表

區分／五個面向	孫子兵法	戰爭論	層級戰略
安全	▲	▲	▲
國防	▲	▲	▲
軍事	▲	▲	▲
經濟	▲	▲	▲
民主			▲

資料來源：作者自繪

欲進行戰略學門層次的建構，並不是一件容易的事，因爲除了要考量學門屬性、整體上下層次與前後連貫外，尙須將戰略之間的指導作用納入。以往對戰略的區分僅限於「總體戰略」、「大戰略」、「國家戰略」、「軍事戰略」與「野戰戰略」等，惟對其間的關係並未進行理論的檢證與上下關係的詮釋，故對「層級戰略」實有必要更進一步研究，以釐清戰略與戰略相互之間的鏈結關係。經歸納美國柯林頓與小布希政府時期所出版之各式「國家戰略」、「國防戰略」與「軍事戰略」，並按其上下關係，建構出三者之「層級戰略」。依照美國政府所出版之戰略報告，由總統簽署的戰略統稱「國家戰略」；國防部長簽署之戰略稱之「國防戰略」；而參謀首長聯席會議主席簽署之戰略則為「軍事戰略」，此三種戰略有其層次之分，亦即「軍事戰略」必須遵循「國防戰略」與「國家戰略」之指導；反之，「國家戰略」分別指導「國防戰略」與「軍事戰略」的擬定。

當然這樣的層級要能產生作用，首先，端賴明確的法源依據，此可從美國「層級戰略」所形成的法源便可探知。美國「層級戰略」的成型係依據1947年所通過的「國家安全法」（National Security Act）及1986年國會通過「高尼國防部重組法案，以下稱高尼法案」（Goldwater-Nichols Department of Defense Reorganization Act）兩項法案。1947年「國家安全法」確認美國的國家安全體系，明確律定國家安全會議、國防部、美國空軍、中情局的組織架構，同時這一份文件也律定國防部長與參謀首長聯席會議主席的職責。[8]其次，從國家整體戰略的考量，總統提出「國家安全戰略」涵蓋各個層面的宏觀思維，並同時指導國防部長「國防戰略」的政策規畫，以及參謀首長聯席會議主席「軍事戰略」的建軍備戰指導，俾使戰略思維能脈絡一貫。有鑑於冷戰時期快速變遷的戰略環境，舊有的戰略規劃模式已不符合實際需求。美國國會在參議員高華德（Senator Goldwater）與眾議員尼可斯（Congressman Nichols）的領導下，於1986年通過具有指標意義的「高尼法案」。該法案內容繁複、條款規定鉅細靡遺，其推動美軍的軍事事務革新、聯戰準則研發、指揮體系扁平化、參謀首長聯席會議、明確律定各軍種、戰區司令部的職責。而「高尼法案」最大的貢獻，係文人領軍的國防部長將其戰略思維透過制度化的設計，將其戰略指導與作為落實於國防計畫達成國家目標，至此美國的國家戰略體系於焉成型，以下分就「國家戰略」、「國防戰略」與「軍事戰略」敘述於後。

---

[8] IWS-The Information Warfare, National Security Act 1947, internet availablt from http://www.iwar.org, accessed an September 12, 2008.

第一節　國家戰略

如美軍軍語辭典所定義，「國家安全戰略」即「國家戰略」也稱爲「大戰略」，這些戰略報告皆是以總統名義發出，故其是國家戰略的最高指導。此處所指之國家戰略包括「國家安全戰略」、「國土安全的國家戰略」、「伊拉克戰爭勝利的國家戰略」、「打擊恐怖主義的國家戰略」、「打擊大規模毀滅性武器的國家戰略」與「確保網路安全的國家戰略」。

依據「高尼法案」第603款規定：美國總統應於每年固定提交國會「國家安全戰略」報告。而此一戰略須對下列事項進行全面的說明及討論：第一，美國在全球的利益、目標對美國本身而言是至關重要的；第二，美國外交政策、全球的承諾及嚇阻侵略與完成美國「國家安全戰略」的防衛能力；第三，運用短期與長期政治、經濟、軍事與其他國力的要素，以保護或促進利益，並達成第一要項中所論述的目標；第四，適當的能力以執行美國「國家安全戰略」，包括對國力諸要素平衡的評估，以支持「國家安全戰略」的完成；第五，有助國會知悉「國家安全戰略」事務訊息的必要性。[9]從「國家安全戰略」的規劃而言，其思維程序應包括幾個方面：

（一）依據國際戰略環境確定國家地位。

（二）依據國家利益確定國家目標。

（三）考量國力與可動用資源，選擇達成戰略目標的手段與方法。

（四）指導、整合各次級戰略以發揮總體力量。

美國爲世界超級強權，其國家利益是確保美國的安全與國際的主導地位，透過各種手段以確保國家利益，遏止挑戰美國霸權的新興強權。美國的國家安全戰略向下指導其他戰略，諸如：經濟戰略、外交戰略、國防戰略等，所以美國的「國家安全戰略」就是美國的「大戰略」。質言之，美國「國家安全戰略」提供經濟、外交、國防、反恐等戰略的具體指導，而各層級戰略即

---

[9] *National Security Act 1947*, internet available from <http://www.iwar.org.uk/sigint/resources/national-security-act/1947-act.htm> & Clark Q. Murdock and Michele A. Flournoy, "Beyond Goldwater-Nichols: US government and Defense Reform for a New Strategic Era," Phase 2 Report, p.28, internet available from <http://www.csis.org/media/csis/pubs/bgn_phz_report.pdf>, accessed September 12, 2008.

爲「國家安全戰略」的具體實踐。由於「高尼法案」要求美國總統提出「國家安全戰略」，使得美國國家戰略體系更趨完整。「國家安全戰略」是美國各式「國家戰略」報告的核心。而「國家戰略」係根據「國家安全戰略」所述攸關國家至關重大利益者，爲凝聚共識及團結民心，統一政府各部門的步調及考量資源的妥善配置，單獨發布各相關議題的「國家戰略」（如國土安全國家戰略、打擊恐怖主義國家戰略、伊拉克戰爭勝利國家戰略、打擊大規模毀滅性武器國家戰略、確保網際空間安全國家戰略即爲一例），俾有效因應來自國土安全、恐怖主義、伊拉克戰爭、大規模毀滅性武器、網際空間安全的各種威脅。

綜觀柯林頓政府時期共計提出7份「國家安全戰略」報告，這些報告都強調三個主要核心目標，即以有效率之外交及完善之軍事力量，提升國家安全；支撐美國經濟繁榮；提升其他國家的民主。[10]小布希政府任內提出2份「國家安全戰略」，歸納其內容可發現，確保國家安全仍是最高優先（如成立國土安全部、打擊恐怖組織及大規模毀滅性武器等），促進全世界的經濟繁榮亦是其戰略所要闡述的核心（如推動自由貿易與自由市場），而推動民主，更是小布希總統念茲在茲（如強化外援及協助受援國民主轉型與鞏固）。[11]由此觀之，「國家安全」、「經濟繁榮」、「民主人權」是美國「國家安全戰略」的三大核心目標，而此三大核心目標更是策定「國防戰略」與「軍事戰略」的具體指導。

其次，爲確保美國本土的安全，小布希政府也於2002與2007年分別發布「國土安全國家戰略」。2002年「國土安全國家戰略」說明：「此一戰略的目的是動員及組織我們國家，防止恐怖攻擊，以確保美國本土安全。這是一個極度複雜的任務，需要協調整個社會——聯邦、州、地方政府、私人部門與所有美國人民的齊心合作。此一戰略之目標按其優先順序可區分如下：即防止恐怖攻擊活動在美國發生、降低美國的弱點、極小化攻擊傷害程度與復原。」[12] 2007年「國土安全國家戰略」說明：「此一戰略的目的是指導、組織、團結國

[10] The White House, *A National Security Strategy of Engagement and Enlargement* (Washington D.C.: The White House, 1995), p.27.

[11] The White House, *The National Security Strategy of the United States of America* (Washington D.C.: The White House, 2006), p.*ii*.

[12] The White House, *National Strategy for Homeland Security* (Washington D.C.: The White House, 2002), p.vii.

土防衛的努力，其提供全國應該聚焦於下列四個目標的一個共同架構：即防止及瓦解恐怖攻擊、保護美國人民及重要基礎設施與主要資源、回應與從恐怖攻擊事件的復員、持續強化確保我們長期成功的基礎。」。[13]

第三，針對全球反恐戰爭，小布希政府於2003年及2006年分別提出「打擊恐怖主義國家戰略」，以及「911事件五年之後：成就與挑戰」。其中2003年版「打擊恐怖主義國家戰略」首先即引用小布希總統2001年11月6日的講話：「沒有團體或國家可誤判美國的意志；在恐怖團體的全球活動被發現、被制止，以及被擊敗之前，我們永不停息。」該篇報告主要針對恐怖主義的本質、反恐戰略意圖、反恐目的與目標等面向，深入討論美國反恐的作爲。[14]2006年版「打擊恐怖主義國家戰略」則直接陳述：「反恐戰爭是一場截然不同的戰爭，從一開始，這就是一場武力與理念的戰爭。我們不僅在戰場上打擊恐怖份子，同時透過宣揚自由與人性尊嚴，使恐怖份子妄圖建立的壓迫與極權統治無法實現。」該戰略也清楚闡述今日美國反恐的成就與挑戰；今日的恐怖份子；反恐戰爭的戰略願景；贏得反恐戰爭的戰略；戰略制度化以獲致長期成功等。[15]第三份有關反恐國家戰略報告是「911事件五年之後：成就與挑戰」，本反恐報告主要對美國反恐戰爭做一回顧與前瞻，其在報告中特別提及如何促進阿富汗及伊拉克的民主、預防恐怖份子的攻擊、預防大規模毀滅性武器的擴散、拒止來自流氓國家的支持、制度化反恐戰爭、橫亙於前的挑戰等。[16]

第四，小布希總統任內對伊拉克問題，2005年時，也提出一份「伊拉克戰爭勝利國家戰略」，其開宗明義便說：「幫助伊拉克人民擊退恐怖主義並建立一個有內涵的國家。」在此戰略中美國強調在伊拉克勝利是美國的根本利益，美國希望在政治、安全與經濟等方面協助伊拉克邁向民主國家。[17]

[13] The White House, *National Strategy for Homeland Security* (Washington D.C.: The White House, 2007), p.1.
[14] The White House, *National Strategy for Combating Terrorism 2003* (Washington D.C.: The White House, 2003).
[15] The White House, *National Strategy for Combating Terrorism 2006* (Washington D.C.: The White House, 2006).
[16] The White House, *9/11 Five Years Later: Successes and Challenges 2006* (Washington D.C.: The White House, 2006).
[17] The White House, *National Strategy for Victory in Iraq 2005* (Washington D.C.: The White House, 2005).

第五，大規模毀滅性武器的擴散是美國在安全領域特別關注的議題，小布希總統於2002年時，亦出版「打擊大規模毀滅性武器國家戰略」報告，在該戰略清楚列出美國「打擊大規模毀滅性武器的國家戰略」的三個基石：反擴散以打擊大規模毀滅性武器的使用、強化不擴散以打擊大規模毀滅性武器的擴散、後果處理以回應大規模毀滅性武器的應用。此外，該戰略亦提及反擴散、不擴散的作爲，並論及如何整合前述三個基石，確保美國的安全。[18]

第六，由於科技的發達，促進網路的使用，惟在普遍及便利下也增加威脅的來源，有鑑於此，美國小布希總統任內也針對如何確保網路安全，提出「確保網際空間安全國家戰略。」。該戰略開始即說明此一戰略是保護國家總統努力的一部分，其爲「國土安全國家戰略」實施要素，並由「重要基礎設施及主要設施實體保護的國家戰略」來強化。該戰略聚焦於網路威脅與脆弱性、國家政策與指導原則、反制網路威脅的策略。[19]

第二節　國防戰略

「美軍軍語辭典」雖未對「國防戰略」給予明確之定義，但從其歷年「國防戰略」的內涵，仍然可歸納，該戰略主要考量如何因應美國的威脅、強化部隊戰力，並使各單位更具效能與效率。美國國防部擬定國防政策與建軍備戰，所依據的兩份重要官方文件，一是「國防戰略」、另一是「四年期國防總檢」，兩者都以國防部長名義發出。「國防戰略」係國防部長依據總統「國家安全戰略」所賦予的目標，對未來戰略環境進行評估，選擇達成戰略目標之手段與方法，並整合與國防有關之政、經、心、外交及其他戰略，而提交總統與國會的報告。有關「國防戰略」，美國國防部並未在柯林頓總統任內提出相關報告，該部僅於1997年所提出之「四年期國防總檢」（Quadrennial Defense Review, QDR）第三章論及「國防戰略」；而小布希總統則分別於2005、2008

[18] The White House, *National Strategy to Combating Weapons of Mass Destruction 2002* (Washington D.C.: The White House, 2002).

[19] The White House, *The National Strategy to Secure Cyberspace 2003* (Washington D.C.: The White House, 2003).

年具體提出「國防戰略」。其主要內容包括：戰略環境評估、國防戰略的目標、能力與手段、緊急應變程序等。在這份報告是國防部長對未來國防事務的大政方針，指導參謀聯席會議軍事戰略的目標方向，爲軍事戰略開創有利條件的具體作爲。這份報告依據未來戰略環境的變遷、安全威脅的挑戰、「四年期國防總檢」的評估報告，修正當前兵力整建的方向，但不提兵力架構、整建項目與資源需求。所以這份報告對「國家軍事戰略」而言，是國防政策方向的指引，而「四年期國防總檢」則具體指導「國家軍事戰略」建軍備戰。

此外，爲定期檢視未來戰略環境與達成目標的能力，驗證國防戰略落實於計畫作爲之情形。美國「四年期國防總檢」係依據每年國防授權法案（Defense Authorization Act），要求國防部配合總統任期執行「四年期國防總檢」，俾使「國防戰略」與資源做最有效的運用。1997年柯林頓總統任內提出一份「四年期國防總檢」；小布希總統任內則於2002、2006年分別提出「四年期國防總檢」。例如，2006年版的「四年期國防總檢」直言：「本四年期國防總檢係基於2005年3月出版的「國防戰略」報告，該報告要求國防部持續精進戰力，以因應日益廣泛的威脅。雖然美軍仍有優勢，但仍須加以精進，方能解決新世紀的非傳統性與不對稱的挑戰。」[20]綜觀「四年期國防總檢」的評估，概略可區分爲兩個部分，首先是對「國防戰略」部分進行評估，其包括：未來戰略環境的變化、戰略檢討、兵力結構、戰力調整與兵力發展方向、國防改革與基礎；第二個部分是對國家軍事戰略的檢討，包括：戰略能力、戰備與訓練、兵力整建與可用資源檢討。最重要的評估項目係依據「國防戰略」的需求，統合現有資源用於關鍵項目。

雖然「四年期國防總檢」的內容不會再次提到「國家安全戰略」的目標，但是執行「四年期國防總檢」的期程，係配合總統與國防部長的任期，在制度設計的精神之中，隱含「國家安全戰略」直接指導「國防戰略」的影子。因爲「四年期國防總檢」對上支持「國家安全戰略」，國防部並據此發佈「國防戰略」；另「四年期國防總檢」對下指導參謀首長聯席會議層級的「國家軍事戰略」（NMS）。故「國防戰略」是「四年期國防總檢」的戰略基礎，而

[20] 美國國防部編；蕭光霈譯，《2006美國四年期國防總檢報告》，（臺北市：國防部部辦室，民96年），頁24。

「四年期國防總檢」則是「國防戰略」具體作爲的呈現。

第三節　軍事戰略

依據「美軍軍語辭典」之定義，「國家軍事戰略」係於平、戰時分配及運用軍事力量，達成國家目標的藝術與科學。[21]1997年「國家軍事戰略」開宗明義便說明：參謀首長聯席會議主席承總統的「國家安全戰略」及國防部長的「四年期國防總檢」，以規劃「國家軍事戰略」。[22]「國家軍事戰略」是美國「國防戰略」次一層級的戰略，它是由參謀聯席會議主席依據「國家安全戰略」、「國防戰略」、「安全環境分析」，設計軍事作戰的目標、使命、能力需求，向總統及國防部長提出的報告，以支持「國家安全戰略」的目標，並執行國防戰略[23]。這份報告主要聚焦於軍事作戰層面的事務，其內容包括：軍事威脅評估、軍力發展的原則、國家軍事目標、兵力架構與規模、遂行軍事作戰的必需能力，以及向下指導戰役階層的聯戰作爲。此外，參謀首長聯席會議主席所提出之「反恐戰爭國家軍事戰略」與「打擊大規模毀滅性武器戰略」亦是依據總統、國防部長所提系列戰略指導所擬定。

第四節　小　結

由於美國爲全球唯一強權，其「國家安全戰略」事實上也就是國家的全球戰略（Global Strategy），而美國「國家安全戰略」所揭櫫的三個核心目標：安全、經濟繁榮與民主。若僅從國際關係理論中單一的理論，詮釋其戰略的意

---

[21] Department of Defense, *Dictionary of Military and Associated Terms* (Washington D.C.:DOD, 1998), p.303.

[22] John M. Shalikashvili, *National Military Strategy 1997: Shape, Respond, Prepare Now-A Military Strategy for a New Era*, internet available from <http://www.au.af.mil/au/awcgate/nms/index.htm>, accessed September 22, 2008.

[23] 美國國防部編；曹雄源、廖舜右譯，《2005美國國防暨軍事戰略》，（桃園：國防大學，民97年），頁57。

涵，實無法窺其全貌。故本書嘗試運用國際關係理論新現實主義安全觀、新自由主義合作觀及民主和平理論解讀美國「國家安全戰略」，以論述國際關係相關理論與各級戰略鏈結的關係。以「打擊大規模毀滅性武器國家戰略」爲例說明「層級戰略」關係，「國家安全戰略」對此議題提出積極的策略，從事打擊跨國性的恐怖網絡、流氓國家及擁有或試圖獲得大規模毀滅性武器具有侵略性的國家。此戰略說明美國必須透過加強聯盟，與過去敵人建立新夥伴的戰略關係，改進用兵方法，以及以現代化的技術，強化情報的蒐集和分析等手段精進此戰略。

打擊大規模毀滅性武器國家戰略，建立在國家戰略安全基礎之上，並闡明國家應以積極的態度，將打擊大規模毀滅性武器，建立在禁止擴散、打擊擴散及擴散後續處理的三大基石之上。打擊大規模毀滅性武器國家戰略，在各種軍事行動廣泛運用此三大基石。本戰略強調美軍應有正確的認知，一旦大規模毀滅性武器落入恐怖份子手中將對美國造成嚴重威脅，美國政府及相關部門，須充分協調與配合以對抗此等武器。

美國國防戰略針對現有威脅，勾勒出積極且多層次的防禦，來保衛自己國家、確保自己國家的利益。它指出恐怖主義與大規模毀滅性武器擴散及有問題國家的相關性，以及擁有大規模毀滅性武器的問題國家。本戰略藉防範大規模毀滅性武器的施行細則來達成「國防戰略」所述目標。

「國家軍事戰略」詮釋軍事目標及聯合作戰相關理念，並確定軍事部門的國防部長及作戰指揮官所須具備的能力，並由參謀首長聯席會議主席評估軍事行動所需的風險，且要求所屬單位立即回應敵軍大規模毀滅性武器的攻擊並徹底擊敗。「打擊大規模毀滅性武器國家軍事戰略」是打擊大規模毀滅性武器的指導依據，它詳細論述國家已建構的戰略目標及任務領域，並確定打擊大規模毀滅性武器的指導原則與戰略手段。

「國家反恐軍事戰略計畫」是美軍全球反恐行動的軍事計畫。本計畫指導各作戰指揮部軍事機構及戰鬥支援及野戰後勤單位如何保護美國及其海外利益。同時，亦指導應如何對抗恐怖份子的威脅，並建構一個不利恐怖主義的國際環境。這些軍事行動綱領，須確定國防部的能力，提供整體反恐行動的支援，指導正在進行的反恐行動，並確定反恐的優先事項，建立相關的運作機制，衡量正在進行的情況，並告知國防部未來在反恐任務中應遂行的事項。反恐戰爭國家戰略，是預防擁有或使用大規模毀滅性武器的恐怖主義、影響美國及其盟國與作戰夥伴的自身利益，其中反恐戰爭國家戰略，列出六項專門處理大規模毀滅性武器的軍事戰略目標，拒止大規模毀滅性武器的擴散、復原及消滅無法控制的物質，保持後續處理，以確保國家安全。這些亟須努力的軍事行動包括，檢測、監測、採集及發展，展開反恐擴散軍事行動，安全合作行動，對大規模毀滅性武器的主動及被動防禦，後續處理的協調事項，所有行動務必符合「打擊大規模毀滅性武器國家軍事戰略」的要求。[24]

從以上的說明，我們可歸納，美國「國家安全戰略」是「國防戰略」與「國家軍事戰略」的指導，其所代表的是國家各領域的思維，建立起以其爲中心的思想指導，統一國家對全面環境的認知，以及尋求如何建立有效的安全、經濟與推展民主的政策，以應對美國所面對的挑戰。簡言之，考量國家安全、經濟繁榮與推展民主下，由總統所提出之「國家安全戰略」或相關「國家戰略」（如打擊大規模毀滅性武器、反恐戰爭、國土安全、伊拉克戰爭勝利、確保網際空間安全）指導國防部長所提出之系列國防戰略（如國防戰略與四年期國防總檢），國防部長之「國防戰略」則向下指導由參謀首長聯席會議主席所提出之系列國家軍事戰略（如反恐戰爭國家軍事戰略與打擊大規模毀滅性武器國家軍事戰略）。此三種戰略，體系層次分明，形成「國家安全戰略」上有國際關係理論的依據，向下指導國防部的建軍與備戰，而國防部所擬的次級戰略則反饋確保「國家安全戰略」三個核心目標的達成，這三個層級戰略相互關係如圖3.2。

[24] *Department of Defense National Military Strategy to Combat Weapons of Mass Destruction 2006* (Washington D.C.: Department of Defense, 2006), pp.11-12.

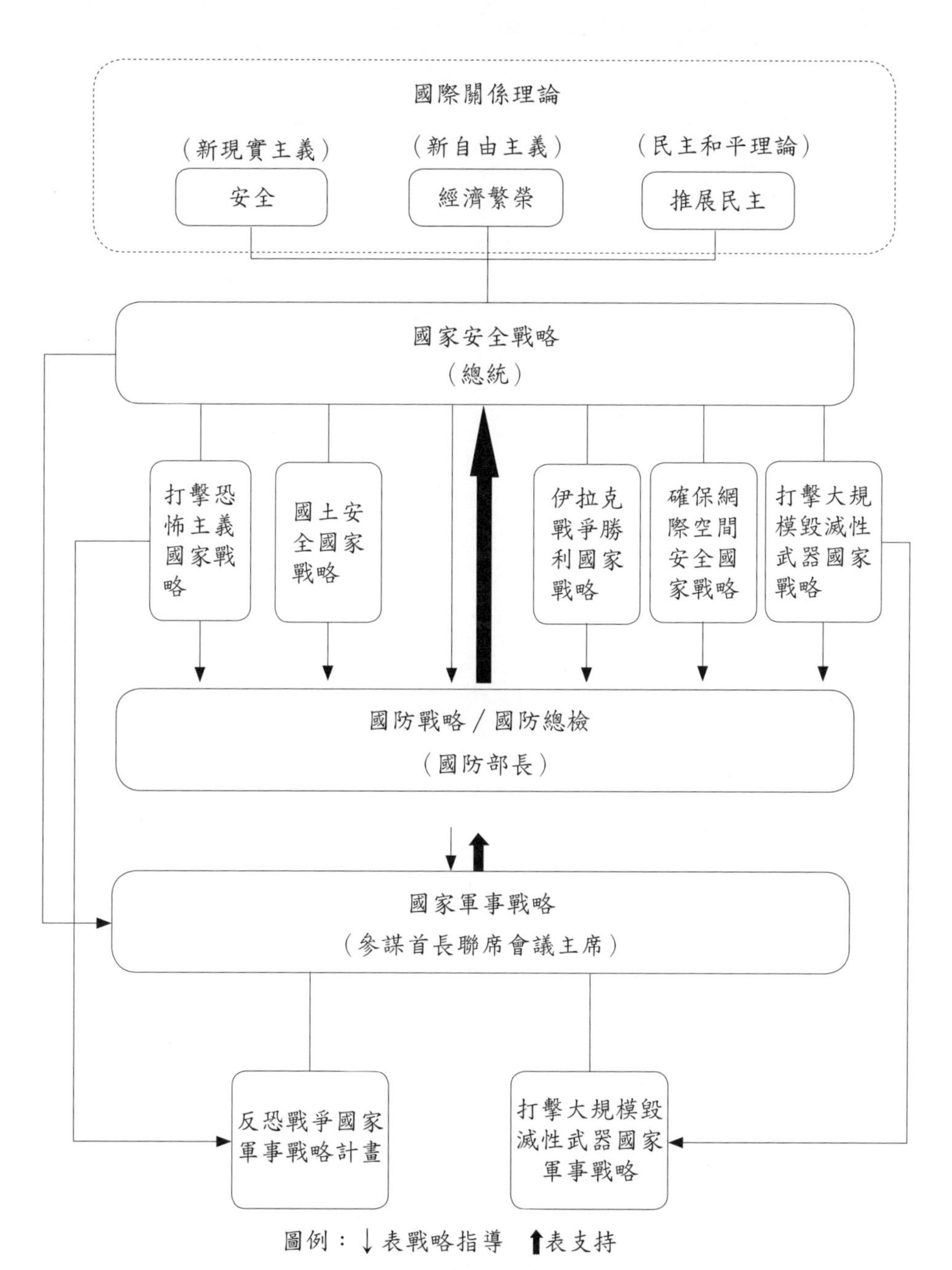

圖3.2　美國國家安全戰略與國防各級戰略關係圖（作者自繪）

第二篇

國家戰略篇

第四章　國家安全戰略

The path we have chosen is consistent with the great tradition of American foreign policy. Like the policies of Harry Truman and Ronald Reagan, our approach is idealistic about the national goals, and realistic about the means to achieve them.

George W. Bush

我們所選擇的路線完全符合美國外交政策的偉大傳統，如同杜魯門與雷根總統所採取的政策，我們對國家目標採取理想主義作風，但對達成目標的手段則遵循現實主義作法。

（小布希・2006年國家安全戰略）

根據《美軍軍語辭典》對「國家安全戰略」之定義即：「國家安全戰略即是發展、運用與協調外交、經濟、軍事及資訊之國力諸手段，達成國家目標，促進國家安全的藝術與科學，（其）亦可稱之爲國家戰略或大戰略。」[1]依照美國1947年《國家安全法》（National Security Act）108款及1986年國會通過《高尼法案》603款規定，總統於就職150天以內，必須向國會提交「國家安全戰略」報告。而此一戰略須對下列事項進行全面的說明及討論：第一，美國在全球的利益，目標對美國本身而言是至關重要的；第二，美國外交政策、全球的承諾及嚇阻侵略與完成美國「國家安全戰略」的防衛能力；第三，運用短期與長期政治、經濟、軍事與其他國力的要素，以保護或促進利益，並達成第一要項中所論述的目標；第四，適當的能力以執行美國「國家安全戰略」，包括對國力諸要素平衡的評估，以支持「國家安全戰略」的完成。第五，有助國會知悉關於「國家安全戰略」事務訊息的必要性。[2]

綜觀柯林頓政府時期共計提出七份「國家安全戰略」報告，並區分爲「接觸與擴大的國家安全戰略」（1994-1996）、「新世紀的國家安全戰略」（1997-1999）與「全球時代的國家安全戰略」（2000），這些報告都強調三個主要核心目標，即以有效率的外交及完善之軍事力量，提升國家安全；支撐美國經濟繁榮；提升其他國家的民主（如圖4.1）。

小布希政府的「國家安全戰略」，雖沒有像柯林頓政府以淺顯易懂的方式表達其戰略的核心目標，但歸納其內容，可發現確保國家安全仍是其最高優先（如成立國土安全部、打擊恐怖組織及大規模毀滅性武器等），促進全世界的經濟繁榮亦是其戰略所要闡述的核心（如推動自由貿易與自由市場），而促進海外民主，更是小布希總統念念不忘者（如強化外援及協助受援國民主轉型與鞏固），在其任內分別於2002、2006年提出「國家安全戰略」。爲利解讀柯、

1 Department of Defense, *Dictionary of Military and Associated Terms* (U.S.: DOD, 1998), p.303. 另本章相關資料詳見曹雄源，《戰略解碼：美國國家安全戰略的佈局》（台北：五南，2009），頁120-194。

2 *National Security Act 1947*,《IWS-The Information Warfare》, internet available from <http://www.iwar.org.uk/sigint/resources/national-security-act/1947-act.htm> & Clark Q. Murdock and Michele A. Flournoy, "Beyond Goldwater-Nichols: US government and Defense Reform for a New Strategic Era," Phase 2 Report, p.28, 《CSIS》, internet available from <http://www.csis.org/media/csis/pubs/bgn_phz_report.pdf>, accessed September 12, 2008.

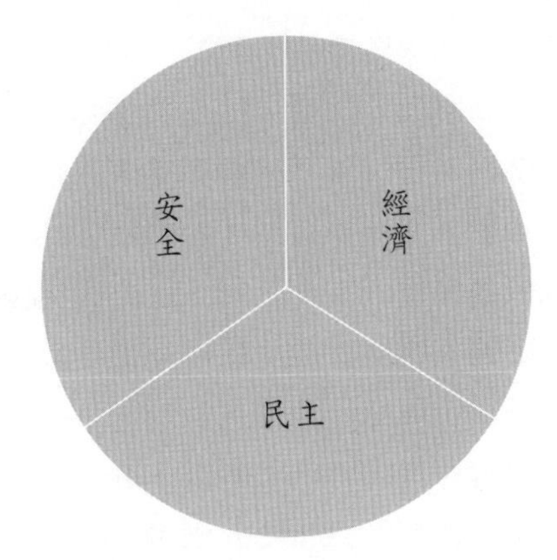

圖4.1　美國國家安全戰略三項核心目標（作者自繪）

布兩位總統的「國家安全戰略」，本章將分從安全、經濟繁榮及民主等面向，分別闡述前後兩任總統「國家安全戰略」如後。

第一節　柯林頓政府時期國家安全戰略

在柯林頓政府主政八年任期內，於其「國家安全戰略」報告中，一再強調三個主要核心目標：「安全」、「經濟」與「民主」，試圖將強大的國力融入此一核心戰略思維中，做最有效的運用與發揮。以下就柯林頓政府時期，有關安全、經濟與民主的整體戰略思維依序論述。

一、安全是至關重要的利益

依據美國「國家安全戰略」的劃分，國家安全是至關重要的利益。隨著冷戰的結束，美蘇兩國長期以來，核武對峙與準備大規模傳統戰爭已不復見。然而，種族衝突導致內戰使人民暴露於大規模的暴力之中，高科技技術的競爭及可能轉用於軍事的憂慮，移民與難民考驗國家的處理能力，環境惡化威脅影響國家的福祉。[3]事實上，面對此種全球性的威脅，沒有一個國家可獨自擊敗

[3] Peter Katzenstein (ed), *The Culture of National Security: Normsand Identity in World Politics* (New

現行各式的威脅。因此，美國「國家安全戰略」中心目標是調整美國與主要國家的安全關係，以對抗共同利益的威脅，即是尋求強化與友好國家及盟邦的合作，以應付這些威脅。例如，1996年「接觸與擴大的國家安全戰略」就提及：「我們必須領導世界，我們不是世界警察，我們接觸的目標必須是經選擇的，我們國家安全戰略植基於擴大世界安全社群，民主與自由市場國家。此舉使得世界成爲一個更安全與更繁榮的地方並能直接促進我們的利益。」。[4]

柯氏並強調，美國身爲全球唯一強權，其國家利益遍佈全世界，影響力更是無處不在。所以，如何確保其海、內外利益、駐外人員、駐軍、盟邦與友好國家的安全，都成爲美國「國家安全戰略」最優先的考量因素。以下即針對形塑有利的國際環境；回應危機的威脅，以及爲不確定的將來未雨綢繆等三個議題，探討柯林頓政府時期如何遂行其「安全」目標的達成。

（一）形塑有利的國際環境

美國配置一系列的方法，以形塑有利於國家利益及全球安全的國際環境，藉由提升區域安全與防止及降低上述眾多的威脅。形塑行動有助提升美國的安全，這些措施改造及強化盟邦，保持美國在主要區域的影響力，並鼓勵信守國際規範。當可能衝突徵兆或潛在威脅出現時，採取主動以防止或降低這些威脅，這些主要針對防止各國的武器競賽，阻止大規模毀滅性武器的擴散，以及降低重要地區的緊張，形塑行動可採取諸如外交、國際援助、武器管制與不擴散機制、軍事活動等多元方式進行。[5]

1. 透過外交

柯林頓政府1997、1998年「新世紀的國家安全戰略」強調：「外交是反制國家安全威脅的重要手段，透過美國在世界各地的使節團與代表，傳達外交例行事務是無法取代的形塑活動，這些努力包括強力表達美國的利益、和平解決區域爭端、避免人道災難、嚇阻針對美國、盟邦及友好國家的侵略、創造美國

York: Columbia University Press, 1996), p.7.

4 美國白宮編；曹雄源、廖舜右譯，《柯林頓政府時期接觸與擴大的國家安全戰略》，頁127。

5 *Ibid.*, p.12.

公司貿易與投資的機會，投射美國的影響力至全世界，這些對維持美國盟邦是重要的。預防外交在處理衝突與複雜緊急事件的重要性，是美國學到的諸多課題之一。」[6]沃特（Stephen Walt）並對柯林頓總統在外交政策所促進的四個目標提出正面的評價：減輕安全的競爭與降低戰爭的風險；降低大規模毀滅性武器的威脅；促進一個開放的世界經濟體系；以及建立一個符合美國價值的世界秩序。[7]沃氏中肯的評論，已道出柯林頓政府積極透過外交手段來處理非美國單一國家可處理的繁瑣國際事務。

2. 國際援助

1998年「國家安全戰略」對美國之國際援助有明確的闡述：「從美國領導動員重建戰後的歐洲，到最近建立橫跨亞洲、美洲與非洲增進外銷的機會，美國的外銷援助已協助新興民主國家，擴大自由市場，降低國際犯罪的成長，遏制主要的健康威脅，改進環境與天然資源的保護，緩和人口成長與解除人道危機，已協助制止大規模的災難發生。」。[8]

3. 武器管制與不擴散機制

柯林頓2000年「全球時代的國家安全戰略」提及：「透過如『戰略武器裁減第一階段條約』、『戰略武器裁減第二階段條約』、『戰略武器裁減第三階段條約』（START III）、『核不擴散條約』、『反彈道飛彈條約』、『全面禁止核試爆條約』、『納恩・盧格合作降低威脅計畫』、『不擴散、擴大威脅降低機制』、『8大工業國不擴散專家小組與裁軍基金』等機制來管制大規模毀滅性武器及討論不擴散等議題。」。[9]

4. 軍事活動

柯林頓1997年「新世紀的國家安全戰略」對美國與各國的軍事活動做如下的說明：「在建立聯盟及形塑國際環境中，美國軍事力量扮演一個重要角色，

---

[6] *Ibid.*, p.12.

[7] Glenn P. Hastedt, *American Foreign Policy: Past, Present, Future* (New Jersey: Upper Saddle River, 2003), p.81.

[8] The White House, *A National Security Strategy for A New Century* (Washington D.C.: The White House, 1998), p.16.

[9] The White House, *A National Security Strategy for A Global Age* (Washington D.C., The White House, 2000), pp.21-29.

以保護及提升美國的利益。透過諸如前進部署等方式，防衛合作及安全協助，以及與盟邦及友好國家的演訓，美國部隊協力促進區域的穩定，嚇阻侵略及威懾，防止及降低衝突與威脅，並做爲新興民主政體軍隊的模範。」[10]美國冀望透過實質的軍事互動，以及各種的援助計畫，達成他國在軍事觀念的轉變，進而形塑有利於美國的安全環境。

（二）回應危機的威脅

雖然美國貴爲全球唯一強權，但是它本身也認爲美國單獨形塑的努力，不能夠保證國際安全環境，美國尋求必須能夠回應國內外可能崛起的全面威脅與危機，同時美國也認爲本身資源的有限，所以對回應威脅必須有所選擇，聚焦在對美國利益有最直接影響的地方，並在美國最有可能改變的地區投入，美國的回應可能是外交、經濟、執法或是軍事性質，或者是上述的一些組合。[11]以下針對柯林頓政府「新世紀的國家安全戰略」，有關跨國威脅（如恐怖主義）、國內新興的威脅（如處理大規模毀滅性武器事件的後果、保護重要的基礎設施）、較小規模的應變行動與主要戰區的戰爭等威脅分述如後：

1. 跨國威脅

1997年「新世紀的國家安全戰略」強調：「美國將會持續與其他國家分享情報與資訊，以反制恐怖主義、貪腐、洗錢活動與打擊毒品走私，美國也會進一步防止武器交易，以免區域衝突加劇。同時也聲明對破壞國際禁運、資助恐怖主義的國家實施經濟制裁。美國認爲建構下一世紀的安全，國際合作對抗跨國威脅將是重要的。該戰略也強調美國反制國際恐怖份子依恃下列原則：「對恐怖份子絕不讓步、對資助恐怖份子活動的國家全力施壓、運用所有可用的法律機制嚴懲恐怖份子、協助其他政府提升對抗恐怖主義的能力。」[12]易言之，美國須強化與其他國家的情報交換與合作，協助其他國家執法的訓練，以及提供軍事援助。

---

[10] The White House, *A National Security Strategy for A New Century* (Washington D.C.: The White House, 1997), pp.15-16.
[11] *Ibid.*, p.17.
[12] *Ibid.*, pp.18-21.

2. 國內新興的威脅

由於美國軍事的優勢，潛在敵人無論是國家或恐怖份子團體，將來更可能訴諸恐怖行動，或以其他方式攻擊美國脆弱的民間目標，取代傳統軍事作戰。同時，接觸精密技術意味著恐怖份子較以往更能獲得破壞性力量，敵人可能因此嘗試使用非傳統的手段，諸如大規模毀滅性武器或資訊攻擊，威脅人民與重要的國家基礎設施。[13]面對這些潛在的威脅，美國「國家安全戰略」提出精進防衛作為如下：

（1）大規模毀滅性武器事件後的處理

1998年「新世紀的國家安全戰略」強調：「總統決策指令62號於1998年5月簽署，以建立一個支配政策與責任的指定，以回應恐怖份子與大規模毀滅性武器的行動。聯邦政府將會快速與果決回應任何在美國的恐怖事件，與州及地方政府合作以恢復秩序與實施緊急援助，司法部由聯邦調查局代為執行，負責領導大規模毀滅性武器事件的善後處理工作，『聯邦危機管理局』（Federal Emergency Management Agency, FEMA）協助聯邦調查局規劃與處置大規模毀滅性武器事件。」。[14]

（2）保護重要的基礎設施

1998年「新世紀的國家安全戰略」強調：「我們軍事力量與國家經濟，越來越倚靠相互依賴的重要基礎設施——實體與資訊層次對經濟與政府運作是重要的，他們包括電信、能源、銀行與金融、運輸、飲水系統與緊急服務，確保這些重要的基礎設施是美國長久以來的政策，然而在這些基礎設施越趨自動化且相互鏈結之際，資訊技術的進步及生產效能的改良，此等設施也暴露出新的弱點。假如我們沒有執行適當的保護措施，由國家、團體、或個人對我們重要基礎設施與資訊系統的攻擊，可相當程度傷害我們的軍事力量與經濟。」。[15]

（3）較小規模的應變行動

1999年國防部「呈總統與國會的年度報告」強調：「一般而言，在遂行較

---

[13] The White House, *A National Security Strategy for A New Century* (Washington D.C.: The White House, 1998), pp.32-33.
[14] *Ibid.*, p.33.
[15] *Ibid.*, pp.34-35.

小規模的應變行動上，美國與國際社會其他國家合作，在他們獲得軍事奧援前，尋求預防與控制區域衝突及危機。然而，假如這樣的努力無法成功，藉由軍事力量快速干預可能是最佳的方式，以控制、解決或降低衝突的結果，否則這樣的衝突將使得成本更爲高昂。」[16]從「國家安全戰略」思維出發，國防部依據威脅的類型，擬定應付較小規模應變行動及打贏主要戰區的戰爭等兩種形態的部隊，而這樣的思維在「911」恐怖攻擊事件的衝擊下，可明顯看出美國在兵力結構所做的調整。

（4）主要戰區的戰爭

柯林頓政府2000年「全球時代的國家安全戰略」強調：「打與贏得主要戰區戰爭須承擔三個挑戰的要求。第一，美國必須維持快速擊敗最初敵人前進的能力，使敵人在兩個戰場的目標接連受挫，美國必須維持能力以確保聯合部隊戰力的完整。第二，美國必須打贏敵人可能用不對稱方式對抗我們的情況，如以非傳統方法避免或暗中破壞美國的力量，並利用美國的脆弱性，因爲美國傳統軍力的優勢，敵人可能用非對稱方式，諸如核生化武器、資訊作戰或恐怖攻擊對美國展開攻擊。第三，美國的部隊必須能夠轉型，以從全球接觸的態勢打主要戰場的戰爭，從承平時期相當程度的海外接觸與多重同時較小規模應變行動的作戰，從這些作戰中撤離，可能將造成相當引人注目的政治與作戰的挑戰。」[17]由該戰略可看出美國對未來軍力擘畫的指導方向，應是涵蓋建立一支能應付兩場主要戰爭及小規模應變行動的部隊，而這樣的指導對應付21世紀威脅形態的轉變有其特殊的意涵。

（三）為不確定的將來未雨綢繆

柯林頓政府2000年「全球時代的國家安全戰略」闡述：「美國必須爲不確定的將來做準備，正如我們應對今天安全的問題。我們必須嚴密考慮國家安全機制，確保有效適應其組織以符合新的挑戰，這意味著必須改善我們的能力與組織——外交、國防、情報、執法與經濟——以快速行動，面對今天持續變

---

[16] William S. Cohen, *Annual Report to the President and Congress* (Washington D.C.:DOD, 1999), p.6.

[17] The White House, *A National Security Strategy for A Global Age* (Washington D.C., The White House, 2000), pp.47-48.

動與高度複雜的國際安全環境，所帶來的新機會與威脅。假如在國家動員需要時，美國也必須有一個強大、競爭、技術領先、更新與回應工業的研究及發展基地，以及有資源與能量支持災難回應與復甦的努力。」[18]因此，美國必須具備包括：外交、國防、情報、執法與經濟的繁榮及發展，並保持一個強大、有競爭力、技術領先及回應災難能力的美國，為不確定的將來預作準備。

二、經濟是發揮影響的動力

冷戰後經濟力量的強弱，似乎已取代以往以軍事為主宰的國際政治。例如，日本、中國與德國，因為經濟實力在國際事務上都是非常重要的參與者，說明冷戰後各國經濟實力在國際舞台上，已扮演越來越重要的角色。當然，美國以其各方面的優異條件，自二次世界大戰之後，都是國際事務最重要的領導者。其次，從國際政治的角度言，經濟實力是「硬權力」非常重要的構成要素，也是支撐一個國家軍事力量能否維持的重要指標。所以，美國在其「國家安全戰略」中不斷強調促進美國國內、外經濟繁榮的重要性。

柯林頓總統自1993年就任以來，一直將振興經濟列為施政重點，渠在接任總統之初，即察覺美國的問題在於經濟，於是在其選舉政見中，便將經濟發展列為首要的施政目標，有關如何促進美國的繁榮，依據美國「國家安全戰略」的指導包括：提升美國的競爭力、加強總體經濟協調、提升一個開放貿易體系、促進海外長期發展等措施，茲分述如後。

（一）提升美國的競爭力

柯林頓政府1995年「接觸與擴大的國家安全戰略」說明：「美國主要的經濟目標是強化經濟表現。邁向此目標第一步，是降低聯邦預算赤字及其加諸於經濟及未來世代的負擔。1993年通過的經濟計畫已恢復美國投資者信心，並強化美國在國際經濟談判地位。在柯林頓總統的經濟計畫下，赤字於1998年會計年度減少超過7,000億美元，柯林頓總統也調降在國民生產總值（Gross Domestic Product, GDP）的赤字比例，從1992年4.9%到1995年2.4%，這是自

[18] Ibid, p.50.

1979年以來的最低點。」。[19]

柯林頓政府1997年「新世紀的國家安全戰略」強調：「我們主要經濟目標仍在強化美國的經濟，於2002年以前達到聯邦預算平衡的目標。我們將持續追求削減赤字，藉由削減赤字與平衡預算，政府將縮減借貸，資金便可流向民間。我們尋求創造一個致力於創新及有競爭力的商業環境，使民間部門可繁榮，鼓勵發展、商業化與運用民間技術，投資21世紀世界級的基礎設施；包括以知識經濟為主的國家資訊基礎設施，投資教育與訓練勞工使之足以適應快速變遷的經濟，使美國貨物與服務得以持續進入國外市場。」。[20]

柯林頓2000年「全球時代的國家安全戰略」除了持續闡明上述管制措施外，另外強調：「2000年10月，政府完成另一個政策檢視，同時將技術升級與國內外市場變化納入考量，以確保維持平衡。最明顯的改變是美國加密產業，現在可外銷加密項目與不受執照管制之技術，至歐盟與其他一些國家（包括西歐以外的主要貿易夥伴國家），此一更新是依照歐盟所選定的近期規則。因此，繼續保證美國產業在國際市場的競爭力。」。[21]

（二）加強總體經濟的協調

柯林頓政府1998年「新世紀的國家安全戰略」強調：「當國家經濟與國際整合越緊密時，美國若孤立於國外發展是不可能興盛的，國外混亂使我們的經濟不振；因此與其他國家及國際組織合作，對保護全球經濟體系的穩定與回應金融危機是重要的。」由於亞洲「金融危機」所帶來的衝擊，美國認為：「國際金融組織特別是『國際貨幣基金會』在促進開放與透明、建立堅實的國家金融體系、建立民間預防及解決方法機制上，扮演相當重要的角色。」[22]此外，美國亦強調開放與透明、金融改革、危機解決能力與擴大金融改革議程等，都是有效降低金融風暴的必要措施。

---

[19] The White House, *A National Security Strategy of Engagement and Enlargement* (Washington D.C.: The White House, 1995), p.19.

[20] The White House, *A National Security Strategy for A New Century* (Washington D.C.: The White House, 1997), p.27.

[21] The White House, *A National Security Strategy for A Global Age* (Washington D.C., The White House, 2000), pp.57-58.

[22] The White House, *A National Security Strategy for A New Century* (Washington D.C.: The White House, 1998), pp.31-32.

1999年「新世紀的國家安全戰略」則認為：「當國家經濟更與國際整合，美國的繁榮更依賴海外經濟發展時，與其他國家及國際組織合作對維護全球經濟體系健全與因應金融危機是重要的。如兩年前發生之國際金融危機所顯示，全球金融市場由流動私有資本所提供的機會與風險掌控，我們的目標是建立一個穩定、彈性的金融體系，促進強勁經濟成長，同時提供所有國家廣大的利益。我們與七大工業夥伴國家及其他國際社會合作以追求改革六大領域：加強與改革國際組織及約定；提升透明及促進最佳的實踐；強化工業國家金融規則；加強崛起市場宏觀經濟政策及金融體系；增進包含私有部門危機之預防與管理；以及提升社會政策以保護貧窮及弱勢族群。」。[23]

（三）促進開放的貿易體系

美國商業的成功不只倚靠在國際市場上的成功，國際競爭能力也保證美國公司將會持續革新與增加產量，而其將會反過來改善美國的生活水準。然而對海外競爭，美國公司需要進入外國市場，就如外國工業進入美國開放的市場一樣。美國積極尋求增加美國公司進入外國市場管道——透過雙邊、區域與多邊協議。[24]因此，透過同樣的戰略思維，美國與世界各國建立起更多合作開放的貿易組織。諸如，「北美自由貿易協定」（North America Free Trade Agreement, NAFTA）、「亞太經濟合作」（Asia Pacific Economic Cooperation, APEC）、「美日架構協議」、「美洲高峰會行動計畫」（Summit of the America's Action Plan）、「美國—歐盟橫渡太平洋市場」（U.S.-EU Transatlantic Marketplace）、「經濟合作暨發展組織多邊投資會議」等。[25]

（四）促進海外長期發展

柯林頓政府1995、1996年「接觸與擴大的國家安全戰略」強調：「廣泛的經濟發展不僅增進發展中國家民主發展的展望，而且也擴大美國外銷需求。海

---

[23] The White House, *A National Security Strategy for A New Century* (Washington D.C.: The White House, 1999), pp.21-22.

[24] The White House, *A National Security Strategy of Engagement and Enlargement* (Washington D.C.: The White House, 1995), p.20.

[25] 美國白宮編，曹雄源、廖舜右譯，《柯林頓政府時期新世紀的國家安全戰略》，頁34-39。

外經濟發展可減輕全球環境壓力，降低對非法痲醉藥品交易的吸引，以及改善衛生與全球人口的經濟生產力。不良設計經濟發展對環境所造成的惡果是清楚的，環境損害最後阻礙經濟成長，快速都市化正超越國家提供新公民工作、教育與其他服務能力。這些事實須以長期發展計畫加以應對，提供有利的替代方案。」。[26]

此外，該戰略亦說明：「在國際上，政府外援計畫聚焦於永續發展的四個主要要素：廣泛經濟成長、環境、人口與健康以及民主。美國將支持私人部門對環境健全投資及國際領袖負責任的態度。在美國催促下，『多邊發展銀行』（Multilateral Development Banks, MDBs）現在對他們資金決策，越來越強調長期發展，包括計畫執行內部與公共安全環境評估的承諾。比較特別的是去年建立的『全球環境設施』，將針對氣候改變、生物多樣化與海洋倡議等，提供發展中國家財政援助。」。[27]

柯林頓1998年「新世紀的國家安全戰略」強調：「環境與天然資源的議題可能阻礙發展，並使區域陷於不穩。許多國家幾乎無法提供工作、教育與其他服務給其人民。仍處在貧窮的全世界1/4人口致使饑餓、營養不良、經濟的外移與政治不安。瘧疾、愛滋病與其他傳染疾病，包括一些可經由環境損害擴散的疾病，耗損發展中國家之衛生設施，破壞社會與阻止經濟成長。持續增進發展中國家民主展望與擴大對美國外銷需求，減輕全球環境壓力，降低非法毒品貿易與商業行爲，以及增進衛生與經濟生產力。美國外交援助集中在持續發展四個主要的因素：基礎深厚的經濟成長、環境安全、人口及衛生與民主。」[28]

此外，該戰略亦強調：「當一個國家贊成全球化，惟因種種因素進度落後，但其崇尚民主、自由的價值與我們一致，美國與其他贊成全球化的國家應該伸出援手，如此在某種意義上，增進的不只是發展而且是持續發展，提升區域穩定，持續擴大我外銷之經濟成長與榮耀我們的價值，鼓勵我們與他人分享

---

[26] The White House, *A National Security Strategy of Engagement and Enlargement* (Washington D.C.: The White House, 1995), p.21 and The White House, *A National Security Strategy of Engagement and Enlargement* (The White House: Washington D.C., 1996), p.46.

[27] *Ibid.*, p.22 and p.47.

[28] The White House, *A National Security Strategy for A New Century* (Washington D.C.: The White House, 1998), p.54.

資源，激勵其他國家的成長。」。[29]

三、民主是確保安全的根本

美國「國家安全戰略」將民主列為三項主要核心目標之一，旨在冀求民主社群的擴大，因為民主國家除了選舉，還要有一個穩固及獨立的國會，一個穩定與獨立的司法體系，穩定的政黨，強大的利益團體，以及強大的草根性政治人物參與政府。[30]此外，也要有一套規範可約束國家決策者的行為，官僚體系受到民意機關的監督，媒體與報紙有其獨立的評論觀點，保證言論不會受到政府箝制，加以一般社會大眾知識水準較高，對政府也有一定的監督作用。所以民主國家對爭端的解決，傾向一種理性及談判的方式行之，而不是一味崇尚武力。易言之，民主國家越多，則恐怖主義與極端主義所能得到的奧援將會相對減少。從美國的觀點言，如果全世界都能走向民主，則世界許多的問題便能迎刃而解，世界和平也相對獲得保障。然而，民主因涉及文化、認同等因素，所以須從其他面向的理論加以強化，此處置重點於闡述民主化的意涵、說明美國推動民主的方法及敘述新興民主社群擴大對國際的影響。

（一）民主化的意涵

民主化（democratization）即是轉變成民主的一個過程，其可能是一種自動自發的，歐洲的民主即為一例，或者來自外力，日本於第二次世界大戰後的轉變即為一例。[31]

美國在1998年「新世紀的國家安全戰略」對西南亞地區則直陳：「美國鼓勵民主價值擴大及於中東、西南亞、南亞，並透過與區內國家建設性對話，以追求此目標。例如，美國希望伊朗領導人在國內外事務的處理上能尊重並保護法治。」[32]美國對非洲地區則認為：「非洲如其他地方一樣，民主已證明其為更和平、穩定與可靠的夥伴，與此夥伴美國可致力與更可能追求健全的經濟政

---

[29] *Ibid.*, p.60.
[30] Howard J. Wiarda, *Introduction to Comparative Politics: Concepts and Processes* (Florida: Harcourt Brace & Company, 2000), p.101.
[31] Frank Bealey, *The Blackwell Dictionary of Political Science* (Massachuetts:Blackwell, 1999), p.100.
[32] *Ibid.*, p.87.

策，美國將會持續致力與維持非洲現在已達成的重要進展，並擴大非洲民主國家成長的範圍。」。[33]

另美國在1999年「新世紀的國家安全戰略」明白表述：「在此歷史性的時刻，美國受召領導自由及進步的部隊，將全球經濟的能量導入持續的繁榮，強化美國民主的理念與價值，提升美國安全及全球和平，爲後代子孫所面對的這些挑戰奠下基礎，並建立一個更美好、更安全的世界。」[34]美國總統威爾遜對民主國家較非民主國家更愛好和平的假設，是一個堅定不移的信奉者，他說：「除了民主國家夥伴關係，一個穩固的和平是無以爲繼的」，[35]應可做爲民主對和平意涵的最佳註腳。

（二）推動民主的方法

柯林頓政府1995年「接觸與擴大的國家安全戰略」曾經說明：「總統已展示一個堅定的承諾，就是擴大全球民主的領域」，其做法可分述如後。第一，美國政府實質擴大對俄羅斯、烏克蘭與前蘇聯新興獨立國家民主與市場改革的支持。第二，美國發起一系列的草案，支持中歐與東歐的新民主國家。第三，在聯合國贊助下，美國與國際社會合作，成功平定海地的政變及恢復民主總統與政府的選舉。第四，美國促成愛爾蘭的停火。第五，在美洲高峰會中，除了相互繁榮與長期發展之外，西半球34個民主國家同意一個較詳細多樣領域合作行動計畫。此外，美國與『美洲國家組織』（Organization of American States, OAS）合作，協助推翻在瓜地馬拉的反民主政變。第六，在非洲事務方面，美國在南非實施選舉及變成多種族民主社會之後，增加對其民主進程的支持。第七，政府發起防止危機的政策，包括新的維和政策。」。[36]

1997年「新世紀的國家安全戰略」則說明：「運用我們海外的領導影響力—藉由嚇阻侵略，促進衝突的解決，打開外國市場，強化民主國家及處理全球

---

[33] *Ibid.*, p.92.

[34] The White House, *A National Security Strategy for a New Century* (Washington D.C.: The White House,1999), p.iv.

[35] Michael J. Sodaro, *Comparative Politics: A Global Introduction* (McGraw-Hill Higher Education: Boston, 2001), P.21.

[36] The White House, *A National Security Strategy of Engagement and Enlargement* (Washington D.C.: The White House, 1995), p.5.

問題，可使美國更安全與繁榮。沒有美國的領導與接觸，威脅可能倍增而將使美國的機會相對壓縮，美國的戰略認知此一簡單的事實，如果美國要國內安全得以確保，必須領導各國，但前提是國內要夠強大。國際領導力的鞏固是美國民主理念及價值的動力，在規劃戰略上，確認民主的擴展支持美國的價值及提升國家安全與繁榮。民主的政府較可能互相合作以應對共同威脅，以及鼓勵自由及開放貿易與經濟發展，而較不可能從事戰爭或傷害其國民的權利。因此，民主及自由市場的潮流符合美國的利益，藉由積極接觸世界，美國必須支持此一潮流。」。[37]

2000年「全球時代的國家安全戰略」則強調：「藉由鼓勵民主化、開放市場、自由貿易與持續發展，美國已強化冷戰後的國際體系，這些努力已產生重要的結果，自1992年以來民主國家的百分比已上升14%，這在歷史上是第一次，超過一半的人口生活在民主治理之下，國家安全直接受惠於民主的擴大，就如民主國家較不可能彼此相互交戰，且較可能變成和平與穩定的夥伴，以及更可能追求以和平方式解決內部衝突，俾促進國內與區域的穩定。」[38]柯林頓總統任內所發出的「國家安全戰略」，可說是自1986年《高尼法案》通過以來，歷任總統提出「國家安全戰略」最完整、最充實的一位總統，其任內的所提的「國家安全戰略」，清楚闡明如何促進民主，使世界臻於和平與自由的境界。

（三）新興民主社群的擴大

從「自由之家」（The Freedom House）於1972年開始對世界各國自由度做調查以來，至1980年自由國家的數量僅僅增加10個，而其所占的比例也從1972年的29%微升至1980年的32%。況且，轉變也不是在單一的方向，在第三波民主化的前六年（1974-1980），共有五個國家的民主遭受瓦解或侵蝕（breakdowns or erosions）。20世紀1980年代中期及1990年伊始之際，第三波民主化政治上的自由獲得最大的進展。由於東歐國家與前蘇聯共產主義垮台，

---

[37] The White House, *A National Security Strategy for A New Century* (Washington D.C.: The White House, 1997), p.8.

[38] The White House, *A National Security Strategy for A Global Age* (Washington D.C., The White House, 2000), p.8.

自由國家的數量也從1985年的56個增加至1991年的76個，自由國家的比例也從原來的1/3增加超過4成。此外，獨裁政體與不自由國家下降至僅約20%，對照1972年時所有獨立國家，將近一半的國家被列爲不自由。[39]迄1996年止，世界共有191個國家，其中被列爲自由的國家計有79個約占41.4%，部分自由國家有62個約占32.5%，不自由國家爲50個約占26.1%。雖然在此階段自由國家數目持續增加，但與1991年比較，自由國家的比重確略爲下滑。根據「自由之家」2001-2002年對全世界191個國家自由度的評等，列爲自由的國家共有84個占43.9%，部分自由的國家共有59個占31%，列爲不自由的國家則有48個占25.1%。[40]

柯林頓政府將促進民主列爲美國「國家安全戰略」的三大核心目標，有其高瞻遠矚的意涵，然由1972年至2001年的民主發展證明，民主雖然是普世的價值，但終究並非一蹴可幾。因此推動全世界非民主國家的轉型與鞏固，仍是美國大戰略的一個重要環節。表4.1爲自由之家在1972、1991、1996、2001年四個階段對世界各國自由度的調查比較。

表4.1　國家自由度調查比較表

自由之家對世界各國自由程度統計				
年份	自由（%）	部分自由（%）	不自由（%）	國家總數
1972	42（29）	36（24.8）	67（46.2）	145
1991	76（41.5）	65（35.5）	42（23）	183
1996	79（41.4）	62（32.5）	50（26.1）	191
2001	84（43.9）	59（31）	48（25.1）	191

資料來源：Larry Diamond, *Developing Democracy: Toward Consolidation* (John Hopkins University Press: Maryland, 1999), p.26, The Freedom House, *Combined Average Rating-Independent Countries 2001-2002.*

由於過去20餘年世界各國民主轉型的不易，故美國「國家安全戰略」將促

[39] Larry Diamond, *Developing Democracy: Toward Consolidation* (Maryland: John Hopkins University Press, 1999), pp.25-26.

[40] The Freedom House, *Combined Average Rating-Independent Countries 2001-2002*, internet available from http://www.freedomhouse.org/template.cfm?page=220&year=2002.

進全世界的民主列爲其三項重要的核心目標之一，譬如，1995、1996年「接觸與擴大的國家安全戰略」曾經做如下的說明：「美國所有的戰略利益，從促進國內繁榮到海外全球的威脅，對美國領土構成威脅前制止他們，都是爲了擴大民主社群與自由市場國家服務。因此，與新興民主國家合作，以協助維護他們做爲承諾自由市場及尊崇人權的民主國家，是我們『國家安全戰略』最主要的部分。」[41]1997-1999年「新世紀的國家安全戰略」則說明對歐洲與歐亞、東亞與太平洋、西半球、中東、北非、西南亞與南亞、次撒哈拉非洲等地區，美國應如何整合區域，以促進各地區的民主進展。[42]

2000年「全球時代的國家安全戰略」則謂：「雖然美國面對過去幾年某些新興民主國家的小挫敗，民主的趨勢仍然持續，美國須協助新興民主國家分享民主經驗，同時動員國際經濟與政治資源，來協助新興民主國家，就如我們與俄羅斯、烏克蘭、東歐、歐亞與東南歐國家所做的一樣，美國須採取堅定行動協助反制企圖逆轉民主。」[43]綜觀柯林頓政府時期「國家安全戰略」對民主的推動，主要聚焦於運用美國的影響力與價值觀推動全世界的民主、自由與和平，同時，竭盡各種手段防止民主轉型的國家，因諸般因素導致民主逆轉。

第二節　小布希政府時期國家安全戰略

小布希政府上任之初，因受911恐怖攻擊事件的衝擊與影響，其「國家安全戰略」報告，明顯較強調以國家安全、生存利益與權力平衡方面爲主的論述。整體而言，雖不像柯林頓政府時期那般，具體的強調以安全、經濟繁榮與民主做爲國家安全戰略的核心主軸，然其對國家安全的整體戰略思維，仍可從

[41] The White House, *A National Security Strategy of Engagement and Enlargement* (Washington D.C.: The White House, 1995), p.22, The White House, *A National Security Strategy of Engagement and Enlargement* (Washington D.C.: The White House, 1995), p.47.

[42] The White House, *A National Security Strategy for A New Century* (Washington D.C.: The White House, 1997), pp.37-52, The White House, *A National Security Strategy for A New Century* (Washington D.C.: The White House, 1998), pp.58-92, The White House, *A National Security Strategy for A New Century* (Washington D.C.: The White House, 1999), pp.29-47.

[43] The White House, *A National Security Strategy for A Global Age* (Washington D.C.: The White House, 2000), p.62.

其迅速成立國土安全部、發動阿富汗及伊拉克戰爭以打擊恐怖主義及其組織、防堵全球大規模毀滅性武器擴散的具體作為看出端倪；另積極為促進全球經濟繁榮所推動的各項自由貿易與合作的協議；以及在促進海外民主與自由人權理念的推展上，均可見其對「國家安全戰略」三個核心目標全方位的思維與重視。以下就小布希政府時期，有關安全、經濟與民主的整體戰略思維論述如後。

一、安全是至關重要的利益

小布希政府基於對國家安全的整體戰略思維模式的轉變，因此在戰略作為上，較強調「先發制人、安全為先」的「先制攻擊」概念。以下即針對形塑有利的國際環境；回應危機的威脅，以及為不確定的將來未雨綢繆等三個面向，探討小布希政府時期如何遂行其「安全」目標的達成。

（一）形塑有利的國際環境

小布希政府的國家安全戰略認為：「自由國家所提供的調停或外援，有時可預防衝突或在衝突爆發之後協助解決。此類及早採取的措施，可避免問題惡化成危機或甚至轉化為戰爭，美國在適當時機樂於扮演這樣的角色。」此外，美國也認為：「某些衝突對美國的廣泛利益及價值構成威脅，必須對衝突進行干預，為了制止血腥衝突難免使用軍事手段，但唯有隨後恢復秩序與重建的成功，才能獲得永續和平與勝利。」[44]這樣的說明顯示出美國以外交及軍事外交落實對衝突預防、解決、干預及重建措施的作用。

1. 國際援助

小布希總統在2006年「國家安全戰略」提出「消除愛滋病緊急計畫」（Emergency Plan for AIDS Relief），此計畫是一項為期5年，高達150億美元的創舉，可降低愛滋病的傳染。另外，美國也是「全球對抗愛滋病、肺結核與瘧疾基金」（Global Fund to Fight HIV/AIDS, Tuberculosis, and Malaria）的最大捐助國，旨在預防上述疾病的傳染。再者，美國領導世界提供食物援助，發起

[44] The White House, *The National Security Strategy of the United States of America* (Washington D.C.: The White House, 2006), p.16.

「終止非洲飢餓方案」（End Hunger in Africa），解決飢餓問題，並進行「非洲教育方案」（Africa Education Initiative），以擴大非洲學童受教育的機會。最後，小布希政府也透過如「全球發展聯盟」（Global Development Alliance）等方案，與私人企業組成夥伴關係，達成發展目標，以及如創造繁榮自願組織，集合美國最強的專業人士，為開發中國家擬定發展策略。[45]美國經由國際援助及負債減免措施，降低重度負債國家的負擔，使得各國可在食物、健康、愛滋病與其他傳染病的預防及教育等問題，做更有效率的管制。

2. 武器管制與不擴散機制

小布希總統2002年的「國家安全戰略」呼籲：「美國絕不允許敵人獲得大規模毀滅性武器，美國將建立防衛層次對付彈道飛彈及任何其他形式的投射工具，美國也將和其他國家合作，設法阻止、侷限與封鎖敵人獲致危險科技的一切作為。」[46]2006年的「國家安全戰略」則強調：「美國要領導不斷擴大的民主社會，迎接當代的各種挑戰，今日所面對的許多問題，如大規模毀滅性武器等，都已超越國家疆界。」。[47]

2006年的「打擊恐怖主義國家戰略」則闡述：「大規模毀滅性武器落入恐怖份子手中是對美國最嚴重的威脅之一，美國已採取積極的努力以拒止恐怖份子接近大規模毀滅性武器相關的物質、裝備與專門技術，然而，美國將透過一個整合政府、私人部門和海外夥伴的機制，在恐怖份子的行動轉變成威脅之前阻止他們。」[48]由美國總統的「國情咨文」、「國家安全戰略」及「打擊恐怖主義國家戰略」的陳述，美國瞭解大規模毀滅性武器可能對美國所造成的傷害。因此，美國一方面強調自我防衛及保持軍力優勢與不排除單邊行動的可能性，但同時也希望透過多邊機制，共同處理此一棘手的問題，美國處理「北韓核武」問題，應是這種思維的體現。

---

[45] The White House, *The National Security Strategy of the United States of America* (Washington D.C.: The White House, 2006), pp.31-32.

[46] The White House, *The National Security Strategy of the United States of America* (Washington D.C.: The White House, 2002), p.v.

[47] The White House, *The National Security Strategy of the United States of America* (Washington D.C.: The White House, 2006), p.ii.

[48] The White House, *National Strategy for Combating Terrorism* (Washington D.C.: The White House, 2006), pp.13-14.

3. 軍事活動

小布希政府上任之初即遭逢「911」恐怖攻擊，美軍遂於10月7日發起阿富汗持久自由作戰行動（Operation Enduring Freedom in Afghanistan），以解放阿富汗及拒止恐怖份子的庇護所。[49]小布希政府2002年的「國家安全戰略」對恐怖主義則強調：「美國不能單靠嚇阻讓恐怖份子無計可施，也無法單靠防禦措施消滅他們，美國必須正面迎戰敵人，迫其走投無路。為獲致此項作為的成功，美國需要友邦與盟邦的支持與行動配合。同時必須配合其他國家斷絕恐怖份子的命脈：包含藏身處所、資金來源、和某些民族國家長期對其提供之支持與保護。」[50]2006年的「國家安全戰略」對恐怖主義則謂：「各國已形成廣泛的共識，對蓄意殺害無辜平民百姓行為絕對是天理難容，完全喪失訴求的正當性，許多國家透過執法、情報、軍事、外交等領域的空前合作，群策群力打擊恐怖主義。」[51]事實上，美國的軍事活動在911恐怖攻擊之前，主要透過軍事活動建立與各國的軍事關係，並協助民主轉型的國家穩固其民主成就。然而，「911」恐怖攻擊之後，美國囿於恐怖主義及其黨羽的威脅，必須改弦易轍，轉而發起全球反恐戰爭，而這樣的軍事行動實奠基於美軍平時與各國的軍事互動之上。

（二）回應危機的威脅

小布希政府在回應危機與威脅的具體作為上，置重點於跨國威脅（如恐怖主義）、國內新興的威脅（如保護重要的基礎設施）、較小規模的應變行動與主要戰區的戰爭等威脅，分述如後：

1. 跨國威脅

小布希政府2006年「國家安全戰略」認為：「在反恐的優先任務中，首要之務是阻擾並摧毀全球各地的恐怖份子組織，並打擊其領導階層；指揮、管制及通信設施；物質支援；以及資金來源，此舉將使恐怖份子完全失去計畫及作

---

[49] Donald Rumsfeld, *Annual Report to the President and the Congress* (Washington D.C. DOD, 2002), p.27.

[50] The White House, *The National Security Strategy of the United States of America* (Washington D.C.: The White House, 2006), p.8.

[51] *Ibid.*, p.8.

戰能力。美國將鼓勵全球各地的區域夥伴採取孤困恐怖份子的同步作爲。一旦區域行動已將恐怖份子侷限於某個國家，我們會設法確保該國獲得終結恐怖份子的必要軍事、執法、政治與金融手段。此外，美國將繼續與全球盟邦合作，共同瓦解恐怖份子資金來源。運用所有可用的國家與國際力量採取直接且持續的行動、在美國境外摧毀恐怖威脅並保護美國海內外的利益、斷絕恐怖份子棲身之所、充分運用美國的影響力並與盟邦合作制止恐怖活動、支持回教國家溫和政府使恐怖主義及意識形態無法找到孳生的溫床、集合國際社會力量消弭孳生恐怖主義的潛在條件、協助全球受恐怖主義贊助者所統治的人們，燃起對自由的希望與理想。」。[52]

2. 國內新興的威脅

小布希總統2002年「國家安全戰略」對大規模毀滅性武器的議題則認爲：「美國打擊大規模毀滅性武器的全般戰略包括以下措施：積極主動的防止武器擴散作爲，此意味著美國必須在威脅尚未危害前先行予以嚇阻或防範。強化防止武器擴散作爲，以預防流氓國家及恐怖份子獲得大規模毀滅性武器所需之材料、科技及專業知識。有效採取災後管理作爲，以處理恐怖份子或敵對國家使用大規模毀滅性武器產生的各種影響。」。[53]

2006年「911事件五年之後：成就與挑戰」說明：「美國須增加重要設施的彈性與安全，尤其是在運輸層次，以降低國家的脆弱性與拒絕成爲恐怖份子的目標。」[54]2006年「打擊恐怖主義國家戰略」則強調：「『911』恐怖攻擊已從固定地點轉移，諸如從難對付的官方安全設施，而朝向那些無辜平民聚集且保全設施等級不高地點的較軟性目標，諸如學校、餐廳、信仰地點、大眾運輸的節點。在美國防衛努力之中，最重要的是保護基礎設施與主要的資源，如能源部分、食物與農業、水源、通訊、大眾衛生、運輸、國防產業基地、政府設施、郵務、海運、化學產業、緊急服務、紀念館與畫像館、資訊技術、水

[52] The White House, *The National Security Strategy of the United States of America* (Washington D.C.: The White House, 2006), pp.9-11.

[53] The White House, *The National Security Strategy of the United States of America* (Washington D.C.: The White House, 2002), p.14.

[54] The White House, *9/11 Five Years Later: Successes and Challenges* (Washington D.C.: The White House, 2006), p.21.

壩、商業設施、銀行與金融、核反應爐與物質及廢棄物。」[55]

為強化美國邊境的巡邏，美國也在2004年提出「國境巡邏戰略」（National Border Patrol Strategy），在該戰略所述的五個主要目標中，首先即是建立足以逮捕恐怖份子及武器進入美國的能力。[56]「911」恐怖攻擊事件確實給美國帶來極大的震撼，此從其採取各種防範措施及投入規模的資源都可明顯看出，其中較為明顯的就是成立「國土安全部」、情報社群的整合、國防部兵力結構的調整、與遂行全球的反恐行動，經由這些調整，美國反恐作為已獲致相當的成效。

3. 主要戰區的戰爭

小布希總統的「國家安全戰略」，雖然未對主要戰區戰爭乙事多加著墨，但是在國防部所出版的各式文件對此有清楚的說明。例如，2005年的「國防戰略」強調：在未來的威脅中「美國無法事先確定關於未來衝突地點與特定面向，因此，美國維持快速部署及全球運用的一個平衡及態勢，這樣的做法足以快速增加部隊投入兩個不同的戰區，以快速擊敗兩場同時進行戰役的敵人。」。[57]

從美國國防部年度重要的政策說明得知，維持美國部隊應付小規模應變行動及打贏兩場主要戰區的作戰，一直都是美國兵力規劃的核心思考。而這樣的思維在2006年「四年期國防總檢」也都有明確的說明：「在考量預算與建案工作上，國防部將強化聯合地面部隊、特戰部隊、聯合空中戰力、聯合海上戰力、新核武戰略鐵三角、打擊大規模毀滅性武器、聯合機動能力、情報、監視與偵察、建立網狀化作戰能力、聯合指揮與管制能力。」[58]經由這些能力的建設，美國的部隊才足以應付各種不同類型的威脅。

---

[55] The White House, *National Strategy for Combating Terrorism,* internet available from http://www.whitehouse.gov/nsc/nsct/2006/, accessed April 14, 2008, p.13.

[56] Office of Border Patrol, *National Border Patrol Strategy 2004*, p.2.

[57] Donald H. Rumsfeld, *The National Defense Strategy of the United States of America*, internet available from http://www.defenselink.mil/news/Mar2005/d20050318ndsl.pdf, accessed April 21, 2008, p.17.

[58] Office of the Secretary of Defense, *Quadrennial Defense Review*, internet available from http://www.comw.org/qdr/06qdr.html, accessed April 21, 2008, pp.42-61.

（三）為不確定的將來未雨綢繆

小布希政府2002年的「國家安全戰略」闡述美國主要國家安全機構在不同的年代，爲了應付與今日不同挑戰所設計，因此必須予以轉型。[59]2006年「國家安全戰略」則進一步說明應付不確定將來的具體做法，區分成就與挑戰及未來方向分述如後：

1. 成就與挑戰

（1）成立國土安全部

「國土安全部」將原本22個保衛國家，以及防範恐怖份子攻擊美國本土方面具有關鍵地位的單位，納編在同一個主管機關之下。並置重點於3大國家安全優先工作：包含防止美國境內的恐怖攻擊、減少美國易遭恐怖攻擊的弱點、在恐怖攻擊發生後，將損害降至最低，並協助災後復原。

（2）情報社群的整合

情報部門在2004年推動自1947年「國家安全法」通過以來最大的組織再造作爲。這項作爲的核心是設置「國家安全總監」（The Director of National Intelligence），這項全新的職務，賦予其更多的預算、獲得、任務、人事權，俾利更有效整合情報部門，使其成爲更一致、協調與效率的完整單位。這項轉型作爲還包含成立新的「國家反恐中心」（National Counterterrorism Center）與「國家反擴散中心」（National Counterproliferation Center），負責管理與協調這些重要領域的計畫及行動。轉型作爲亦擴及「聯邦調查局」（Federal Bureau of Investigation, FBI），使其能強化情報能力，並與情報部門進行更充分與有效的整合。

（3）四年期國防總檢

國防部已完成「2006年四年期國防總檢」，詳細說明其如何持續適應環境變化與建立力量，以因應各種新的挑戰。

---

[59] The White House, *The National Security Strategy of the United States of America* (Washington D.C.: The White House, 2002), p.43.

（4）未來部隊的能力

美國所要建立的未來部隊，將對國家與非國家威脅（包含大規模毀滅性武器的運用，恐怖份子對實體與資訊領域攻擊，投機性的侵略）等方面具有針對性嚇阻能力，同時達到確保盟邦安全與嚇阻潛在競爭者蠢動的目標。國防部也針對特種部隊進行擴編，並投資先進傳統戰力，以利贏得對抗恐怖極端主義者的長期戰爭，並讓任何有敵意的軍事競爭者不敢挑戰美國、盟邦與夥伴。

（5）轉型應對挑戰

國防部正在進行轉型，以更有效平衡因應四大類挑戰所需的戰力包括：來自國家運用正規陸、海、空部隊，以完整編組進行軍事競賽的傳統型挑戰。來自國家與非國家行爲體運用恐怖手段及叛亂反制美國傳統軍事優勢，或以威脅區域安全的犯罪活動，如海盜與毒品走私等方式，所構成的非正規挑戰。國家與非國家行爲體獲得、擁有與使用大規模毀滅性武器；或以其他能製造類似大規模毀滅性武器效果的致命性傳染病與其他天然災害等，所構成的災難性挑戰。來自國家與非國家行爲體運用技術與能力（如生物科技、電腦網路與太空作戰或指能武器）等新方式，以反制美國現有軍事優勢，所構成的破壞性挑戰。

2. 未來方向

美國必須針對國內外主要機構持續擴大與強化轉型作爲。針對國內方面，美國所推動的3大優先事項分別爲：（1）持續推動「國防部」、「國土安全部」與「司法部」、「聯邦調查局」與情報界進行中的轉型作爲。（2）持續將國務院做法調整至轉型外交方向，以促進健全民主政府與負責任的國家主權。美國的外交官須能跳脫傳統角色，更深入參與其他社會所面臨的挑戰，直接幫助他們，提供援助並學習其經驗。（3）改進政府部門在所有危機應變狀況與長期性挑戰方面的計畫、準備、協調、整合與執行各項處理行動的能力。[60]

在海外，美國將與盟邦合作，推動3大優先工作：（1）促進聯合國的實質

[60] The White House, *The National Security Strategy of the United States of America* (Washington D.C.: The White House, 2006), pp.43-44.

性改革。（2）強化所有國際與多邊組織中民主體制與推動民主的地位。（3）以「擴散安全機制」（PSI）模式，建立成果導向的夥伴關係，以因應新的挑戰與機會。[61]

二、經濟是發揮影響的動力

為闡述小布希政府時期「國家安全戰略」第二個核心目標——促進經濟的繁榮發展，在此針對：提升美國的競爭力、加強總體經濟的協調、提升一個開放的貿易體系、促進海外長期發展等措施，茲分述如後。

（一）提升美國的競爭力

小布希總統在其任內2002年的「國家安全戰略」提及數個未來努力的方向，包括：開放市場及整合開發中國家、推動能源市場的開放與改革國際金融體系，以持續擴大自由與繁榮。[62]

（二）加強總體經濟的協調

小布希總統2002年「國家安全戰略」認為：「我們致力推動有助於新興市場，以較低的利率獲得較大資本額的政策。為了達成此項目的，我們將持續推動降低金融市場不確定性的各種改革工作。我們將主動和其他國家、『國際貨幣基金會』及其他民營金融機構合作，落實七大工業國家於今年初完成協商的『行動計畫』，以防止金融危機發生，或當危機發生時能更有效地加以解決。」。[63]

2006年「國家安全戰略」對金融改革議題多所著墨，該戰略認為：「在彼此相連的世界中，穩定與開放的金融市場是繁榮全球經濟的重要特徵。美國將透過以下措施，致力於促進穩定及開放市場：[64]此外，「國務院國際發展署」（US Agency for International Development, USAID）在「2007-2012年會計年度

[61] *Ibid.*, pp. 45-46.
[62] The White House, *The National Security Strategy of the United States of America* (Washington D.C.: The White House, 2002), pp.27-30.
[63] *Ibid.*, p.18.
[64] The White House, *The National Security Strategy of the United States of America* (Washington D.C.: The White House, 2006), p.29.

戰略計畫」（Strategic Plan of Fiscal Years 2007-2012）中亦強調爲有利於私人企業營造一個良好的投資環境，美國將會與其他國家及國際組織合作，協助有需要的國家建立能量、制度與法制體系，以使良好的經濟治理與改革在這些國家生根。[65]

（三）提升開放的貿易體系

小布希政府「國家安全戰略」雖然未像柯林頓政府「國家安全戰略」做分類敘述，但是其在「國家安全戰略」中亦不斷強調：「促進自由及公平的貿易，是美國外交政策長期以來的基本信條。更高的經濟自由度無法與政治自由切割。經濟自由使個人擁有力量，而有力量的個人就會要求越來越多的政治自由。更高的經濟自由度，也會造就更大的經濟機會與所有人的財富。歷史已證明，市場經濟是最有效率的經濟制度及消除貧窮的最佳良方。爲了擴大經濟自由與繁榮，美國不斷促進自由及公平的貿易、開放的市場、穩定的金融體系、全球經濟的整合、安全及乾淨的能源開發。」[66]再者，「2007-2012年會計年度戰略計畫」亦強調以法制爲基礎的貿易體系，自二次世界大戰結束後即是全球經濟成長的主要驅動力。[67]

2006年「國家安全戰略」則強調：「我們將透過『世界貿易組織』與各種雙邊與區域自由貿易協定，持續推動開放市場與整合開發中國家。」。[68]

（四）促進海外長期發展

小布希政府「國家安全戰略」，雖然不再使用「長期發展」一詞，但是其「國家安全戰略」所展現的精神即是協助各國的永續發展。例如在2006年「國家安全戰略」，即說明：「美國國家利益與道德價值將我們的作爲推到同一個方向，那便是協助全世界的貧窮百姓及最低度開發國家，同時讓他們成爲國際經濟體的一部分。我們已完成2002年『國家安全戰略』所擘畫的許多目標。過

---

[65] US Agency for International Development, *Strategic Plan of Fiscal Years 2007-2012*, p.27.
[66] The White House, *The National Security Strategy of the United States of America* (Washington D.C.: The White House, 2006), p.25.
[67] US Agency for International Development, *Strategic Plan of Fiscal Years 2007-2012*, p.27.
[68] The White House, *The National Security Strategy of the United States of America* (Washington D.C.: The White House, 2006), pp.27.

去四年我們所推動的許多新措施現在已充分發揮功能，協助全世界最不幸人們得以脫離苦難。我們會在這一條道路上繼續努力。發展工作可強化外交與國防作為，藉由建立穩定、繁榮與和平的社會，達到有效降低國家安全長期性威脅的目標。改進我們使用外援的方式，使其能更有效強化負責任的政府、解決人民的苦難與改善人民的生計。」[69]美國希望藉由上述措施，協助各國善用美國的援助，強化各國的治理，以達永續經營的目標。

三、民主是確保安全的根本

美國是全球自由民主國家的大本營，基於民主國家之間不會發生戰爭的理念，也促使美國樂於支持共產極權國家或獨裁政體走向民主體制。因此，小布希政府在「促進海外民主」的國家安全戰略上，仍延續柯林頓政府時期的戰略思維與外交政策，置重點於闡述民主化的意涵、說明美國推動民主的方法及敘述新興民主社群擴大對國際的影響，分述如後。

（一）民主化的意涵

民主化也就是民主轉型，意味著從獨裁政權轉型為民主政府，當獨裁政府即將跨台顯示的是一個重要的徵兆或者對權力的談判，其終止於首次自由選舉政府上台。以南非為例，民主轉型始於1990年，當白人少數政府菲德力克・克拉克（President Frederik de Klerk）決定釋放納爾遜・曼德拉（Nelson Mandela），並與非洲議會（African National Congress Party）談判，四年後曼德拉當選總統，白人政府結束。[70]

（二）推動民主的方法

小布希政府時期2002年「國家安全戰略」強調：「美國必須捍衛自由與正義，因為這些都是放諸四海皆準的正確原則。人性尊嚴不容妥協的基本要求，在民主國家可獲得最充分的保障。美國政府將以言語表態與實際行動伸張人性

69 The White House, *The National Security Strategy of the United States of America* (Washington D.C.: The White House, 2006), pp.32-33.

70 Howard Handleman (3rd edition), *The Challenge of Third World Development* (New Jersey: Upper Saddle River, 2003), p.29.

尊嚴，大聲支持自由並反對侵犯人權的行為，同時投入更多資源闡揚這些理想。美國須堅守人類尊嚴不容討價還價的要求事項：包括法治、制約國家權力之範圍、言論自由、信仰自由、公正司法、尊重婦女、宗教與種族之容忍、尊重私人財產等。」。[71]

2006年「國家安全戰略」則說明：「該戰略係由兩大主軸所構成，第一個主軸是促進自由、正義與人性尊嚴——致力於結束暴政、推廣有效的民主政治、同時透過自由及公平貿易與明智的發展策略，以擴大繁榮的範圍。自由的政府會對百姓負責任、有效治理國家，推動有利全民的經濟與政治政策，自由的政府不會壓迫百姓，更不會用武力攻擊其他自由國家。和平及國際穩定最可靠的基礎便是自由。第二項戰略主軸，則是要領導不斷擴大的民主社會，迎戰當代的各種挑戰。我們所面對的許多問題，從大規模毀滅性武器擴散、恐怖主義、販賣人口到天然災害等，都已超越國家的疆界。有效率的多邊作為是解決這些問題的根本之道。而歷史也證明，只有我們善盡己身責任時，其他國家才會起而效尤。因此，美國須繼續扮演領導者的角色。」。[72]

再者，「2007-2012年會計年度戰略計畫」則指出：「促進與強化有效的民主，以及推進民主鞏固，是美國政府長期以來的目標。」[73]由美國「國家安全戰略」及相關戰略報告所做的陳述，可瞭解美國對推動全世界民主社群擴大的深層意涵，而這樣的概念，並沒有因政黨的輪替而作調整。易言之，促進全世界的民主，同時尊重人性的尊嚴與價值，長久以來，都是美國「國家安全戰略」的重要議題。

（三）新興民主社群的擴大

小布希政府2002年「國家安全戰略」陳述：「美國和其他已開發國家應該訂出一個積極且針對性的目標：在十年內讓世界最窮的經濟體成長兩倍，而這些措施包括提供資源援助、改善世界銀行及其他開發銀行效率、確保發展援助的運用、以捐款代替借款、擴大全球獲得商業與投資機會、確保大眾衛生

[71] The White House, *The National Security Strategy of the United States of America* (Washington D.C.: The White House, 2002), p.3.
[72] *Ibid.*, p.ii.
[73] U.S. Agency for International Development, *Strategic Plan of Fiscal Years 2007-2012*, p.18.

安全、持續援助農業發展與重視教育。」[74]美國對外提供資源的目的，主要是催促受援國打擊貪污、尊重基本人權、堅持法治原則，其戰略意圖則是協助各國推動民主改革。以2002年爲例，世界共有192個國家，其中被列爲自由的國家計有85個約占44.2%，部分自由國家有57個約占29.7%，不自由國家爲50個約占26.1%。[75]迄2005年止，世界國家總數並無改變，被列爲自由國家總數爲89個約占46.4%，部分自由國家有54個約占28.1%，不自由國家爲49個約占25.5%。[76]由以上數據顯示，小布希政府第一任期中，全世界國家民主化狀況有些許進步，然而仍有許多國家受限於本身條件，在政治權利與公民自由度方面乏善可陳，被自由之家列爲不自由國家總數高達50餘國。

小布希政府2006年「國家安全戰略」則說明：「經濟發展、負責任的治理與個人自由，具有緊密的關聯性。過去提供腐化及無能政府的外援資料，並沒有眞正幫到最迫切需要族群，反而阻礙民主改革及鼓勵貪腐。所以美國政府須採取更有效率的政策與計畫，這些包括：促進發展與強化改革、扭轉與對抗愛滋病與其他傳染病的趨勢、推動負債可持續償還及發展私有資本市場、解決緊急需求與投資於民、發揮私有企業的力量、對抗腐化與提升透明。同時，美國也認爲須與許多國際夥伴共同合作，建立與維持民主及治理良好的國家，以解決人民的需要，並成爲國際體系中負責任的成員。」[77]在美國銳意推動各國政治改革下，迄小布希政府任期最後一年（2008），全世界共有193個國家，列爲自由的國家有90個占46.6%，部分自由國家60個占31.1%，不自由國家43個占22.3%。[78]從以上數字變化，小布希政府第二任期中，被列爲自由的國家總數較其初任時略爲增長，而不自由國家總數也略爲降低，整體而言，此一時期民主化亦顯其成效，表4.2爲小布希任內國家自由度調查比較。

---

[74] The White House, *The National Security Strategy of the United States of America* (Washington D.C.: The White House, 2002), pp.21-23.

[75] The Freedom House, Combined Average Ratings: Independent Countries 2002, internet available from http://www.freedomhouse.org/uploads/Chart44File118, accessed on February 12, 2010.

[76] The Freedom House, Combined Average Ratings: Independent Countries 2005, internet available from http://www.freedomhouse.org/uploads/Chart18File32.pdf, accessed on February 12, 2010.

[77] The White House, *The National Security Strategy of the United States of America* (Washington D.C.: The White House, 2006), pp.31-33.

[78] The Freedom House, *Combined Average Rating-Independent Countries 2008*, internet available from http://www.freedomhouse.org/uploads/Chart117File169, accessed on February 10, 2010.

表4.2　國家自由度調查比較表

自由之家對世界各國自由程度統計				
年份	自由（%）	部分自由（%）	不自由（%）	國家總數
2002	85（44.2）	57（29.7）	50（26.1）	192
2005	89（46.4）	54（28.1）	49（25.5）	192
2008	90（46.6）	60（31.1）	43（22.3）	193

資料來源：The Freedom House, *Combined Average Rating-Independent Countries 2002, 2005. and 2008.*

第三節　小　結

綜合分析美國「國家安全戰略」即是向國際宣示，在安全、經濟繁榮與民主前提下，美國將領導世界走向自由、和平之路。首先，就安全的層面言，例如，柯林頓總統曾說：「美國未必是世界警察，但是美國應該是世界最好的和平製造者，藉由保持美國強大的軍事力量、運用外交與必要時使用武力，同時藉由與其他國家分擔風險與成本，美國正對全世界發揮影響力。」[79]小布希總統則強調：「對恐怖份子的威脅，美國會先期確認並在國境外摧毀威脅，以保衛美國領土、人民及利益。雖然美國將持續爭取國際社會的支持，但若有必要時，美國也會毫不猶豫出手，採取先制行動對付恐怖組織，行使美國的自衛權力，絕不讓恐怖份子傷害美國人民。」[80]這樣的論述已透露，美國須保持獨一無二的軍事力量，安全才可獲得確保。從美國「國家安全戰略」強調安全、重視實力、講求權力與國家利益等觀點，充分顯現新現實主義理論的核心思想。

再者，就經濟繁榮言，柯林頓對美國之國際援助曾經表示：「從美國領導動員重建戰後的歐洲，到最近建立橫跨亞洲、美洲與非洲增進外銷的機會，美國的外銷援助已協助新興民主國家，擴大自由市場，降低國際犯罪的成長，遏

[79] William J. Clinton, *1996 State of the Union Address*, *Washington Post*, internet available from <http://www.washingtonpost.com/wp-srv/politics/special/states/docs/sou96.ht,#defense>, accessed August 14,2008.

[80] The White House, *The National Security Strategy of the United States of America*, 2002 (Washington D.C.: The White House, 2002), p.6.

制主要的健康威脅，改進環境與天然資源的保護，緩和人口成長與解除人道危機。當科學與技術合作計畫等有效的雙邊或多邊活動相結合時，美國主動降低所費不貲的軍事及人道干預，當外援成功鞏固自由市場政策，美國外銷的穩定成長常尾隨而至。」[81]小布希總統也表明美國須持續致力開放市場與整合全球經濟，運用「自由貿易協定」打開市場，並致力推動市場開放、金融穩定與世界經濟的進一步整合。[82]而兩位總統在促進經濟繁榮的政策上，仍是希望與世界各國合作，在「國際貨幣基金」（International Monetary Fund, IMF）、「世界銀行」（World Bank, WB）與「世界貿易組織」（World Trade Organization, WTO）等國際組織的規範下，共同開創經濟的繁榮。因此，從柯、布兩位總統的「國家安全戰略」，得知美國對經濟繁榮的推動，帶有濃厚新自由主義所崇尚的合作、相互依存與國際機制等理念。

第三，就促進民主言，柯林頓總統認爲冷戰後民主國家數量已增加，但是部分國家仍徘徊於轉型的陣痛。所以，美國的戰略須聚焦於強化國家履行民主改革、保護人權、打擊貪腐、增加政府透明度的承諾與能力。[83]故美國民主戰略的優先要素，係與這些新興民主國家合作，並促進美國與這些國家在經濟與安全議題的合作，同時尋求他們的支持，以擴大民主國家的範圍。此外，促進各國的民主化，一直是小布希總統的政策，對此，渠再三強調：「使每一個國家與文化尋求及支持民主運動與制度，是美國的國策，最終目的即在結束暴政。在今日的世界，政權的基本地位與權力分配同等重要，美國運籌帷幄的目標，就是要促成一個由民主與善於治理國家所構成的世界，可充分滿足百姓的需要，同時在國際體系內負起應有之責任。」[84]故從民主和平理論的觀點，如果其他國家能改善治理方式，並尊重人權與自由，則民主社群的範圍便能擴大，國際間之和平可獲得較大的保障。

柯林頓政府採多邊合作的架構來解決國際間的各項衝突，此種做法即是

---

[81] The White House, *A National Security Strategy for A New Century* (Washington D.C.: The White House, 1998), p.16.

[82] The White House, *The National Security Strategy of the United States of America* (Washington D.C.: The White House,2006), p.26.

[83] William Clinton, *A national Security Strategy for a Global Age* (Washington D.C.: The White House, 2000), p.61.

[84] George W. Bush, *The National Security Strategy of the United States of America 2006* (Washington D.C.: The White House,2006), p.1.

奠定在安全環境的基礎下，俾擴展經濟的繁榮與發展，以及推動海外的民主。柯林頓政府確實帶動美國經濟的蓬勃發展，然不可諱言，在其主政期間，美國對海地、波士尼亞與索馬利亞等地的衝突，並未積極介入，以致引來非議。例如卡根（Robert Kagan）對柯林頓政府安全政策提出的批評，包括：無法有效圍堵中國、無法有效除去伊拉克獨裁者海珊、無法維持美國適當的軍事力量，以及無法完成飛彈防禦的部署。另沃特（Stephen Walt）則提出較為中肯的評論，包括：降低安全領域的競爭及戰爭的風險、降低大規模毀滅性武器的威脅、促進一個開放的世界經濟，以及建立一個符合美國價值的世界秩序。小布希總統則依循其國家安全戰略的兩大主軸推動政務，即致力於結束暴政、推廣有效的民主政治、擴大繁榮的範圍，以及領導其他國家對抗傳統與非傳統安全的威脅。為對抗恐怖主義的威脅，小布希總統發動全球反恐戰爭，打擊蓋達組織及其黨羽，對阿富汗及伊拉克用兵，去除威脅美國安全的心腹大患。由於資源耗費過巨，嚴重影響經濟的發展，美國在小布希主政期間經濟的表現每況愈下，因此引起美國民眾的反感，造成政黨再次輪替。柯林頓及小布希政府因政策路線不同，所產生的結果也不一樣，柯林頓政府重視經濟發展，但在安全作為上飽受批評。反之，小布希總統發動反恐戰爭，投入龐大資源積極防衛美國的安全，由於經濟積弱不振，以及全球金融風暴的衝擊，小布希政府的反恐戰爭同樣備受批評。

綜合言之，美國「國家安全戰略」對提升安全、促進經濟繁榮與推展民主三者，在論述雖有前後之分，例如柯林頓政府清楚提出上述三者，而小布希政府對三者表述的方式迥異前任政府。在執行手段上，兩任政府亦有所不同，例如柯林頓政府希望經由多邊合作共同解決國際間的爭端，透過有效的國際機制促進經濟繁榮，並經由外援來推展民主。而小布希政府因911恐怖攻擊行動，單邊主義超越多邊主義，對伊拉克用兵推翻海珊政府與促進該國的民主轉型即為顯著例子。兩任政府雖然在核心目標的表述或執行上不同，但三者實為一體，關係密切並互為影響，亦即在安全能獲得確保前提下，然後才能進一步推動各項經濟建設，促進美國與其他國家的經濟繁榮，同時在經濟的基礎之上，促進各國政治制度的轉型。該戰略冀望在此三個面向的努力，能夠在未來開創一個有利於美國，持續領導全球國際環境與政治體系。當然，此種願景，仍有賴完善的「國防戰略」與「國家軍事戰略」的規劃與執行（見本書第三、四篇）。

第五章　國土安全國家戰略

Despite the difficult challenges ahead, we will fulfill our responsibility to safeguard America just as generations of Americans have before us. Together, guided by this National Strategy for Homeland Security, we will continue working to protect our families and communities, our liberty, and our way of life.

George W. Bush

雖然艱難的挑戰橫梗於前，我們仍將完成保護美國安全責任，就如我們先人保護美國一般。同時，在「國土安全國家戰略」指導下，我們將持續致力保護我們的家庭、社區、自由及生活方式。

（小布希・2007年國土安全國家戰略）

美國於2001年9月11日遭受蓋達組織恐怖攻擊後，頓時驚覺本土已不再受兩大洋的屏障，因此積極調整其政府組織，冀望這樣的組織重整，能使政府更有效能與效率，以防範類似恐怖攻擊情事再度發生，「國土安全部」（Department of Homeland Security, DHS）就在這樣的環境下孕育而生。除了組織的重整外，美國也認爲須有凝聚全民共識的戰略思想。2002年「國土安全國家戰略」（National Strategy for Homeland Security）就是在此時空背景下產生，該戰略首先說明美國所面對的威脅及本身脆弱性，以及如何組織重整以確保美國本土的安全。其次，該戰略也說明幾個重要的任務領域，如情報與預警、邊界與運輸安全、國內反恐、保護重要基礎設施與資產、防衛災難性的威脅、緊急事件的準備與回應。此外，該戰略亦闡述幾項基本原則（foundations），如法律、科學與技術、資訊分享與層次、國際合作。最後，該戰略說明國土安全的代價，以及未來的優先事項。[1]

2004年「國土安全法國家戰略」（National Strategy for Homeland Security Act of 2004）明訂國土安全部部長須提出「國土安全國家戰略」，並向國會提交該戰略的相關規定，該法述明部長須遵從總統的指導，並與總統國土安全助理及國土安全委員會合作，提出關於對美國恐怖威脅之偵測、預防、保護、回應及復原的「國土安全國家戰略」。首先，該法規定部長須於總統就職當年12月1日之前向國會提交上述戰略，且在兩年內須再提出新版「國土安全國家戰略」。其次，與總統預算要求一致，部長須提出執行戰略的進度評估，包括足夠的資源以符合戰略的目標，並提議改進與執行「國土安全國家戰略」。第三，依照行政命令（Executive Order）所設定的機敏資料，須以機密資料方式提交國會。[2]

再者，該法也說明「國土安全國家戰略」內容包含：（一）目的、任務與範圍的全面陳述；（二）威脅、弱點、風險評估與分析；（三）想要達成目標的陳述（如戰略目標的上下關係及其次要目標）；（四）達成戰略目標所需資源與投資的評估；（五）與國土安全有關部門組織角色與責任的描述；

1 Office of Homeland Security, *National Strategy for Homeland Security 2002*, p.v., internet available from http://www.usembassy.it/pdf/other/homeland.pdf, accessed October 12, 2008.

2 U.S. Senate 108th Congress 2nd Session, national Strategy for Homeland Security Act of 2004, pp.1-2, internet available from http://www.the orator.com/bills108/s2708.html, accessed April 1, 2010.

（六）本戰略與其他應對恐怖威脅聯邦戰略關係的解釋。除上述內容外該戰略須包括以下內容的陳述：（一）對打擊恐怖主義與國土安全擴大蒐集、詮釋（translation）、分析、運用及分發資訊的政策與程序；（二）反制大規模毀滅性武器、爆裂物與網際空間威脅的計畫；（三）協調、整合美國軍事能力與資產至戰略每一面向的計畫；（四）回應恐怖攻擊有關健康與醫療預防、偵測之計畫；（五）提升運輸安全必要措施；（六）依據評估所採取的措施；（七）國家對恐怖攻擊預防、回應與復原能力的評估；（八）確保國境免於恐怖威脅的措施；（九）辨識、排定優先順序、符合研發目標以支援國家安全所需的計畫；（十）因應其他重要國土安全所需的計畫。[3]換言之，該戰略主要聚焦於防止恐怖攻擊在美國境內發生。[4]

基於「國土安全法國家戰略」上述指導原則，2007年「國土安全國家戰略」的內容包括：為過去五年國土安全做一綜述、今日國土安全的現實面、今日的威脅環境、國土安全的願景與戰略、預防及瓦解恐怖攻擊、保護美國人民、重要基礎設施及主要資源、回應及從事件的復原、確保長期的成就等。[5]本章整理2002、2007年「國土安全國家戰略」內容重點加以說明，希望透過國土安全部之成立暨未來願景、保護重要的人地物及復原能力、成功的基礎及確保成功的良方等三個面向，分析該戰略的意涵。

第一節　國土安全部之成立暨未來願景

2002年「國土安全國家戰略」說明：「為了回應對美國的安全挑戰，總統提議而國會也考量50年來聯邦政府最全面性的組織調整，『國土安全部』的設立，將可確保重大國土安全任務的責任，以及團結有關部門的目的。美國的民主根源於聯邦主義規則——即是州政府與聯邦組織分享權力的政府制度，政府

[3] *Ibid.*, pp.2-3.

[4] Raphael Perl, CRS Report for Congress, U.S. Anti-Terror Strategy and the 9/11 Commission Report, CRS-2.

[5] Homeland Security Council, *National Strategy for Homeland Security 2007*, internet available from http://www.dhs.gov/xlibrary/assets/nat_strat_homelandsecurity_2007.pdf., accessed April 3, 2009.

的架構是聯邦、州與地方政府權力的重疊——我們國家有超過87,000個管轄單位——對我們國土安全的努力提供獨特的機會與挑戰，機會來自於國土安全有關地方機構及組織的專門技術與承諾；挑戰則是發展強化相互關聯及互補的體系，而不是重複功能，以確保可符合需求。州與地方政府在國土安全扮演一個重要的角色，更確切地說，一般民眾與政府的緊密關係是在地方層級。州與地方政府主要責任則是對緊急單位的預算、準備與萬一恐怖攻擊下的運作，地方單位是第一個回應及最後離開現場的單位，因爲所有的災害最後都是地方政府善後。」。[6]

該戰略亦認爲：「私人部門——是國家貨物及服務的主要供應者，以及全國85%重要基礎設施的擁有者——也是國土安全的重要夥伴，其有豐富的資訊，此資訊對保護美國免於恐怖主義攻擊任務是重要的。其創造力有助資訊系統、疫苗、偵測裝置，以及其他技術及創新力將會確保國土的安全。一個消息靈通與具前瞻性的公民是國家平、戰時無價的資產。不論是在國家或地方層次，自願者提升社區的協調及行動力。當我們致力建立偵測、預防與回應恐怖攻擊所需之通信及運輸系統，此協調將證明是重要的。」[7]簡言之，「國土安全部」即是協調及整合全般國家基礎設施保護計畫，包含的單位如農業部、衛生及人類服務部、環保署、國防部、能源部、財政部、運輸部及內政部等單位，俾有效遂行國土安全的防護。[8]

2007年「國土安全國家戰略」則說明：「美國有幸擁有前所未有的自由、機會與開放，此兩者是美國人民生活方式的基石，然而，我們首要的敵人——蓋達組織及黨羽與受其激勵者，尋求摧毀此一生活方式。蓋達組織圖謀對付我們國家。例如，以顯著的政治、經濟與基礎設施爲目標，旨在製造大規模的傷亡、引人注目的破壞、明顯的經濟損失、恐懼、民眾對政府失去信心。災難性的事件包括天然與人爲的意外事件，也可能造成同樣的毀滅性後果，這些都需要全國在效率及協調方面的努力。」此戰略也闡述：「透過全國一致的努力激勵聯邦、州、地方、部落自治區政府、私人及非營利部門、地區、社區及個人

---

6 Office of Homeland Security, *National Strategy for Homeland Security 2002*, pp.vii-viii.
7 *Ibid.*, p.viii.
8 *Ibid.*, p.32.

的長處與能力——與我們國際社群夥伴一起——將會達成一個安全的家園，這樣的家園可維持美國是一個自由、繁榮及歡迎的生活方式。爲了實現這樣的願景，美國將會運用諸般國力及影響力，諸如外交、資訊、軍事、經濟、金融、情報與執法（DIMEFIL）等，以達成預防與瓦解恐怖攻擊的目標、保護美國人民、重要的基礎設施與主要的資源，以及對已發生意外事件的回應與復原。我們也將持續建立、強化及調整確保國家長期安全所需的原則、系統、結構與制度，而這些就是我們國土安全的戰略。」。[9]

從以上的陳述，我們可得知美國的國土安全除了強化內部的防衛外，與夥伴國家的合作也是該戰略的重點。在內部重要的強化措施可從陸、海、空三方面著手，在空中防衛方面包括：擴大空中防衛、建立巡弋飛彈防禦系統。在海上防衛部分包括：擴充海岸巡防隊、強化海關作業能力、強化港口安檢。在陸地防衛方面包括：管制邊境人員進出、強化邊境巡邏。[10]此外，對重要的官署（舍）、國防生產基地、重要產業生產地、具象徵意義的建築或古蹟等，也都應列入國土安全的範圍。與夥伴國家的合作，則包括情報的交換，以及反恐合作與相互支援等。換言之，唯有政府各部門的有效整合，並有完整的戰略、執行計畫與人員支持，國土安全才能獲得保障。

第二節　保護重要的人地物及復原能力

2002年「國土安全國家戰略」說明其戰略目標爲「防止恐怖份子在美國境內實施攻擊、降低美國對恐怖攻擊的脆弱性、降低損害及從恐怖攻擊事件復原的能力。」該戰略所陳述的六個重要任務領域包括：情報與預警、邊界與運輸安全、國內反恐、保護重要基礎設施、防範恐怖主義災難性威脅、緊急事件的準備與回應。前三項主要聚焦於防止恐怖攻擊，第四、五兩項爲降低國家的弱點，最後一項則是減輕損害及從恐怖攻擊中的復原，此戰略提供直接用於確保

[9] Homeland Security Council, *National Strategy for Homeland Security 2007*, p.13.

[10] Michael E. O'Hanlon, Peter R. Orszang, Ivo H. Daalder, I.M. Destler, David L. Gunter, Robert E. Litan, and James B. Steinberg, *Protecting The American Homeland: A Preliminary Analysis*, (Washington D. C.: Brookings Institution Press, 2002), pp.13-32.

國土任務聯邦預算資源整合的機制。[11]

首先，在情報與預警方面，該戰略認爲恐怖主義植基於突然的襲擊，有前述的能力，恐怖攻擊的方式有可能對不知情及無準備的目標造成重大的損失。在未具襲擊的情況下，恐怖份子很可能遭受當局的先制攻擊，而其攻擊所產生的損害也較輕微。美國將會採取每一個必要的行動，以防止其他恐怖攻擊所造成襲擊效果，美國必須有情報及預警系統，此可在恐怖份子行動明朗化前便可偵測，以利採取適當的先制攻擊、預防及保護行動。此戰略確認五個重要的倡議（initiatives）：提升聯邦調查局分析的能力；透過資訊分析及「國土安全部」重要基礎設施保護部門建立新的能力；完成國土安全諮詢系統；運用雙重（dual-use）分析以預防攻擊；運用紅隊（red-team）技術。[12]

其次，在邊界及運輸安全上，該戰略舉出傳統上美國對邊界安全，非常倚賴於兩大洋及兩個友好國家，以及私人部門對國內運輸安全。越來越機動及潛在毀滅性的當代恐怖主義，美國需要重新思考、更新其邊界及運輸安全的基礎系統。甚至，我們須開始構想邊界及運輸安全做爲全面整合的需求，因爲國內運輸系統與全球運輸系統緊密結合。藉由海港、機場、高速公路、油管、鐵路、水道等運送人與貨物進出美國，事實上在美國的每一個社區是與全球之運輸網路聯結。因此，提升政府效能，並提升跨邊界之人員、貨物與服務的可靠度，同時預防恐怖份子運用運輸工具或系統輸送毀滅性的裝備。在此一領域，該戰略亦確認六個主要機制：確保邊界及運輸安全的責任；建立機敏的邊界（create smart borders）；增加對國際運輸貨輪的安全；完成2001飛安及運輸安全法案（the Aviation and Transportation Act of 2001）；調整美國海岸巡防隊；改革移民作業服務等。總統給國會之提議將主要邊界及運輸安全單位，如移民歸化局（the Immigration and Naturalization Service）、海關（the U.S. Customs Service）、海岸巡防隊（the U.S. Coast Guard）、動植物檢查局（the Animal and Plant Health Inspection Service）、運輸安全署（Transportation Security Agency, TSA）等，移交給國土安全部，此組織之改革將會大力協助完

[11] Office of Homeland Security, *National Strategy for Homeland Security 2002*, p.viii.
[12] *Ibid*., p.viii.

成上述的所有機制。[13]

第三，在國內反恐方面，由於911恐怖攻擊及災難性人員生命及財產的損失，導致聯邦、州及地方執法機構任務的重新界定，同時執法機構將持續調查及起訴犯罪活動，此時應該優先分派預防及阻止美國境內的恐怖活動。州及地方執法官員在此努力上將會扮演一個重要的角色，美國將會訴諸所有法律手段——傳統與非傳統——以確認、終止及在適當時機告發國境內的恐怖份子。美國不但會追尋直接涉入恐怖活動的個人，而且也包含支持他們的來源：人員與組織對恐怖份子的資金提供，以及那些提供他們後勤協助者。有效重新導引執法組織聚焦於反恐目標需要在一些領域的決定性行動，「國土安全國家戰略」確認在此領域的六個主要倡議：增進政府間執法部門的協調、促進潛藏恐怖份子的逮捕、持續調查及起訴、完成聯邦調查局改造以著重恐怖攻擊的預防、鎖定及著手打擊對恐怖份子的財務資助、追蹤海外恐怖份子並將其繩之於法。[14]

第四，在保護重要基礎設施方面，美國社會與現代的生活方式倚賴於網路及基礎設施——實體網路如能源及運輸系統，以及虛擬網路如網際網路兩者。假如恐怖份子攻擊一個或多個重要基礎設施，他們可能瓦解整個系統，並引起國家慘重的損失。因此，必須改善組成重要基礎設施之個別及相互連結系統的保護，保護美國重要基礎設施及主要資產不僅將使美國免於恐怖攻擊且更安全，而且也將降低對天然災害、組織犯罪及電腦駭客的弱點。美國重要基礎設施包括許多部分，政府將會藉由保護對國家安全、治理、公共衛生與安全、經濟、全國士氣重要的資產、系統及功能，尋求拒止恐怖份子對國家強加傷害的機會。「國土安全國家戰略」確認在此領域的八個主要倡議：在「國土安全部」之下團結基礎設施保護的努力、建立及維持美國重要基礎設施及主要資產一個完整及正確的評估、使州及地方政府及私人部門能有一個有效能的夥伴關係、發展國家基礎設施保護計畫、確保網路安全、利用最佳分析及處理模式以發展有效的保護方案、保護重要基礎設施及主要資產反制內部的威脅、與國際社會結為夥伴以保護跨國基礎設施。[15]

---

[13] *Ibid.*, p.viii.
[14] *Ibid.*, p.ix.
[15] *Ibid.*, p.ix.

第五，在防範恐怖主義災難性威脅方面，對人類最致命性武器所須建立之專門知識、技術及物質——包括化學、生物、輻射及核子武器（Chemical, Biological, Radiological, and Nuclear, CBRN）——正無情的擴散。假如敵人獲得這些武器，他們可能嘗試使用，此攻擊將比美國遭逢911恐怖攻擊更具災難性的後果——一個化學、生物、輻射或核子武器對美國的攻擊，將會引起較大人數的傷亡，大量心理的破壞，可能遠遠超過地方醫療體系的能力。現在對化學、生物、輻射及核子的偵測能力是適當的，而回應的能力則分散在每一個層級的政府，同時當前的安排對種種的天然災害證明是適當的，即使如911恐怖攻擊，恐怖份子使用化學、生物、輻射及核子武器的威脅需要新的方法、集中精力的戰略及新的組織。「國土安全國家戰略」確認在此領域六個主要的倡議：預防恐怖份子透過較先進的感應器及程序使用核武器，偵測生化物質與攻擊，改進化學感應器及去污染技術，發展較廣的疫苗、抗微生物藥（antimicrobials）及解毒劑，運用科學知識與方法反制恐怖主義，以及完成選定執法官計畫（Select Agent Program）。[16]

第六，緊急事件的準備與回應方面，美國認為須未雨綢繆以降低損失及在未來恐怖攻擊復員的能力，對主要恐怖事件與天然災難一個有效的回應植基於完善的準備。因此，需有一個全面的國家體系，以快速且有效結合及協調所有必要的反應設施，故美國對眾多的單位須計畫、裝備、訓練及演習，以在任何緊急事件毫無預警下動員。許多國家緊急反應系統已在運作，美國對恐怖攻擊的第一線防衛社群即警察、消防隊員、緊急醫療提供者、公共事務人員及緊急事務處理官員，全國將近三百萬州或地方第一線反應官員將其生命貢獻於此，以拯救其他人的生命並使國家更為安全。然而，現行指導聯邦政府在國家重大事件中支援第一線反應者的多重計畫，以及政府全面的反恐政策是立基於危機處理（crisis management）及後果處理（consequence management）兩者。在總統的提議指導下，「國土安全部」將會與州及地方政府合作結合聯邦回應計畫及建立對事件處理的國家體系，聯邦、州及地方政府將確保所有回應的人員及組織能予以適當裝備、訓練及演練，俾回應所有對美國的恐怖威脅與攻擊，美

[16] *Ibid*., pp.ix &.p.x.

國的緊急應變準備及回應的努力也包含私人部門及美國人民。[17]

「國土安全國家戰略」確認十二個此領域的主要倡議，包括：整合不同聯邦單位的回應計畫使成爲一個包含所有原則之單一事件管理計畫（single all-discipline incident management plans）、建立一個國家事件管理體系、增進戰術層次的反恐能力、促使所有回應者無疏漏的通信能力、準備恐怖災難事件所需的醫療、強化美國醫藥及疫苗的存量、準備核生化輻射的消毒、軍方協助民間單位的計畫、建立民防團、完成第一回應者倡議之2003會計年度預算、建立國家訓練及評估系統、提升受難者支援系統。[18]

2007年「國土安全國家戰略」在有關防護與風險管理（Protection and Risk Management）方面清楚說明：「美國在防護重要基礎設施與主要資源及相關回應能力，美國認爲雖然已盡全力，但在面對許多不同種類災難性事件對美國安全可能的挑戰，要達成一個全面性的防護計畫仍是不可能的。認知未來是不確定及無法預期或準備每一潛在威脅，美國須瞭解及接受一定程度的風險做爲長久的形勢（permanent condition）。管理國土安全的風險需要負責國土安全夥伴受過訓練的方法，以及排定資源優先順序及多樣化的保護責任。運用以風險爲基礎的架構至所有國土安全的努力之上，將會協助確保我們長期的成功。」。[19]

此外，該戰略亦提及「國家重要基礎設施防護計畫」（The National Infrastructure Protection Plan, NIPP），該計畫強調：「指導我們致力防護國家重要基礎設施及主要資源（CI/KR）的是2006年『國家重要基礎設施防護計畫』，以及其支援部門的特定計畫，這些計畫是根據2003年12月7日公布之國土安全總統決策指令第七號（Homeland Security President Directive, HSPD-7）所發展而來，該決策指令的目的旨在建立對聯邦部門及機構的國家政策，以確認及優先處理美國重要基礎設施及主要資源，並保護他們免於恐怖攻擊。[20]「國家重要基礎設施防護計畫」則提出一個全面風險管理架構，並指出有關聯

[17] *Ibid.*, p.x.
[18] *Ibid.*, p.xi.
[19] Homeland Security Council, *National Strategy for Homeland Security 2007*, p.25.
[20] Department of Homeland Security, National Infrastructure Protection Plan Resource Center, Homeland Security Presidential Directive 7, internet available from http://www.learningservices.us/DHS/NIPP/Authorities.cfm?CFID=1677828CFTOK, accessed May 16, 2010.

邦、州、地方政府與私人部門安全夥伴在保護重要基礎設施及主要資源的角色與責任，其排定國家有效分配預算及資源施政優先順序、目標與需求，以確保萬一人爲或天然災害發生時，政府、經濟與公共服務部門能有效運作。依照國土安全總統決策指令第七號，『國家重要基礎設施防護計畫』包括聚焦強化防護國家重要基礎設施及主要資源免於恐怖攻擊獨特與潛在災難性結果，然而，『國家重要基礎設施防護計畫』支撐對防護國家重要基礎設施及主要資源一個全面危害的方法。」。[21]

在該戰略中也說明，美國確認17個國家重要基礎設施及主要資源部門，每一個部門同時包含實體、網路與人性要素：農業與食物、銀行與金融、化學、商業設施、商用核反應爐及物質與廢料、水壩、國防工業基地、飲水及淨水系統、緊急服務、能源、政府設施、資訊技術、國家紀念館及雕像、郵政與航運、公共衛生與健康保險、電信與運輸系統等。[22]由於科技的進步，上述防護措施與網路的運用息息相關，因此該戰略也清楚說明網路安全是一個特別考量的項目。[23]

再者，就緊急事件的管理及回應方面，該戰略說明：「國土安全社群以互補與偶爾可交換的方式，使用緊急事件管理與回應等名詞。在此一戰略中，回應是指在事件後立即採取行動解救生命，以因應人性的基本需求，並降低財產的損失。但是，緊急事件的管理是一個較廣泛的概念，是指我們如何處理緊急事件及減低所有國土安全活動的結果，包括預防、防護、回應與復原。此概念包括國家緊急事件管理系統（National Incident Management System, NIMS）。」。[24]

第三節　成功的基礎及確保成功的良方

2002年「國土安全國家戰略」提出國土安全基礎的四個要件：法律、科學

[21] Homeland Security Council, *National Strategy for Homeland Security 2007*, p.26.
[22] *Ibid.*, p.27.
[23] *Ibid.*, p.28.
[24] *Ibid.*, p.46.

與技術、資訊分享與系統、國際合作。以法律面向為例，美國長久以來即是以法律提升及保護安全與自由。法律不僅提供政府行動的機制，並界定行動的適當限制，總統認清這樣的事實，指示「國土安全辦公室」（Office of Homeland Security）檢視關於國土安全之州與聯邦法律機構。該戰略亦說明美國已採取重要的步驟以保護國土，2001年10月26日，總統簽署「愛國法案」（USA Patriot Act），已增進政府在執法、情報蒐集與資訊分享的合作。「航空及運輸安全法」（The Aviation and Transportation Security Act）建立「運輸安全署」（TSA）已強化民航的安全。提升「邊境安全及簽證入境改革法」（The Enhanced Border Security and Visa Entry Reform Act）將會強化邊境安全系統。最後，「公共衛生安全及生物恐怖主義準備與回應法」（Public Health Security and Bioterrorism Preparedness and Response Act）將更提升國家預防、準備及回應生物恐怖主義的能力。[25]然而，美國政府有更多的事務必須完成，2002年6月18日，總統向國會提出立法成立「國土安全部」（Department of Homeland Security），此一新成立的內閣單位具有一個單一及緊急的任務：確保美國本土安全及保護美國人民免於恐怖攻擊。但是，成立這樣的單位並不足以回應恐怖威脅，美國必須通過配套法案（complementary legislation），以應對國家在對抗恐怖主義能力不足處。[26]

該戰略亦敘述：「此一聯邦層級的新法案須能夠完成美國反恐的目標，美國應當小心行事以免此精心設計之聯邦法案與各州法律疊床架屋，或者過度強調聯邦政府在反恐的著力。第十修正法案（The Tenth Amendment）清楚說明各州對其人民一般福祉維持實質自主權力，各州亦須利用其他州及聯邦夥伴的資源與專業技術。」。[27]

2007年「國土安全國家戰略」指出：「國家緊急事件管理系統是於2003年2月28日國土安全總統決策指令第五號（HSPD-5）發出，其主要植基於利害關係人回應的訓練上，但是，緊急事件並不僅限於對國土天然與人為的災難。例如，它們也包括海外正在醞釀的威脅、執法、公共衛生的行動與調查，以及對

[25] Office of Homeland Security, *National Strategy for Homeland Security 2002*, p.47.
[26] *Ibid.*, p.47.
[27] *Ibid.*, pp.47-48.

重要基礎設施所採取的特定行動等。爲了實現國土安全總統決策指令第五號意圖，我們對緊急事件管理的新方法不僅須運用於回應與復原，而且也須對緊急事件各階段的預防與防護，聯邦部門須致力將資源的協調指向部門（公、私與非營利）、訓練及聯邦、州、地方與部落官員。其原則與要求包括：緊急事件指揮系統、聯合指揮、危機行動資源計畫、狀況的認知、資訊優先化、跨部門協調中心、技能嫻熟的領導者與夥伴、訓練與演習等。」[28]以上這些原則與要求都是國家緊急事件管理系統，能否成功運作的關鍵，同時也是緊急事件能否妥適處理，以降低生命及財產損失的決定性因素。

具體而言，爲有效防衛美國本土的安全，除了上述基本原則與做法之外，「國土安全部」（Department of Homeland Security, DHS）亦指出以下的措施是有效確保美國安全的良方：「貨櫃安全機制」（Container Security Initiative）、「詐騙調查」（Fraud Investigation）、「智慧財產權」（Intellectual Property Rights）、「智慧財產權中心」（Intellectual Property Rights Center）、「國家逃犯行動計畫」（National Fugitive Operations Program）、「行動社群之盾」（Operation Community Shield）、「小型船舶安全」（Small Vessel Security）、「西南邊境防護」（Southwest Border Fence）、「生物測定辨識局」（US-VISIT Biometric Identification Services）、「美國海岸防衛隊」（United States Coast Guard, USCG）。上述十項任務簡要分述如後。

一、貨櫃安全機制係由「關稅暨邊境保護局」（U.S. Customs and Border Protection, CBP）負責推動，其任務主要強化來自世界各地貨櫃的安全檢查，此機制說明恐怖份子可能利用貨櫃運送武器，而加諸於邊境安全及全球貿易的威脅。

二、詐騙調查工作由秘勤局（Secret Services）負責，詐騙調查的優先事項是防護全國支付與金融系統，任務包括打擊僞造、金融詐騙與證件僞造。透過積極智慧財產權執行計畫，藉由經年累月打擊貿易的僞造及剽竊物，保護商務活動及顧客權益。

三、「關稅暨邊境保護局」執行沒收仿冒品及剽竊物，以及執行「國際貿

[28] Homeland Security Council, *National Strategy for Homeland Security 2007*, p.46.

易委員會」（International Trade Commission）簽發之違反著作權及智慧財產的物品。

四、「智慧財產權中心」協調提升情報、調查與執法行動，以增進保護與防護美國消費者的健康及大眾安全。其特別強調賦予調查主要犯罪組織所涉入跨國智慧財產的犯罪活動，阻止仿冒物品流入美國，並追蹤仿冒品的銷售。

五、「國家逃犯行動計畫」由「移民暨海關局」（U.S. Immigration and Customs Enforcement, ICE）負責，其主要任務包括逮捕與遣返外國逃犯，特別是那些已被判決有罪者，同時該計畫也提供全國各地工作團隊相關情報。

六、「行動社群之盾」也是由「移民暨海關局」負責，是一個全國性的機制，藉與國外各層面執法機構的夥伴關係，以跨國暴力街道幫派爲目標，並依其權責將外國罪犯驅逐出境。

七、「小型船舶安全峰會」（Small Vessel Security Summits）之舉行主要討論小型船舶可能在美國領域，爲恐怖份子運用之關切事項及議題。

八、西南邊境防護圍籬已沿美國西南方建造，主要爲獲得社群涉入資訊及防範非法進入美國的民眾。

九、「生物測定辨識局」主要提供合法遊客一個簡單、容易、便利的生物辨識測定，使那些意圖傷害或違反美國法律者無法得逞。

十、「美國海岸防衛隊」是美國海上執法主要單位，其所負責任包括攔截毒品、保護漁業利益與協定，以及在海上執行美國之移民法。[29]

從「國土安全部」所列各項工作分由不同單位負責，可看出國土安全是一項既繁瑣又須協調政府各部門的工作。然吾人亦可將上述工作簡要概述四個防範層次，第一層（最外層）由美國遍佈各地的外交、情報與軍事單位構成，負責掌握恐怖組織情報，打擊任何可能對美國本土發動攻擊之行動。第二層由海關、移民與海岸防衛部隊組成，接受「國土安全部」指揮，對進入美國本土

[29] Department of Homeland Security, *Protecting America*, internet available from http://www.dhs.gov/files/programs/protecting -america.shtm, accessed on January 7, 2010.

的人員、貨物進行嚴格安全檢查。第三層由聯邦政府與州政府第一線執法單位組成，負責維護美國本土各城鎮之安全，同時教育民眾相關安全防護措施。第四層由政府、私人機構負責，防止國內重要基礎設施如水力、電力、運輸、能源、交通運輸設施、遭受恐怖攻擊。易言之，有效的國土安全須先期獲得情報，阻止各項違法、破壞事件於境外，並藉攔截、檢查、阻止、逮捕欲從事違法事件的外國民眾及恐怖份子於境外（如港口、機場、邊境、領海檢查）。故國土安全可謂是一個多層次與多面向的安全維護工作，其範圍涵蓋五度空間（陸、海、空、水下、網路空間），所投入的單位、人員與預算更是難以估計，但是安全是無價的，為了國家安全再多的投資與花費皆有其必要性，無法打折扣。自911恐怖攻擊事件之後，美國對其國土安全的防護，在周密計畫、整備與執行下，可謂做到有效阻絕各項危害活動於境外的目標。

第四節　小　結

國家安全的維護是神聖且無可取代的任務，新現實主義安全的概念早已烙印在美國國家安全決策者心中。尤其911恐怖攻擊之後，美國對國土安全的維護更勝於以往，其所投入的人力、物力與財力都是史上罕見。美國「國土安全國家戰略」指導、組織及統合全國在維護國土安全方面的努力，更是有目共睹。國土安全是整個國家安全責任的分擔，而該戰略則指出以下四個目標：預防與瓦解恐怖攻擊；保護美國人民、重要基礎設施與主要資源；緊急事件的回應與復原；持續強化確保長期成功的基礎，做為國土安全須強化與防範的方向。2007年出版的「國土安全國家戰略」主要建立在2002年出版之「國土安全國家戰略」全般構想之上，反映出美國當前面對恐怖威脅的持續瞭解，融合從演習與實際災難所學之經驗——包括卡崔娜颶風（Hurricane Katrina）——以及提出新的倡議與方法，促使國家能達成國土安全的目標。

2002年出版之「國土安全國家戰略」是首次提出之相關戰略，其所強調的是一個全面單位、人員與物資的整合，以有效降低美國面對恐怖威脅的脆弱性，同時也強調聯邦、州、地方政府、部落及私人部門的合作關係。簡言之，該戰略的核心即在檢視美國所面對之威脅及本身脆弱性，據以研擬有效防衛美國重要區域的手段，俾確保美國國土安全。2007年出版的「國土安全國家戰略」更在前期戰略的基礎上，提出確保長期成功的方法，包括風險管理、有備無患的文化、國土安全管理系統（包括指導、計畫、執行、評估）、緊急事件的管理、科學與技術、國家權力與國會影響力。該戰略檢討過去五年國土安全的成效，並說明在各界的努力下今日的美國已較以往更為安全、強大，以及具備更周延完善因應全面天然或人為災難事件的能力。此種積極整合政府各項資源，力求提升維護美國本土安全的努力，都可看到新現實主義學派所倡導安全概念的實踐。

奠基於嚴謹計畫作為、演習與操作，「國土安全部」在防範危險份子、危險物品、保護重要基礎設施、建構緊急事件回應系統、強化作業與管理等方面，均有長足的進步。第一，在防範危險份子方面，包括擴大邊境圍籬與巡邏、連結所有航班掌握入境旅客、較佳的生物辨識系統、確保文件（駕照與身份證）標準、提升飛航安全、違法記錄、保護美國及世界各地領袖、e化確認系統。第二，在防範危險物品方面，包括全面輻射偵測、港口、水道與海岸安全、違反麻醉藥品沒收的記錄、阻止武器、假鈔與仿冒品的流通、降低小型輪船的風險、生物武器監視系統、設定化學安全標準、範圍較廣的資訊分享、港口工作人員認證、防護的聯邦人力、反制急造爆炸裝置（improvised explosive device, IED）。第三，在建構緊急事件回應系統方面，回應超過400餘起的災難事件、部門夥伴關係架構、支援地區安全計畫、建立較強大的回應夥伴關係、救援超過百萬的生命、實現可相互操作的通信。第四，在強化作業與管理方面，合併網路作業地區、改善作業人力調節、提升隱密性、公民權利與公民自由度、強化商業交易過程與技術、提升幕僚作業與訓練、建立「國土安全部」所需合理人力及系統整合。[30]上述所列舉事項具體陳述「國土安全部」戮力以赴的目標與工作成果，對國土安全維護產生重大的影響。

自2003年3月1日「國土安全部」成立後，該部即展開協調政府各部門有關國土安全的運作，如前所述「關稅暨邊境保護局」、「移民暨海關局」與「秘

[30] Department of Homeland Security, U.S. Department of Homeland Security Five-Year Anniversary Progress and Priorities, internet available from http://www.dhs.gov/xnews/releases/pr_1204819171.shtm, accessed April 1, 2010.

勤局」均擔負阻止對美國可能造成危害的各項破壞活動。事實上，國土安全的有效落實，除持續進行政府各部門協調合作外，資訊的整合及情報分享仍是不可或缺的。易言之，國土安全必須拉大其防衛縱深，而此目標達成與否則繫於海外情報的佈局（中央情報局與軍方情報單位）與運作。對內而言，當破壞份子已透過各種管道突破國土安全的前沿防衛潛進國內，國土安全則需仰賴聯邦調查局、軍方情報單位，以及聯邦、州與地方警察的合作才能有效攔截與阻止各項破壞活動。因此中央情報局（Central Intelligence Agency, CIA）（國外）、國土安全部（邊境）與聯邦調查局（國內）三者緊密協調與情報分享，國土安全的工作才能更有效落實。綜合上述，美國今日所面對的敵人主要來自流氓國家可能的威脅，以及恐怖組織以大規模毀滅性武器對美國的潛在攻擊。一個國家在安全未得充分保障的情況下，國家必須正視對其可能產生危害的敵人，故唯有竭盡諸般手段來防衛本身的安全。美國國土安全戰略便是此安全困境情勢的產物，其詳盡敘述國土安全部之成立暨未來願景，保護重要的人、地、物及復原能力，以及如何成功確保安全等面向，具體勾勒美國對於國土安全的防衛作爲，充分體現國家追求絕對安全的目標，而此作爲也充分展現新現實主義所追求者是安全的極大化。

第六章　打擊恐怖主義國家戰略

In response to our efforts, the terrorists have adjusted, and so we must continue to refine our strategy to meet the evolving threat. Today, we face a global terrorist movement and must confront the radical ideology that justifies the use of violence against innocents in the name of religion.

George W. Bush

對我們採取的反恐作為，恐怖份子也跟著調整，因此我們必須持續精進戰略，方能應付不斷變化的威脅。今天，我們面對的是一場全球性的恐怖活動，因此必須揭穿這種假宗教之名，行暴力殘害無辜百姓之實的極端意識型態。

（小布希‧2006年打擊恐怖主義國家戰略）

恐怖主義是第二次世界大戰後相繼出現的一個較爲突出的問題，20世紀70年代末80年代初，西方學者開始將此問題做爲重要的研究課題之一。當時，人們將恐怖主義稱爲「20世紀的政治溫疫」、「地下世界大戰」、「世界範圍內的游擊戰」等。冷戰結束後，恐怖主義並未消失，而且在許多方面有新的變化和發展，成爲影響國際政治新的不確定因素，各國學者一致將其列爲國際社會面臨的全球性熱門問題之一。[1]尤其，2001年9月11日蓋達恐怖組織對美國華盛頓特區、紐約市與賓州等地所發起的恐怖攻擊，一方面引起美國強烈震撼，另一方面，恐怖組織此種殘忍攻擊方式也激起美國人民的團結一致。「打擊恐怖主義國家戰略」就是在這樣的場景之下發佈，除表達美國政府對恐怖主義的立場；同時也藉此團結民心，並號召美國友好國家、盟邦，共同對抗國際恐怖主義。就前者而言，誠如美國前總統小布希在2003年「打擊恐怖主義國家戰略」所言：「沒有團體或國家可誤判美國的意志；在恐怖份子團體的全球活動被發現、制止及被擊敗前，我們永不終止。」[2]對後者而言，美國希望藉由民主的深化，以擊潰任何形式的恐怖主義。因此，此戰略的提出可達成以下兩個目標，即對內可達成團結民心，統一國家反恐思維及做法，對外則可傳達美國推動民主與消滅恐怖主義的決心。

小布希總統在2006年「打擊恐怖主義國家戰略」更指出：「反恐戰爭是一場截然不同的戰爭，從一開始，這就是一場武力與理念的戰爭。我們不僅在戰場上打擊恐怖份子，同時透過宣揚自由與人性尊嚴，使恐怖份子妄圖建立壓迫與集權統治無法實現。今日打擊恐怖主義的模式，是同時運用我們的國力與影響力諸要素。我們不僅運用軍事力量，也運用外交、金融、情報與執法活動，以保護美國本土並將防衛圈向外延伸，瓦解恐怖份子的行動，使敵人喪失犯案及生存必要條件」。[3]由此可知，「打擊恐怖主義國家戰略」旨在完成「國家安全戰略」的其他要素，並置重點於辨識及解除到達美國邊境前的任何威脅。整合本戰略者是一個強而有力的優勢要素，同時聚焦於降低大規模毀滅性武器

1 康紹邦、宮力等著，《國際戰略新論》（北京：解放軍出版社，2006），頁170-171。

2 The White House, *National Strategy for Combating Terrorism 2003*, p.1. (Washington D.C.: The White House, 2003), p.1.

3 The White House, *National Strategy for Combating Terrorism 2006*, p.1. (Washington D.C.: The White House, 2006) p.1.

擴散，強化縱深防禦的架構。[4]

凱格利與魏德寇柏夫（Charles W. Kegley, Jr. and Eugene R. Wittkopf）認爲恐怖主義以多種型式出現，過去恐怖活動的模式不見得能爲將來提供一個可靠的指導，只有對改變中恐怖主義的形貌進行檢視及分析現行趨勢，才能爲未來可能發生的恐怖攻擊活動，提供有價值的洞察力（valuable insights）。[5]艾克梅爾（Dale C. Eikmeier）則引用孫子兵法「知己知彼、百戰不殆」的意涵，認爲美國反恐的成功與否視瞭解敵人及其意識形態而定，同時將敵人可能做爲此種目的予以特性描述與歸類，即只有在這樣的歸類清楚及被定義與瞭解下才能有所助益。否則，過度廣泛的特性描述可能使我們努力瞭解敵人擴散的能力失色，並將可能的盟邦及中立者推向敵人的陣營。[6]美國爲持續其全球反恐戰爭，特提出本戰略，冀望能獲得國際支持，強化內部對反恐戰爭的認識，以及各項資源的分配與運用。本章分就恐怖主義的本質、打擊恐怖主義的戰略意圖、如何達成打擊恐怖主義目的論述如後。

第一節　恐怖主義的本質

史羅恩（Stephen Sloan）認爲：「恐怖主義是那些使用於做爲最恐怖要素之一種心理武器，恐懼是一種自然現象；恐怖主義即是蓄意利用此恐懼心理，恐怖主義是一種暴力威脅及運用畏懼威懾、勸服及吸引大眾目光。」[7]當前恐怖主義可謂集20世紀所有殘忍意識形態，藉由犧牲他人生命來服務它們激進與極端的觀點，同時它們也承襲法西斯主義、納粹主義及極端主義的路徑。[8]尤

[4] Raphael Perl, CRS Report for Congress, U.S. Anti-Terror Strategy and the 9/11 Commission Report, CRS-2.

[5] Walter Laqueur, “Terror’s New Face: The Radicalization and Escalation of Modern Terrorism” in Charles W. Kegley, Jr. and Eugene R. Wittkopf, *The Global Agenda: Issues and Perspectives* (Beijing: Peking University press, 2003), p. 82.

[6] Dale C. Eikmeier, Qutbism: An Ideology of Islamic-Fascism, *U.S.* Army War College Quarterly Spring 2007, p.85.

[7] Stephen Sloan, *Beating International Terrorism: An Action Strategy for Preemption and Punishment* (Alabama: Air University Press, 2000), pp.2-3.

[8] The White House, *National Strategy for Combating Terrorism* 2003, p.5.

其，當前國際蓋達組織之運作迥異於以往其他游擊隊或恐怖團體，此外，在金援網路、戰術運用、訓練方式與意識形態灌輸上，都勝於以往的類似組織。[9]再者，由於科技快速發展，加速商旅互動，在全球化愈趨綿密的今天，恐怖組織受惠於網路、通訊便利，其結構及意圖也跟著產生變化。

一、恐怖份子結構

2003年「打擊恐怖主義國家戰略」指出：「雖然恐怖組織在動機、組織嚴密度，以及所擁有的力量上有所不同，但恐怖組織都具有如圖6.1所顯示的基本結構。」[10]其概分為根本條件、國際環境、國家、組織與領導共五個層次，依序分述如後。

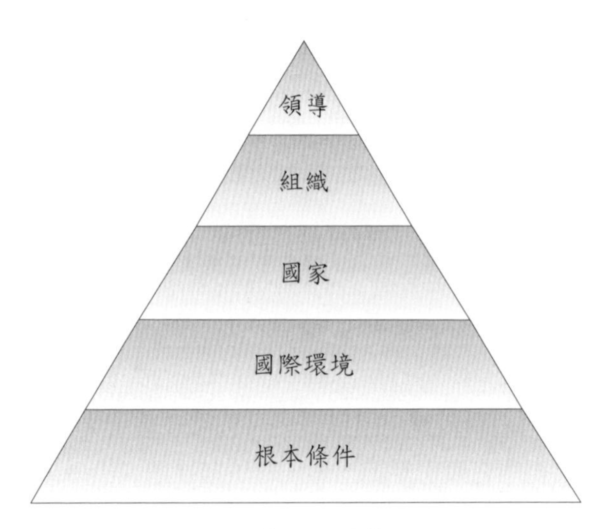

圖6.1　恐怖份子結構

資料來源：National Strategy for Combating Terrorism 2003, p.6.

首先，在結構的底層為根本條件：如貧窮、貪污、宗教衝突及種族糾

[9] Rohan Gunaratna, *Inside Al Qaeda: Global Network of Terror* (New York: Columbia University Press, 2002), pp.54-94.

[10] The White House, *National Strategy for Combating Terrorism 2003*, pp.6-7.

紛，造成恐怖份子可資利用的機會。這些根本條件有些是眞實的，但亦有些是人爲刻意造成的。恐怖份子利用這些情勢來合理化他們的行爲並尋求更多的支持。認爲恐怖是一種處理上述情勢與造成政治改變正當手段之信念，是促使恐怖主義能夠發展與壯大的根本問題。其次，國際環境對國界的定義與實踐，造成恐怖份子藉以設計其策略。當國際環境提供更自由、更開放的空間時，也同時成爲恐怖份子尋求庇護、能力及支持的管道。第三，恐怖份子必須要有實際的運作基地。無論是不知情、無能爲力，或甚至是刻意的，世界上有部分國家仍然提供庇護之處，包括有形的總部與訓練場所，以及無形的通訊與金融網絡，這些都是恐怖份子從事策劃、組織、訓練及推動恐怖活動所必須具備的條件。第四，一旦能立基於安全的庇護之地，恐怖組織就可進一步發展與壯大。恐怖份子組織的結構、成員、資源，以及安全條件將決定其能力與發展範圍。第五，在結構的上方，恐怖份子的領導階層提供連結所有要素的全盤方向與策略，並執行恐怖活動。領導階層成爲恐怖活動的催化劑。喪失領導階層將導致許多恐怖組織的崩解。然而部分恐怖組織，當失去原有的領導階層時，仍舊暫時能夠維持運作並產生新的領導階層。部分的恐怖組織已採取具有單位自主能力的分權型組織，而使得挑戰更爲艱難。[11]

上述五項要素構成21世紀恐怖組織的結構要件，基於此要件，當前恐怖組織的本質正快速改變與演進，此一變化未來仍將對美國造成嚴重的挑戰。美國「國家安全戰略」視難以捉摸之恐怖組織網路，爲對美國本土攻擊最主要的威脅。此戰略呼籲全球反恐行動，以擊潰全球恐怖組織及打擊其領導群、指揮、管制、通信、物質支援及金援管道。[12]學者琳恩・戴維斯（Lynn E. Davis）與傑瑞米・夏比洛（Jeremy Shapiro）在渠等著作中「美國陸軍與新國家安全戰略」指出，美國應對恐怖組織除了一般執法、情報蒐集與軍事力量的運用外，另外對基礎設施的防護，確保美國本土安全亦是不可或缺的要件。[13]再者，由於恐怖組織屬跨國性的組織，因此獲得各國的支持，也是遂行全球反恐戰爭重要的一環。

---

[11] *Ibid.*, p.6.

[12] Lynn Davis and Jeremy Shapiro, eds., *The U.S. Army and the New National Security Strategy* (California: RAND, 2003), p.10.

[13] *Ibid.*, pp.10-11.

二、蓋達組織及其主要黨羽

蓋達組織起源於阿富汗反抗蘇聯的入侵（1979-1989），[14]並活躍於阿富汗及巴基斯坦邊境，除一方面增加在巴基斯坦境內的活動外，同時另一方面持續支持阿富汗的叛亂活動。一系列以巴基斯坦爲目標的自殺攻擊及對前總理布托（Benazir Bhutto）的暗殺活動，皆歸因於塔利班在巴基斯坦黨羽Tehrike-e-Taliban Pakistan（TTP）所爲。在北非，蓋達組織之黨羽也非常活躍。摩洛哥成爲歐洲蓋達「聖戰秘密組織」（Secret Organization group of Jihad of al-Qaeda）在本區的活動基地，蓋達組織及其主要黨羽計有Maghreb等14個組織（如表6.1）。此外，2007年11月27日印度孟買極端恐怖組織的聯合攻擊，加深印度對此一類型升高活動趨向的關注。據報，Deccan Mujahideen爲一高度組織的行動團體，主要以西方國家及猶太團體進駐之旅館、餐廳爲目標。其他組織與反西方及非世俗穆斯林意識形態結合，已增加恐怖組織在印度的活動，據信近年在印度發展之印度伊斯蘭學生行動組織（The Students Islamic Movement of India）即是一個顯著例子。[15]

表6.1　蓋達組織及其黨羽

阿富汗	蓋達組織與阿富汗塔利班
阿爾及利亞	Maghreb之蓋達組織（AQM）
阿爾及利亞	教化與戰鬥之Salafist 組織
埃及	Takir Wal Hijra/Excommunication and Exodus
埃及	al-Gamaa Islaniyyah/Islamic Group(IG)
印尼	Jemaah Islamiah(JI)/Islamic Group/Community
伊朗	al-Qaeda in Mesopotamia/Tanzim Qa'idat al-Jihad fi Bilad al-Rafidayn
摩洛哥	Groupe Islamique Combatant Marrocain(GICM) Moroccan Islamic Combatant Group
摩洛哥	Salafa AL-Aihadya/Abu Hafs al-Masri Brigade/Assirat Al-Moustakim

[14] Audrey Kurth Cronin, CRS Report for Congress, Foreign Terrorist Organizations, CRS-83.

[15] International Institute for Strategic Studies (IISS), *The Military Balance 2009* (UK: Routeledge, 2009), pp.465-466.

摩洛哥	Secret Organization Group of al-Qaeda of Jihad Organization in Europe/Abu Hafs al-Masri Brigade
巴基斯坦	al-Qaeda and Tehrik-e Taliban Pakistan
沙烏地阿拉伯	al-Qaeda in the Arabian Pennisula(AQAP)
英國、摩洛哥	Secret Organization Group of al-Qaeda of Jihad Organization in Europe/Abu Hafs al-Masri Brigade
葉門	al-Qaeda in Yemen

資料來源：*The Military Balance 2009* (UK: Routeledge, 2009), pp.465-466.

三、恐怖份子獲取武器的意圖

21世紀人類面對的最大挑戰莫過於恐怖組織獲得大規模毀滅性武器，即所謂的核子恐怖主義（nuclear terrorism），[16]美國相關情報單位已證實恐怖組織竭盡諸般手段，想要獲取大規模毀滅性武器。如果未來恐怖組織獲得上述武器，則該等武器對美國與國際社會將構成一個直接且立即的威脅。恐怖組織使用化學、生物、輻射，或核子武器，或高當量炸藥的可能性，在過去十年間已大幅增加。關鍵技術的易於取得、科學家與恐怖份子合作的意願，以及洲際運輸的便利性，都使得恐怖組織在美國本土或海外更容易取得、製造、部署，以及發動大規模毀滅性武器攻擊。當恐怖的新工具，例如日益增加的網路攻擊，以及其他傳統恐怖的工具尚未消滅之際，大規模毀滅性武器的可取得性與使用已自成一個類型（a category by itself）。

該戰略亦強調：「我們知道部分恐怖組織已開始尋求發展使用大規模毀滅性武器攻擊美國及其盟邦的能力，被極端意識形態所驅動，部分恐怖份子推動暴行的企圖似乎毫無限制。1995年奧姆真理教利用沙林瓦斯攻擊東京地鐵的行為，提供恐怖組織獲得並使用大規模毀滅性武器的啓示。1998年，賓拉登宣稱取得大規模毀滅性武器是一種宗教的責任，而在阿富汗所蒐集的證據顯示蓋達正在尋求完成這個責任。恐怖份子獲得與使用大規模毀滅性武器的威脅是一種

[16] The American Association for the Advancement of Science (AAAS), The American Physical Society (APS), and The Center for Strategic and International Studies (CSIS), Nuclear Weapons in 21st Century U.S. National Security, p.2.

明顯與迫切的危險。我們的中心目標就是預防恐怖份子取得或製造大規模毀滅性武器，來完成他們最惡劣的企圖。」。[17]

對大規模毀滅性武器擴散的議題，2006年「打擊恐怖主義國家戰略」則清楚說明：「大規模毀滅性武器落入恐怖份子手中是美國面對最嚴重的威脅之一。我們已採取積極的努力，以拒止恐怖份子接近大規模毀滅性武器相關的物質、裝備與專門技術，然而，我們將透過一個整合政府、私人部門和我們海外夥伴的機制，以趕在恐怖份子的行動轉變成威脅之前阻止他們。2006年7月，美國與俄羅斯發起全球打擊核恐怖主義的倡議並建立一個國際機制，以提升合作、建立能量，俾進行打擊核恐怖主義對全球的威脅。此一機制將會協助驅使國際的焦點與行動（international focus and action），以確保國際社會採取每一種可能的措施，俾防止核武器、物質、與技術流入恐怖份子手中。」。[18]

針對如何反制大規模毀滅性武器的擴散，本戰略說明：「美國有全面的方法來應對此種武器對美國的威脅，美國將致力於實現所有目標同時極大化我們的能力，以消除威脅並致力達成以下六個目標。首先，確定恐怖份子的企圖、能力與發展或獲得大規模毀滅性武器的計畫。我們需要瞭解及評估威脅報告的確實性，以及提供恐怖份子大規模毀滅性武器能力的技術評估。第二，拒止恐怖份子接近物資、專門技術與其他足以發展大規模毀滅性武器的能量。美國有一個積極、全球的方式，以阻止敵人接近大規模毀滅性武器的相關物質（特別是關於武器使用的分裂物質）、製造武器的專門技術、運輸的方式、資金的來源與其他能夠實施大規模毀滅性武器攻擊的能力。除了建立於現行機制之上以保證物資安全之外，美國正在發展融合傳統反擴散、不擴散與反恐怖主義的創新作爲。第三，嚇阻恐怖份子運用大規模毀滅性武器。一個新的方法結合嚇阻恐怖份子獲得所需的資源與其支持者思忖大規模毀滅性武器的攻擊。傳統的威脅則可能不會成功，因爲恐怖份子顯示漠視無辜的生命，甚至在某些案例中犧牲他們本身的生命也在所不惜。我們需要一系列適合於狀況及敵人的嚇阻戰略。美國會清楚表達，恐怖份子及那些幫助或資助大規模毀滅性武器攻擊的人，將會面對來自我方壓倒性的反擊。我們將尋求勸阻攻擊，經由改進我們的

[17] The White House, *National Strategy for Combating Terrorism 2003*, pp.9-10.
[18] The White House, *National Strategy for Combating Terrorism 2006*, pp.13-14.

能力，以降低恐怖份子使用大規模毀滅性武器的影響，限制或防止大規模的傷亡、經濟的崩潰、驚慌。最後，我們將確保能力使任何攻擊的來源無所遁形，以及我們對任何攻擊壓倒性回應的決心是不容懷疑的。第四，偵測及瓦解恐怖份子運輸大規模毀滅性武器的相關物質、武器與人員的企圖。美國會擴大在全球偵測非法物質、武器與人員海外的轉運或前往美國海內外利益所在的能力。美國將運用全球的夥伴關係、國際協議與持續邊界安全及阻止的努力。我們也會持續與國家合作，以頒布及實施對非法交易大規模毀滅性武器與其他有關活動的嫌疑犯的嚴格處罰。第五，預防及回應大規模毀滅性武器相關的恐怖攻擊。一旦偵測到大規模毀滅性武器攻擊美國的可能性，我們會尋求遏制、制止與消除威脅。美國會持續發展必要的能力，以消除大規模毀滅性武器運轉的可能性及預防接續的攻擊。經由處理一系列起因於此類攻擊美國或我們在全世界利益的能力，將完善準備處理可能發生的大規模毀滅性武器事件。第六，界定恐怖份子運用大規模毀滅性武器裝置的本質與來源。萬一發生大規模毀滅性武器攻擊，快速辨識來源及攻擊犯罪者，將會有利於我們回應的努力，以及對瓦解後續攻擊可能是重要的。美國會發展出一套能準確判斷是誰應該負責任——意圖或實際使用大規模毀滅性者的能力——也就是快速結合技術性鑑識資料與情報及執法訊息。」。[19]

第二節　美國打擊恐怖主義的戰略意圖

毫無疑問地，當前國際恐怖組織最大的威脅來源便是蓋達組織，其保護傘式的組織，不僅遂行恐怖行動，同時也對其他極端組織提供後勤補給與訓練協助。該組織尋求摧毀非伊斯蘭之穆斯林國家的政權，以古代回教國王地位的模式，建立全世界伊斯蘭宗教政府。該團體認爲美國及其盟邦是最大的障礙，爲了達成上述目標，因此發出呼籲所有穆斯林殺害美國人的布告，俾確保將西方影響力逐出穆斯林世界。[20]尤其，蘇聯解體後，恐怖組織對美國本土的威脅，

[19] *Ibid.*, pp.14-15.
[20] Audrey Kurth Cronin, CRS Report for Congress, Foreign Terrorist Organizations, CRS-83.

是引起國家安全機構注意事項中之一項。值得注意的是，911恐怖攻擊能夠在一小時內分別在美國最重要的兩大城市，謀害三千餘名平民百姓，此恐怖攻擊已完全改變美國安全觀。恐怖攻擊之後，美國立即收拾悲痛，並對蓋達組織做出立即的回應。[21]2003年「打擊恐怖主義國家戰略」說明美國「國家戰略」的意圖是：「制止針對美國、人民、利益，以及我們的盟邦與友好國家的恐怖攻擊，並最終創造一個不會接納恐怖份子與其支持者的國際環境。爲完成這些任務，我們必須同時在四個戰線上行動。美國與其夥伴將會擊敗具有全球活動能力的恐怖組織，藉由攻擊他們的庇護所、領導階層、指揮、控制、通訊、補給及金融。這個方式將會在恐怖份子的活動範圍造成連串效應，並破壞恐怖份子策劃與運作的能力。結果將迫使這些組織分散並重新合併，以便改善其通訊與合作措施。當分散與組織效能下降時，美國將與區域夥伴合作執行聯合行動來壓縮、限制及孤立恐怖份子。當區域反恐戰役已將威脅地方化之後，我們將協助區域國家發展完成任務所需的軍隊、警察、政治、金融等方法（圖6.2）。然而，這種戰役的成效不需要建立在連續性上，在所有區域的累積效果將達到美國尋求的結果。」。[22]

從圖6.2得知，恐怖份子依其活動範圍區分爲國家、區域及全球等三個面向，美國「打擊恐怖主義國家戰略」強調強化與夥伴國家的合作，打擊恐怖組織庇護所、領導中心、指揮、管制、通信、支持與金錢資助。該戰略希望經由上述措施弱化對恐怖組織的支持，同時將恐怖活動定位爲一般犯罪行爲。以雙管齊下方式，降低恐怖活動的範圍及其能力，以達該戰略所欲達成之目標。

此外，該戰略進一步闡釋：「我們將進一步拒絕對恐怖份子的資助、支持及庇護所，藉由確保其他國家接受責任，在自己的領土內採取行動對抗這些國際威脅。聯合國1373號決議及第12屆反恐公約已建立嚴格標準，我們與國際夥伴期待其他國家都能言行一致。只要其他國家有意願與能力，我們將鞏固原有的夥伴關係並打造新的夥伴關係，來對抗恐怖主義並協調我們的行動，以確保彼此間是相互強化且互爲協助。只要其他國家有意願，即使能力不足，我們

---

[21] Walid Phares, *Future Jihad: Terrorist Strategies against America* (New York: Palgrave MaCmillan, 2005), p.133.

[22] The White House, *National Strategy for Combating Terrorism 2003*, p.11.

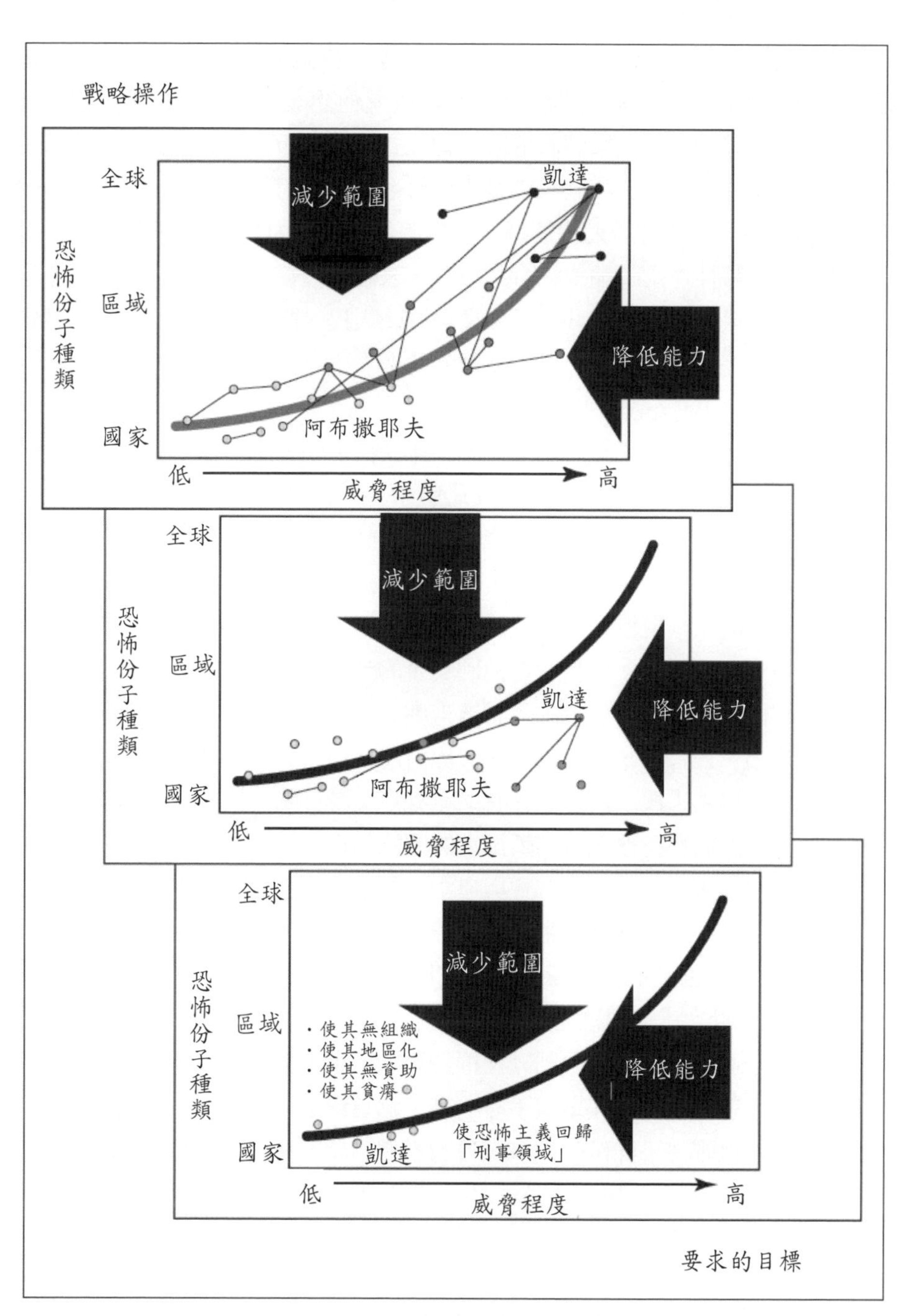

圖6.2　戰略操作與要求目標

資料來源：The White House, National Strategy for Combating Terrorism 2003, p.13.

將支持他們建立制度與能力，在領土範圍內施行主權與打擊恐怖主義。對反恐意願不高的國家，我們將與其他夥伴共同說服他們改變行爲，以善盡國際義務。對不願反恐的國家，我們將採取行動以對抗他們所帶來的威脅，最後迫使他們停止支持恐怖主義。我們將削弱恐怖份子尋求利用基本情勢，藉由結合國際社群將重心置於威脅最大的領域。我們將保持回應911恐怖攻擊的動能，透過與我們海外夥伴與國際論壇的合作機會，來確保打擊恐怖主義列於國際議程的首要項目。最重要的是，我們將保衛美國、人民、國內與海外的利益，透過先制性措施來保衛我們的國土，以及延伸防衛來確保我們能及早確認並消滅威脅。」。[23]

在美國遂行全球反恐戰爭之後，2006年「打擊恐怖主義國家戰略」則深入探討美國反恐戰爭的戰略願景：「反恐戰爭從開始就是一場武力與理念的戰爭，亦即是一場對抗恐怖份子與其殘暴意識形態的戰爭。就近程而言，這場戰爭必須運用一切國家力量與影響力，擊斃或逮捕恐怖份子；使其無處藏身或控制任何國家；防止其獲得大規模毀滅性武器；透過強化安全措施使恐怖份子潛在攻擊目標失去吸引力；以及切斷他們資金的來源與其他犯案及生存所需的資源。就遠程而言，贏得反恐戰爭意謂贏得理念之戰。理念可讓受苦與希望幻滅的人們變成願意殺害無辜百姓的兇手，也可將其變成願意與其他族群和平居住在多元社會的自由人民。理念之戰有助於界定美國打擊恐怖主義的國家戰略的戰略意圖。美國將會持續領導不斷擴大的國際作爲，以追求具有雙重面向的願景，包括：擊敗威脅我們生活方式與自由開放社會的暴力極端主義，以及建立不利暴力極端份子及其支持者生存的全球環境。」。[24]

再者，白宮在911恐怖攻擊後五年出版「九一一事件五年之後：成就與挑戰」更清楚說明：「美國經由戰爭以反制蓋達組織及其暴力恐怖份子網路及提供他們安全避難所的人。我們開始摧毀恐怖份子，運用國力的每一個工具：外交、情報、執法、金融與軍事手段，來瓦解及擊潰其全球網路。我們也進行理念之戰，對付驅使恐怖份子從事謀殺的意識形態。結果，我們使美國及其盟

[23] *Ibid.*, pp.11-12.
[24] The White House, *National Strategy for Combating Terrorism 2006*, p.7.

邦在安全上有更顯著的進展。」[25]當前美國全球反恐戰爭仍然持續，但不可諱言，美國需要一個較廣泛的政軍戰略，此戰略須涵蓋以下三個堅實政策，包括攻擊恐怖份子及其組織，預防伊斯蘭恐怖主義的持續增長，保護及準備好應對恐怖攻擊。[26]

第三節　如何達成打擊恐怖主義目的

2003年「打擊恐怖主義國家戰略」在如何達成打擊恐怖主義目的，曾引用小布希總統於2002年1月29日演說再次強調：「美國不再受汪洋大海所保護，我們是被海外強而有力的行動及日益強化的國內警覺所保護。」此說明美國在反恐戰爭所顯現出的具體作爲，其包含以下目的：擊敗恐怖份子及其組織，斷絕對恐怖份子的資助、支持與庇護，消滅恐怖份子企圖利用的情勢，在國內外保護美國公民及美國利益。首先，在擊敗恐怖份子及其組織方面，即是運用「4D戰略」（Defeat擊敗、Deny拒止、Diminish消滅、Defense防衛）要旨，透過直接或間接的外交、經濟、資訊、法律、軍隊、金融、情報與其他形式的力量，擊敗具有全球活動能力的恐怖組織。包含以下數個目標：確認恐怖份子與恐怖組織、鎖定恐怖份子與恐怖組織的位置、摧毀恐怖份子及組織。[27]此外，柯林（Audrey Kurth Cronin）則指出蓋達組織在某些回教國家地區組織的協助下，獲得資源的提供及技術指導，使蓋達組織在美國全球反恐戰爭中，仍能繼續運作。渠進一步指出，爲有效應對該組織須對其所常常使用的戰術、反美活動、主要作業區域、力量與組成要素、與其他團體的關係、資助國家及其他資金來源，[28]進行研究與瞭解，才能有效解決蓋達組織帶來的威脅。

其次，斷絕對恐怖份子的資助、支持與庇護的策略具有三個面向。第一，這個策略強調所有國家都應善盡在其國內與國際上對抗恐怖主義的責任。

---

[25] The White House, *911 Five Years Later: Successes and Challenges*, 2006, p.1.

[26] The 9/11 Commission Report: *Final Report of the National Commission Terrorist Attacks upon the United States* (New York: W.W. Norton & Company Ltd., 2004), p.363.

[27] The White House, *National Strategy for Combating Terrorism 2003*, pp.15-17.

[28] Audrey Kurth Cronin, Foreign Terrorist Organizations, CRS Report for Congress, CRS-83-6.

第二，這個策略將協助美國對願意對抗恐怖主義但缺乏工具的國家提供援助。最後，當有國家不願意善盡拒絕對恐怖份子的資助、支持及庇護的國際義務，美國將與其他夥伴，如有必要甚至以單獨行動，採取適當措施來說服他們改變行為，以善盡其國際義務。而其所欲達成之目標包括：結束對恐怖主義的國家支持、建立與維持對抗恐怖主義的國際責任標準、強化並維持對抗恐怖主義的國際活動、封鎖與阻絕恐怖份子的物質援助、消滅恐怖份子的庇護所與天堂。[29]柯林認為蓋達組織最主要的支援來自巴基斯坦及阿富汗，並在蘇丹、肯亞、土耳其、塔吉克及非洲某些國家經商所得，挹注在恐怖活動當中。[30]

再者，在消滅恐怖份子企圖利用的情勢方面，同時包含物質與非物質的面向。現在正在進行解決區域的爭端、促進經濟的、社會的及政治的發展，推動市場經濟、良好的政府治理，以及法治的努力，雖然不盡然完全集中於對抗恐怖主義方面，但卻有助於反恐戰爭的推動，因為上述這些努力將可改善或消除恐怖份子經常利用的情勢。此外，消滅這些情勢需要美國及其盟邦打贏一場理念的戰爭，以支持民主的價值及推動自由的經濟。此措施冀望達成之目標包含：與國際社會協同扶助弱小國家並防止恐怖主義、打贏理念的戰爭。[31]波爾（Raphael F. Perl）指出對付恐怖組織的戰略要素區分近程及遠程目標，首先，在近程目標包括：預防恐怖組織的攻擊、阻止恐怖組織及流氓國家獲得大規模毀滅性武器、阻止流氓國家對恐怖組織的支援與提供庇護所、阻止恐怖份子控制任何國家。其次，在遠程目標則包含：促進有效能的民主以贏得理念戰爭、提升國際合作與夥伴關係，提升政府反恐的基礎設施及能力。[32]

最後，在國內外保護美國公民及美國利益方面，「4D戰略」的最後一個部分包含美國在海內外的集體行動，以防衛美國的主權、領土及國家利益。這個戰略包括對美國、人民、財產、利益，以及民主原則的實際保護與網路保護。在此面向所欲達成的目標則涵蓋：執行維護國土安全的國家戰略、培養領域警覺、採取適當措施，以確保對重要的海內外實體與資訊設施的完整性、整

[29] The White House, *National Strategy for Combating Terrorism 2003*, pp.17-22.
[30] Audrey Kurth Cronin, CRS Report for Congress, Foreign Terrorist Organizations, CRS-86-7.
[31] The White House, *National Strategy for Combating Terrorism 2003*, pp.22-24.
[32] Raphael F. Perl, *CRS Report, National Strategy for Combating Terrorism: Background and Issues for Congress*, CRS3-4.

合措施以保護美國海外公民、確保對意外事件的整合管理能力。[33]

第四節　小　結

隨著時代的快速進步，網路世界進一步拉近人與人、國與國之間的距離，在一切愈趨便利的同時，這些日常使用的工具，也成爲恐怖組織的最愛。恐怖組織的結構隨著時代演變，與傳統恐怖組織有所區隔，由於其成員來源眾多，編組與指揮更爲鬆散，都增加應對恐怖活動的難度，蓋達組織歷經美國全球反恐戰爭後，仍能逍遙法外並指揮其組織可見一斑。無庸置疑，未來的安全環境將對美國傳統的優勢形成挑戰，美國及盟邦極可能面對國家與非國家行爲體，運用非正規作戰做爲戰爭主要形式的挑戰。無論就戰略、政策、作戰或其他因素可能限制或制約美國部隊遂行反制他們的傳統軍事戰役。非正規作戰是全球反恐戰爭最基本的認知，此種作戰方式可能是未來20年美國所面對的主要衝突形式，面對當前國際恐怖組織的形貌，美國須具異於對抗傳統恐怖組織的全新思維，採用非傳統方法與間接路線，反恐戰爭才能有較大勝算。

依據對抗國際恐怖主義的經驗與教訓，應當從防範與打擊等兩方面齊頭並進，方能有效解決恐怖主義活動。首先，反恐特重預防措施，一般而言，恐怖份子實施的恐怖活動，都有一個準備階段，如籌集資金、購買器材、調配人員、地點考察、方式選擇等，如果注意事先的安全防範工作，就有可能將恐怖活動制止和消滅於萌芽狀態。第二，致力於消除恐怖主義產生的根源，國際恐怖主義是激烈的國際政治鬥爭中所孕育的產物，是當代國際關係中各種利益之間矛盾的反映，而其又與歷史、意識形態、宗教、種族衝突、貧窮有著緊密的關係，因此，如何建構互相尊重與平等對待的機制，協助弱小民族，幫助處於弱勢族群解決生存與發展問題，[34]是應對恐怖主義不可或缺的措施，如此方能有效根除恐怖主義的養分，遏制恐怖活動的蔓延與茁壯。

誠如美國「打擊恐怖主義國家戰略」所揭櫫的，美國須統合全國力量，並

---

[33] The White House, *National Strategy for Combating Terrorism 2003*, pp.24-27.

[34] 康紹邦、宮力等著，《國際戰略新論》，（北京：解放軍出版社，2006），頁178-179。

結合有志一同的國家，以聯合國之名樹立共同打擊恐怖主義的大纛。經由全球反恐戰爭經驗，美國認知僅以本身之力，實難竟消滅恐怖主義全功。例如，西方國家自由與開放的環境已成爲恐怖組織活動提供便利的條件，他們可利用便捷的交通工具或網際網路進行人員、財政、通訊等活動，他們亦可能利用國與國之間三不管地帶，或利用軍事力量與司法力量的死角進行恐怖活動。因此，美國與盟邦始終面臨遭受恐怖攻擊的危險，此種風險可能動搖反恐聯盟，一些國家考量本身利益也可能退出。故美國對樂於參與反恐戰爭的國家，不吝提供相關援助，此援助除用於反恐戰爭外，美國亦希望受援國政府能善用援助，提振經濟及促進民主改革。如美國「國家安全戰略」所揭示的三個核心目標：提升安全、促進經濟發展、促進民主所強調者，安全是屬於「高階政治」範疇，永遠都是國家時刻不可或忘者，但美國亦瞭解沒有經濟發展及民主開放社會的支撐，國家安全無疑是建立在沙丘之上，隨時有傾覆的危險。

本戰略詳述恐怖主義的本質（恐怖份子結構、蓋達組織與黨羽、恐怖份子獲取武器的意圖），美國打擊恐怖主義的戰略意圖，以及如何達成打擊恐怖主義的目的。該戰略認爲除必須限制恐怖組織的活動範圍外，亦必須降低其能力，俾符合戰略的操作與要求目標。此外，該戰略亦提出必須保有充分的能力才能有效運用「4D戰略」，故如何整合國防、外交、經濟、資訊、法律、金融、情報等力量，以建構可恃的安全力量，是美國遂行反恐戰爭成敗的重要因素。美國打擊恐怖主義國家戰略之作爲，實與新現實主義學派所謂國家追求的最終目標是安全的概念，有其異曲同工之妙。然而，未來美國除了善用有形、無形力量，結合國際社會的努力外，推展有效能的民主，促進經貿活動改善人民生活環境，營造一個安全的居住國度，或許是對抗恐怖主義逆流的有效良方。

第七章　伊拉克戰爭勝利國家戰略

Our mission in Iraq is clear, We're hunting down the terrorists, we're helping Iraqis build a free nation that is an ally in the war on terror. We're advancing freedom in the broader Middle East. We're removing a source of violence and instability, and laying the foundation of peace for our children and grandchildren.

George W. Bush

我們在伊拉克的任務非常清楚，我們要對恐怖份子除惡務盡。我們要幫助伊拉克人民建立一個自由的國家，使這個國家成為反恐聯盟的一員。我們將在更多中東地區推廣自由。我們清除暴力與不穩定的根源，為下一代鋪陳和平的基石。

（小布希・2005年伊拉克戰爭勝利國家戰略）

美國於2003年出兵伊拉克雖然成功推翻海珊政權，但對收拾伊拉克後續重建與民主轉型事宜，美軍也付出慘痛代價。從2003年迄今，美軍在伊拉克戰場已損失數千名官兵，所耗資的預算更是難以估計，最後只能冀望逐步撤軍穩住伊拉克政局，並完成伊拉克的民主轉型與鞏固，否則，過去幾年美軍在伊拉克的付出將如江水東流，一去不返。面對當前伊拉克整體安全情勢，美軍必須有一套完整的規劃，才能完成其在伊拉克的任務。美國新任總統歐巴馬就任後已宣布，渠將會負責任終止伊拉克戰爭，如此美國便可重整軍力，可投入更多資源打擊阿富汗的恐怖份子（塔利班及賓拉登），並投資國內的經濟。藉由移交給伊拉克人民掌理他們的國家，總統歐巴馬與副總統拜登的計畫（簡稱歐拜計畫）將會協助美國在伊拉克的成功。本章主要討論「美國國安會」（National Security Council）2005年「伊拉克戰爭勝利國家戰略」，該戰略清楚說明美國如何在伊拉克戰爭中獲得勝利並全身而退。首先，在政治的路徑上，美國認為要協助一個民主的政府，阻止敵人獲得廣大群眾的支持。在安全的路徑上，美國須協助伊拉克建立足以確保安全的力量。在經濟的路徑上，美國須協助伊拉克政府建立具有履行一個完善經濟基礎的重要任務。以下分就政治、安全與經濟層面，分述其意涵。

第一節　戰略的政治路徑

此處所謂的政治路徑包括幫助伊拉克政府建立一個具有民主治理內涵，並能獲得廣泛民意支持的國家契約。其透過孤立（isolate）、參與（engage）及建立（build）等手段達成目標。「孤立」即透過扭轉負面宣傳的方式，對伊拉克人民證明一個穩定民主的伊拉克攸關他們的自身利益，進而將敵人從那些參與政治進程的人中孤立起來。「參與」即鼓勵那些原本被摒於政治過程之外的人積極參與，並通過不斷擴大的和平參與途徑，讓那些想要遠離暴力的人加入美方陣營。「建立」即建立一個穩定、多元且有效率的國家機構，使其具有保護全體伊拉克人民利益、推動伊拉克融入國際社會的能力。[1]從政治層面

1 National Security Council, *National Strategy for Victory in Iraq* 2005, p.1.

言，美國伊拉克戰爭國家戰略，即是幫助伊拉克人民擊退恐怖份子、並建立一個具有民主內涵的國家。美國在伊拉克的任務不僅僅是戰勝敵人，眞正的任務是去支持一個朋友、一個自由的代議制政府，不但能夠服務其人民，更能爲其人民而戰。[2]以下就戰略的核心假設、政治路徑背後的戰略邏輯、政治路徑的進展等三方面分述如後

一、戰略的核心假設

本戰略強調：「政治路徑是建立在六個核心假設的基礎上。首先，如同世界其他地區、其他文化和宗教背景的人一樣，給伊拉克人民選擇的機會，他們就會選擇自由的生活而不是殘酷專制。第二，在伊拉克所有地方，絕大多數的人不會樂於接受恐怖份子帶來的那種不正常的景象。大多數抵抗份子經過一段時間後，會被說服，從而不再支持獨裁統治下的特權，轉而擁抱穩定的民主政治所帶來的好處。第三，持續的民主並不是只靠選舉就能建立起來，還需要很多重要因素配合，包括透明、有效的政府機構和國家憲政。第四，聯邦主義不是帶領伊拉克走向崩潰的先驅，反而是幫助伊拉克成爲一個統一的國家，並成立更好政府的先決條件。聯邦主義允許一個強有力的中央政府行使主權，同時允許各地區組織（regional bodies）制定政策進而維護地區公民的利益。第五，對所有地區、不同族群的伊拉克人民來說，國家統一是根本利益所在。此共同目標能夠爲不同種族和宗教群體創造合作的空間，並有助於國家機制的穩定成長。第六，伊拉克需要並可接受來自其他地區和國際社會的援助，以鞏固已取得的勝利果實。」[3]此外，對伊拉克政治情勢的發展，小布希總統曾斬釘截鐵說明：「當恐怖份子不再威脅伊拉克的民主，當伊拉克安全部隊可以保護其人民，以及當伊拉克不再是恐怖份子密謀攻擊美國的安全庇護所時，美國在伊拉克的勝利將會到來。」。[4]

---

[2] *Ibid.*, p.14.

[3] *Ibid.*, p.14.

[4] BBC News, *Bush Outlines Iraqi Victory Plan*, internet available from http://news.bbc.co.uk/2/hi/americas/4484330.stm, accessed April 26, 2010.

二、政治路徑背後的戰略邏輯

就政治路徑背後的戰略邏輯而言，本戰略認爲：「美國和伊拉克人民在政治路徑方面的努力是爲了拓展政府在各個層面的政治參與途徑，來孤立那些抵抗份子的核心成員；讓宗教和所有伊拉克群體都能積極參與，從而證明新伊拉克是一個爲所有人而存在的土地；並透過建立伊拉克的國家體制、引進國際援助來增強法治，構建穩定的框架，使伊拉克人民能夠擁有一個更美好及更和平的未來。這些戰略邏輯即該如何以聯合部隊幫助伊拉克人民、打敗敵人並實現美國更大的目標。計有六項措施以完成上述目標，第一，政治進程的發展與達成政治目標，將爲打擊叛亂提供動力，並告訴伊拉克人民，過去的制度已成爲歷史，建立一個新伊拉克的努力必將成爲事實。第二，能夠提供分權機制和少數族裔保護的制度，可向那些桀驁不馴的遜尼派教徒證明，在民主的伊拉克，他們依然有影響力，而且有能力保護他們的利益。第三，民主的承諾不僅僅與美國的價值觀相融合，而且對長期受到壓抑的什葉派教徒和庫德族人來說，民主是讓他們成爲美國夥伴的必要條件。第四，日益蓬勃發展的伊拉克政治機構，將戳破敵人所做的虛假宣傳，例如「伊拉克已被占領，並由那些非伊拉克人來領導」。這些政治機構也爲政治和解與不同族群的溝通提供和平的方法。第五，由於伊拉克與周圍鄰國在歷史、文化、政治和經濟方面的聯繫，許多周邊國家都能夠幫助伊拉克保衛其邊界的安全，並鼓勵遜尼派抵抗份子與暴力統治劃清界限。第六，對伊拉克擴大的國際援助，將向伊拉克和及全世界證明伊國是國際社會的重要成員，以此擴大國際社會對該國的政治和經濟援助。」。[5]

三、政治路徑的進展

在政治路徑的進展方面，本戰略指出：「美國孤立、參與和建立的戰略已奏效，伊拉克人在其政治轉型的過程中，達到了每一個政治標準，並正努力達到下一個目標。2004年12月舉行的大選選出一個爲期四年的政府，而這次選舉是在一個民主憲法架構下舉行，並由伊拉克所有種族與宗教群體參與。

[5] National Security Council, *National Strategy for Victory in Iraq 2005*, pp.14-15.

2005年1月份，850萬伊拉克人無懼恐怖份子的威脅，爲伊拉克第一個自由選舉產生的政府投票。4月間，經由選舉產生的立法機構領導人組成一個多元化的內閣。儘管這個選舉結果在很大程度上偏向什葉派和庫德人，但此內閣仍能代表所有群體的利益。6月，伊拉克國會正式邀請非選舉產生的遜尼派領袖加入制憲協商。這個發展顯示所有族群都已瞭解到伊拉克所有群體對憲法的重要性。」。[6]

該戰略進一步說明：「2005年夏季和秋季，伊拉克選舉產生的國會——和被邀請參加政治進程的遜尼派領袖——起草了一部對伊拉克和整個地區來說具有重大意義的憲法。這個憲法草案賦予伊拉克人民國家主權和投票權，保護個人權利和宗教自由，並提出了合理有效的制度安排以保護少數族裔的權利。2005年9月底，大約100萬新選民將會在伊拉克選舉名冊上登記——而他們之中的絕大多數都居住在遜尼派控制的地區。10月，全國各個地區將近1,000萬伊拉克人再次以參與制憲的全民公投做爲拒絕恐怖主義，該憲法也已獲得了批准。對政治進程的興趣現在也空前強烈。超過300個政黨和聯盟在12月的選舉中註冊，甚至那些曾反對憲法的人，也已決定參與12月的選舉。目前有一個戰略性變化，遜尼派正在開始透過政治進程來實現他們的利益。在制憲公投中，遜尼派地區的投票率非常高。儘管許多遜尼派對憲法投下反對票，但公投幾天前擬定的修正案正式將會允許在新政府成立後做更進一步的修改，也算是對遜尼派所提要求的回應。這些把重要議題委託給新國會的憲法修正條款，將會確保新選出的遜尼派領導人有足夠的能力去影響伊拉克。」。[7]

此外，該戰略亦提出：「伊國在選舉進程中的一個變化是，新國會給全體伊拉克人提供了空間。在2005年1月舉行的選舉中，國會的代表比例與投票人數有直接關係，這就讓在人數上居於劣勢的遜尼派群體受到打擊。而如今的選舉系統是按照省來推選代表，這樣就能保證即使參加選舉的群體力量懸殊，也能夠在新國會中擁有自己的代表。一種充滿活力的政治生活正在萌發。憲法起草委員會收到對許多議題不同的意見，總共有五十多萬條意見；一百多份報紙可自由探討每天發生在伊拉克的政治活動；競選活動的海報在伊拉克主要城市

[6] *Ibid.*, pp.15-16.
[7] *Ibid.*, p.16.

中公開展示，而且數量與日俱增。隨著伊拉克的政治制度日趨成熟，司法系統也逐漸獨立，從而能夠更好的實現法治。同所有採用大陸法系統的國家一樣，伊拉克的司法部門由一套獨立的法官組成。薩達姆·海珊當初那個秘密法庭的系統已被徹底摒棄。一年之前，伊拉克的中央刑事法庭每個月所提起的訴訟和舉行調查聽證會不到10起。而僅在2005年9月的頭兩個星期，法院已起訴了50多起有多名被告的案件，舉行了100多場調研性聽證會。法院目前正透過在伊拉克地方建立分支機構來在拓展其所影響的範圍。自從薩達姆·海珊政權垮臺以後，有幾百名法官接受專門的訓練。這些法官現在正依照伊拉克的法律來處理案件。2003年，在伊拉克大概有4,000起重罪經由法庭判決。2004年，他們所處理的重罪案件數量倍增。今年，伊拉克法庭計畫並努力實現處理10,000起重罪案件的目標。」。[8]

為使伊拉克政治發展能儘速步上軌道，國際支援也是不可或缺的要件，本戰略指出：「聯合國安理會已頒布一致的決議，授權盟軍在伊拉克駐紮，並透過國際社會的援助來穩定伊拉克的政治進程。11月，聯合國安理會應伊拉克政府的要求，以無異議方式通過1637號決議，授權盟軍繼續在伊拉克的所有行動。聯合國也在伊拉克政治轉型的過程中扮演重要的作用，而且計畫透過在伊拉克全國任職的100多名工作人員擴展自己的影響力。阿拉伯聯盟、歐盟以及其他區域性的重要行為體也積極參與和支援伊拉克的政治進程。伊拉克也獲得了其他阿拉伯國家越來越廣泛的支持。同月，阿拉伯聯盟在開羅舉行會議，以推進伊拉克和解和政治進程；許多阿拉伯國家對伊拉克制憲公投公開表示支持，並呼籲讓更多伊拉克人參與伊拉克的政治進程。與此同時，整個地區也在發生變化：敘利亞結束占領，黎巴嫩出現了民主化的傾向，巴勒斯坦出現自由選舉和新領導人。從科威特到摩洛哥、約旦、到埃及，這個地區多年來首次出現如此蓬勃發展的政治多元化現象。」。[9]

四、政治領域持續不斷的挑戰

儘管伊拉克在政治方面有紮實的進展，但本戰略亦指出：「美國和伊拉克

---

[8] *Ibid.*, pp.16-17.
[9] *Ibid.*, p.17.

夥伴在政治領域內依然面臨多重挑戰，包括：確保那些被納入政治進程的人能夠徹底擺脫暴力；建立全國性的制度，因爲過去的分裂和現在的懷疑會導致伊拉克人尋求地區或宗派份子來保護他們的利益；在這個被暴力獨裁統治和嚴重腐敗侵蝕30年的社會裡，努力培養一種和解、尊重人權和具有政治透明度的文化。在事務與平台的基礎上組織政治運動，而非所謂的認同感；鼓勵跨族群、跨宗教和不同部落的合作，因爲很多傷痛記憶猶新，且由於最近的困境而惡化；說服所有地區，讓他們無論是在政治上還是財政上都能主動對新伊拉克表示歡迎和支持；強化政府部門的能力，從而提升政府效能、減少腐敗。」[10]然而，伊拉克的政治情勢仍面對三股勢力持續的挑戰，首先，是反對伊拉克民主轉型遜尼極端反對派。其次，是前海珊政權的擁護者。第三，則是蓋達組織及其黨羽，其中又以後者最具威脅。因此，如何如何利用三者之間的歧見是美國戰略的重要要素。[11]

第二節　戰略的安全路徑

安全路徑包括實施一系列軍事行動來打擊恐怖份子、平息叛亂、發展伊拉克治安部隊，並幫助伊拉克政府。「肅清」（clear）即肅清控制的區域。維持攻勢，繼續消滅與俘虜敵方戰鬥人員；不留給敵方任何安全庇護地。「維持」（hold）即統治已脫離敵方控制與影響力之地區，必須保證這些地區在伊拉克政府的控制之下，並保有相當的伊拉克安全武裝力量。「建立」（build）即建立伊拉克安全部隊，並使當地政府具有提供服務的基本能力，以進一步落實法治，培養公民社會。[12]

一、戰略的核心假設

本戰略指出：「美國戰略的安全路徑是建立在六個核心假設的基礎上。

[10] *Ibid.*, pp.17-18.
[11] Mike Shuster and Alex Chadwick, *Analyzing Bush's National Strategy for Victory*, internet available from http://www.npr.org/templates/story/story.php?storyID=5034345, accessed March 30, 2010.
[12] National Security Council, *National Security for Victory in Iraq 2005*, p.2.

首先，恐怖份子、海珊主義者和抵抗份子沒有能夠打敗盟軍和伊拉克治安部隊。只有盟軍投降，他們才會贏。第二，美國自己在政治上是堅定的，允許美國在伊拉克駐軍——來打擊恐怖份子和訓練、領導伊拉克軍隊——直到完成任務，只有當條件允許，美國才會增加或減少駐軍數量。第三，政治方面的進程將會改進情報的形貌，把那些有可能支持新伊拉克政權的人，從應該被斬首、逮捕、監禁和起訴的恐怖份子中爭取過來。第四，訓練、武裝和領導伊拉克治安部隊，將會建立一支能夠在伊拉克獨立保衛國家安全、保障公共秩序的穩定軍事和政治力量。第五，地區騷亂和滲透是可被納入軌道或是控制的。第六，長期來看，儘管美國能夠幫助和訓練伊拉克人，但他們最終能夠依靠自己的力量來消除安全的威脅。」[13]此外，在安全的面向，2005年小布希總統曾提及：「伊拉克安全部隊在某些方面的表現仍不甚理想，但伊拉克安全部隊已能有效掌控國家，而相關的訓練規劃已有進步，在伊拉克安全部隊可完成任務前，美軍要撤離該地，可能對叛亂團體傳達一個錯誤的訊息。」[14]因此，美軍須按步就班協助伊拉克安全部隊的訓練規劃與作戰能量的建立，並擬定相關撤離計畫。

二、安全路徑背後的戰略邏輯

就安全路徑背後的戰略邏輯而言，本戰略認為：「美國正幫助伊拉克治安部隊和伊拉克政府，把領土從敵人的占領中奪回來（肅清）；然後，則要保持和鞏固伊拉克政府的影響力（維持）；在從前被敵人統治和影響的地區，建立能夠促進該地區市民社會和法治的新地方制度（建立）。推進安全路線所做的努力包括：對敵人採取進攻性的軍事行動、保護關鍵通訊點和基礎設施；戰後為維護地方穩定所採取的行動，以及訓練、武裝和指導伊拉克治安部隊。聯盟負責過渡時期工作的小組深入伊拉克軍營中，隨之依照他們的需要提供指導和說明。成功的模式是清楚的，即密集的資源，要兌現承諾，還有決心，還包含跨越民間和軍事領域的工具，包括：盟軍和伊拉克軍隊在採取進攻性軍事行動

[13] *Ibid.*, p.18.

[14] BBC News, *Bush Outlines Iraqi Victory Plan*, internet available from http://news.bbc.co.uk/2/hi/americas/4484330.stm, accessed April 26, 2010.

時的正義平衡；在伊拉克聯邦和政府官員之間通過聯絡和協商的方式，來為上述的軍事行動做好準備；足夠的伊拉克軍隊來確保民眾的安全並應對未來可能發生的威脅；在盟軍撤離之後，透過與地方機構進行合作並透過他們的支持來進行管理；為快速有效的重建提供及時的資金支持；中央政府決策者對地方訴求給予關注。

該戰略亦說明如何才能幫助伊拉克人，在盟軍的支持下打敗敵人，實現更大的目標。計有五項措施得以完成上述目標，第一，攻擊性的軍事行動摧毀敵人聯絡網；敵人認為在一個安全天堂，他們得以喘息、訓練、重整裝備並組織下一次對盟軍、伊拉克政府和伊拉克人民的攻擊，美國要徹底剝奪這種天堂存在的可能。第二，戰後維護地方穩定行動的在地化——保障安全，提供經濟援助，並為剛剛肅清敵人影響的地區提供民事制度的協助——進一步孤立敵人，為伊拉克人民能夠參加和平的政治進程提供一個空間。第三，保護基礎設施能夠確保伊拉克政府獲得財政收入，從而為人民提供基本的服務，而這對建立政府的信任度，斷絕對抵抗份子的支持是至關重要的。第四，在戰爭中推舉出有能力的伊拉克人，以全面提升美國——伊拉克行動的效果，因為伊拉克人有助於更好的情報蒐集，並有能力判斷來自身邊的威脅。第五，隨著伊拉克軍隊逐漸強大，美國的軍事態勢就會發生變化：盟軍將會集中精力在特殊的反恐任務上，搜尋、逮捕和處決恐怖份子領導人，徹底摧毀他們的軍事基地和資源供給網路。」。[15]

三、安全路徑的進展

在安全路徑的進展方面，本戰略認為：「美國在肅清、維持和建立戰略正在奏效，首先，在從敵人手中奪回領土方面，已取得了重大的進展，在2004年大多數時間裡，伊拉克大部分地區和重要的城市中心區對伊拉克人民和盟軍來說是「閒人勿進」，法魯加、納賈夫和薩馬拉都在敵人的控制之下。如今，這三個城市在伊拉克政府的控制下，而且政治進程穩步進行。在主要城區之外，伊拉克軍隊和盟軍正在肅清最頑固的敵人，保證地方安全，並建立地方制度來

[15] National Security Council, *National Security for Victory in Iraq 2005*, pp.18-19.

促進地區基礎建設和市民社會生活。其次，在可採取行動的情報方面，隨著對政府信任的不斷增加，恐怖份子、海珊政權和抵抗份子不斷受挫，伊拉克公民正為伊拉克軍隊和盟軍提供越來越多的情報。2005年3月，伊拉克軍隊和盟軍從伊拉克人民那裡收到了400份情報；8月，他們收到了3,300份情報；而這一數字到9月份，就變成了4,700多份。第三，在伊拉克軍隊數量不斷擴大方面，2005年11月，有超過212,000經過訓練和武裝的伊拉克治安軍，而2004年9月，只有96,000人。2004年8月，有5個營的伊拉克軍隊參加戰鬥；而現在有超過120個營的伊拉克部隊與警力參戰。這些軍隊當中，有80個營曾經與盟軍並肩戰鬥，有40個還在戰鬥中發揮領導作用。更多的軍隊正在招募新兵、訓練他們並帶他們上戰場。2004年7月的時候，還沒有伊拉克戰鬥支援或提供戰鬥支援的部隊；而現在，已有六個營級支援部隊來支援戰場上的伊拉克軍隊。第四，在伊拉克軍隊的能力不斷增加方面，2004年6月，沒有伊拉克部隊能夠控制國土。而今，巴格達大部分省都是在伊拉克軍隊的控制之下，納賈夫和卡爾巴拉也在伊軍控制下；此外還有其他伊拉克營和旅控制著其他各省幾百平方英里的國土。一年前，伊拉克空軍還沒有飛行器；而今天伊拉克的三個系統化戰鬥飛行中隊已能提供空中運輸和偵察支援，而且伊拉克飛行員也正在訓練駕駛最新引進的直升機。一年前，在解放法魯加行動中，五個伊拉克營參與了戰鬥。過去大多數時候，他們在盟軍後面，幫助控制那些已被盟軍占領的地區。沒有一支伊拉克軍隊能獨立作戰。2005年9月，在塔阿法地區代號為重整權利行動的任務中，11個伊拉克營參與並獨立作戰，並第一次在主要軍事行動中，在數量上超過了盟軍。過去半年來，由伊拉克軍隊獨立指揮的巡邏部隊數量成倍數增長，已占了所有巡邏部隊總數的四分之一。第五，在伊拉克承諾建立他們自己的安全設施方面，儘管一直存在對伊拉克治安部隊反覆且殘酷的攻擊，但是參加的志願者數量卻一直不停增長，大幅超過了實際所需要的人數。僅過去幾個月，就有將近5,000名從遜尼派地區招募的新兵入伍。在新近肅清敵人影響的塔阿法地區，200多名當地的志願者在回去保衛他們的城市之前，參加了維護治安的訓練。在安巴（Anbar），遜尼派教徒排隊參加伊拉克軍隊或警察，以計畫重返家鄉並保衛他們的家園。第六，在伊拉克人正在為取得全面勝利而承擔起專門的核心任務方面，四個營級部隊的3,000多名士兵，完成了訓練並很快承擔起特殊任務——抵抗恐怖份子的攻擊，保衛關鍵基礎設施節點。一個特殊的員警部隊，爲營救人質而經過高強度嚴苛的訓練，這個部隊目前有200多名成員，幾乎每週都在巴格達和摩蘇爾採取行動。在過去的幾個月中，數百名伊拉克士兵經過了密集的作戰訓練，目前正在戰場上與敵人對抗，他們追捕、擊斃、逮捕被通緝的恐怖份子頭目。第七，伊拉克正在建立一個軍官團，未來這個軍官團不會效忠除伊拉克政府外的任何組織或個人。伊拉克軍隊現在有了三個指揮官學院，來培養年輕的軍官。9月，北約在巴格達成立了一個新的軍校，每年都會訓練1,000多名伊拉克高級軍官。儘管現在大多數伊拉克員警和軍隊，是透過教員來招募新人的。但只要能培訓出指導教官，美國便可爲伊拉克軍隊日後的發展建立一套制度，從而能夠讓他在盟軍撤離之後，依然不斷壯大。」。[16]

四、安全領域持續不斷的挑戰

儘管取得上述具體進展，本戰略亦說明：「美國和伊拉克夥伴還是繼續面對許多在安全方面的挑戰，包括：打擊敵人的殘暴行徑，反抗他們的威脅，因爲他們的行動爲法理所不容；建立典型的伊拉克治安部隊和安全防衛體系，同時要防備那些最初效忠於某個人或某個伊拉克政府之外的其他組織的份子，滲透到治安部隊或安全體系當中來；壓制伊朗、敘利亞等國的行動，因爲這些國家爲恐怖份子或是伊拉克民主的敵人提供支援；由於恐怖份子團體、其他敵對勢力和敵人的關係網都是不斷變化的，所以美國不但要隨時掌握這種變化，還要洞悉他們之間的關係；找出游離於正規安全部門和中央政府管轄之外的民兵組織或民間武裝組織；確保安全部及戰鬥部隊有足夠能力來維持伊拉克的新軍；整合政治、經濟、安全手段，在伊拉克政府的協作下三者同步進行，藉此確保能夠在衝突後運作中達到最好效果。」。[17]

---

[16] *Ibid.*, pp.20-21.
[17] *Ibid.*, pp.21-22.

第三節　戰略的經濟路徑

經濟路徑包括建立一個健全且能持續發展之經濟基礎。爲實現此一目標，必須協助伊拉克政府。「恢復」（restore）即恢復伊拉克基礎建設來適應經濟增長需要。「改革」（reform）即改革過去長期遭戰火、獨裁統治和國際制裁扭曲的伊拉克經濟，使其具有自給自足的能力。「建立」（build）即建立一個具備維護基礎建設能力的政府機構，使伊拉克重新融入國際經濟體系，並全面改善所有伊拉克人民的福利。[18]

一、戰略的核心假設

美國戰略的經濟路徑是建立在六個核心假設的基礎上。首先，伊拉克有足夠的潛力，不但可維持經濟，還能獨立自強創造繁榮。其次，一個自由繁榮的伊拉克，符合包括伊拉克的鄰國和整個中東地區在內，每一方的經濟利益。一個繁榮的伊拉克能夠刺激經濟活動，並推動世界最重要地區之一的改革步伐。第三，伊拉克不斷增加的機會和經濟增長，將會使更多伊拉克人與國家的和平穩定息息相關，從而將那些試圖吸納失業人口與憤怒情緒者的激進份子和抵抗份子排除在社會之外。第四，由於過去一個世代的忽視、腐敗獨裁統治、遏制企業和創新的中央集權計畫的影響，因此伊拉克經濟出現變化的方式將會是穩定而漸進。第五，伊拉克可爲世界經濟體系做出貢獻，並成爲值得依靠的夥伴，從而展現有效政府的管理和透明政治系統的成效。第六，伊拉克從指令型經濟和貧乏的基礎設施轉型成自主發展型經濟的過程中，需要來自區域和國際社會的財政支援。[19]

二、經濟路徑背後的戰略邏輯

就經濟路線背後的戰略邏輯而言，本戰略說明：「美國集中精力幫助伊拉克重建薄弱的基礎設施上，使其得以爲人民提供服務，同時鼓勵經濟改革，鼓勵更加透明的制度建設和經濟領域的責任感。國際社會在此方面的努力已起

---

[18] *Ibid.*, p.2.
[19] *Ibid.*, p.22.

了一些作用，還有更多改進的空間。隨著時間的推進，國外直接投資將大幅拉動伊拉克經濟增長。這些作爲如何才能幫助伊拉克人，在盟軍的支持下打敗敵人，實現美國更大的目標？計有四項措施以完成上述目標，首先，重建伊拉克基礎設施以及提供必須的服務，將會增加伊拉克民眾對政府的信心，並使他們相信，政府會帶他們走向光明的未來。人民會更緊密的和政府合作，提供敵人的情報，讓恐怖份子和抵抗組織的生存環境變得更加惡劣。其次，當他們注重在城鎮進行戰後重建工作的時候，重建領域所做的努力就與安全領域之間建立了重要的聯繫。反恐軍事行動對社會造成了傷害，而補償這種傷害，並重建一些從前處於恐怖份子控制地區的經濟活力，可幫助彌補裂痕，並贏得那些抱有疑慮民眾的支持。第三，經濟增長和改革海珊時代的法律（法規）對確保伊拉克能夠支持和維護新的安全制度來說是至關重要的，特別是當伊拉克致力發展、吸引投資、以成爲國際經濟社會重要成員。第四，經濟成長和市場改革——以及伊拉克私人部門的增長——能夠爲年輕的伊拉克人提供更多的工作機會，因爲失業率就會給與恐怖份子、叛亂份子更多招募新人的機會。」。[20]

此外，美國認爲：「爲有效消滅恐怖主義所賴以維生的溫床，須致力伊拉克經濟的振興。國際發展署（USAID）須致力提升伊國的穩定，同時在國家及地方各階層建立永續發展的能力。認知叛亂團體以被剝奪公民權的社群爲蠶食對象，美國提出本戰略將可協助伊拉克政府應對人民的需求，並爲將來更堅實的民主制度與強大的經濟奠定基礎。」。[21]

三、經濟路徑的進展

在經濟路徑的進展方面，本戰略認爲：「重建、改革和建設的戰略已取得以下成果，首先，石油生產能力從2003年的平均每日158萬桶增加到2004年的每日225萬桶。伊拉克目前每日平均生產210萬桶石油，產量小幅下降的主要原因是恐怖份子對基礎設施的襲擊，薄弱的基礎設施以及維護與修復能力不佳。美國正協助伊拉克人應對這些挑戰，使伊國得以擁有穩健的收入。其

[20] *Ibid.*, pp.22-23.

[21] USAID/IRAQ, USAID/IRAQ TRANSITION STRATEGY PLAN (2006-2008), internet available from http://www.usaid.gov/iraq/pdf/USAID_Strategy.pdf, accessed April 27, 2010.

次，伊拉克的標準國內生產毛額從2003年最低的136億美元恢復到2004年的255億美元，而主要就是在石油部門的推動之下。按照國際貨幣基金組織的預測，2005年伊拉克國內生產毛額有望實際增長3.7%左右，到2006年可望增長17%。第三，由於2004年發行新貨幣，伊拉克貨幣匯率也逐漸穩定下來，目前仍維持在大約1,457第納爾兌1美元的水準。穩定的貨幣就能夠讓中央銀行更好應對通貨膨脹的壓力。第四，按照國際貨幣基金組織的估算，國內生產總值（GDP）——作爲衡量一國貧困程度的重要指標——在2004年反彈到了942美元（2003年曾經一度跌至518美元）；到2005年有希望達到人均1,000美元。第五，從2003年4月起，伊拉克有30,000多家新註冊的公司，而其證券市場（2004年4月建立）目前已有90個公司位列其中，每日的成交額超過1億美元（從2005年1月到5月），而2004年的日成交額只有8,600萬美元。第六，伊拉克重新加入國際金融社會：目前正計畫加入世界貿易組織，並向國際貨幣基金會遞交了第一份25年來的經濟健康報告卡，且透過協議擔保，能減少海珊時期對巴黎俱樂部（二十國委員會）80%債務。第七，2003年10月在馬德里國際捐款人大會上，美國以外的捐款人貢獻了130億美元來扶持伊拉克重建，其中包括外國政府提供80億美元，世界銀行和貨幣基金組織共同貸款55億美元，並從2004年到2007年分期支付。第八，伊拉克的商業領袖對經濟成長和他們的業務增長持絕對樂觀的態度，按照Zogby International對國際私人企業中心9月的一次投票，77%的伊拉克商人預期未來兩年經濟會增長；69%的受訪者對伊拉克經濟的未來「保持樂觀」。第九，目前在伊拉克有300萬行動電話用戶，而2003年幾乎完全沒有。」。[22]

四、經濟領域持續不斷的挑戰

儘管有上述進展，本戰略認爲：「伊拉克的經濟領域仍然面臨挑戰，包括：必須進一步推動對伊拉克石油部門的投資，使產量從目前的每天210萬桶增加到每天500萬桶以上；海珊執政的數十年來，長期忽視了伊拉克的基礎建設，這個不利的條件必須克服；防止、修復和克服恐怖份子、叛亂份子對脆弱

[22] National Security Council, *National Security for Victory in Iraq 2005*, pp.23-24.

的基礎設施的攻擊，尤其是電力和石油網路；滿足不斷增加的電力需求；建立一套銀行體系，及厚實銀根，以滿足國內和國際社會的需要，並能夠及時察覺洗錢、恐怖金融活動或其他金融犯罪的行爲；平衡經濟改革的需要和政治現實之間的關係——尤其是不斷膨脹的能源和食品補助問題；建立伊拉克政府部門行政管理和技術能力；確保更多的重建援助資金能夠流入伊拉克國內（政府部門和商業機構）；在幾十年高度中央集權政府統治結束之後，需要積極鼓勵本地和區域能力建設，唯有如此，各方面重建和必要的服務才能在整個伊拉克得到更平衡的分配；透過改革商業法律，減少其他官僚體制的阻礙，來推動市場經濟的改革進程，從而吸引投資，擴大私有企業影響；鼓勵眾多地區和國際團體，儘快兌現他們的承諾，並對伊拉克重建作出更大的貢獻。」。[23]

第四節　小　結

除了「伊拉克戰爭勝利國家戰略」所闡述的政治、安全與經濟三個路徑外，美國與伊拉克於2008年11月17日簽署兩國「友誼及合作關係的戰略架構協議」（Strategic Framework Agreement for a Relationship of Friendship and Cooperation），雙方約定在相互尊重、自衛能力、美軍在伊短期部署須獲伊拉克政府要求，以及美軍不得使用伊拉克做爲攻擊它國的基地等合作原則。在這些合作原則之下，美伊兩國同意深化以下領域的合作：政治與外交、防衛與安全、文化、經濟與能源、健康與環境、資訊技術與通訊、執法與法律及聯合委員會。首先，在政治與外交的合作上，雙方瞭解彼此對政治及外交的努力與合作，將會增進與強化伊拉克及本區的安全與穩定。在這一點上，美國將盡最大努力與伊拉克民選政府合作，以支持與強化伊拉克的民主、提升伊拉克在區域及國際組織的地位，並協助伊拉克政府建立與周邊國家正面的關係。其次，在防衛與安全方面，爲了強化伊拉克的安全與穩定、促成國際的和平與安定、提升伊拉克嚇阻對其主權、安全與領土完整威脅的能力。雙方將持續促進關於防衛與安全協議更緊密的合作，而無損伊拉克的主權。此種安全與防衛合作的協

[23] *Ibid.*, pp.24-25.

議，將依照兩國對美軍撤離及美軍短期部署伊拉克的協議來進行。第三，在經濟與能源的合作上，建立一個繁榮、多元與經濟成長的伊拉克，足以符合伊拉克人民的需求，同時歡迎目前仍居住於國外的伊拉克人返國，對伊拉克豐富天然與人力資源的開發，並使伊拉克與國際經濟及制度接軌，這將是重建上史無前例的投資。所以兩國同意在此一合作架構下，持續有關投資、對話、雙邊貿易、伊拉克與國際金融的接軌、重建、改革、直接投資、民生設施的發展（電力、石油與瓦斯等）、防止文化藝術品的走私、鼓勵投資、鼓舞發展陸、海、空交通基礎設施、發展農業、透過外援增加產量、增進外銷等多個面向的合作。

此一協議已於2009年1月1日正式生效，尤其，自美國新政府於2009年1月20日就任後，美伊兩國的關係進入一個新的階段。歐巴馬總統發起一個進取的外交努力，以期達成對伊拉克及區域穩定的全面性協議，就如伊拉克兩黨研究小組報告（bi-partisan Iraq Study Group Report）所建議的一樣，此一努力包括伊拉克的近鄰伊朗及敘利亞。此一協議旨在確保伊拉克邊境安全，防止鄰近國干預伊拉克內部事務，孤立伊拉克境內蓋達組織，支持伊拉克宗派團體的調停，以及提供伊拉克重建與發展的財政支援。此外，美國與伊拉克也訂有「部隊狀態協議」（Status of Forces Agreement, SOFA），以提供對美軍在法律及豁免的保護。

美軍於2003年發動「伊拉克戰爭」，初期總共投入250,000人，之後隨著伊拉克情勢受到控制，兵力逐漸撤出，2003年7月共有美軍148,750人、2004年7月降至137,500人、2005年7月達於138,000人，2006年7月微降至127,000人、2007年7月因兵力投入增至164,000人、2008年7月因兵力開始撤離再降至132,000人。根據美伊雙方談判協議，美國的戰鬥部隊須於2010年10月完全撤離伊拉克。依雙方協議進行的撤軍，在伊拉克獲得正面評價，且依兩國所簽署之「友誼及合作關係的戰略架構協議」，只要伊拉克需要美軍仍可隨時支援與進駐，此協議對確保伊拉克的安全及安定提供保證。美伊兩國的協議清楚說明，如何確保伊拉克國內及區域的和平與穩定，故即使美軍如期於2010年完全撤離，伊朗懼於美伊兩國在防衛與安全的協議，不致莽撞挑戰美國對伊拉克的承諾。

美國認為即使伊拉克在美國協助下，在政治進展上已有許多具體的成就，但在民主的道路上仍然面對許多挑戰，這些挑戰包括：確保參與政治改革的人不會受到暴力的威嚇，建立國家的制度以公平保護人民的利益，培養在文化上的和解、尊重人權及透明的社會，建立政治活動是基於議題而不是認同的共識，鼓勵在種族、宗教與部落的合作，說服地方對新伊拉克在政治與財政上的支持，以及建立政府能力以促進有效能的政府及降低貪腐。透過援助及協助伊拉克建立安全部隊，美國希望促進伊拉克能建立起公民社會、法治、尊重人權及宗教自由，以促進伊拉克的民主及良好的治理。

質言之，美國將伊拉克的成敗視爲其國家安全的一環，故傾力協助伊拉克建立可恃的防衛力量，並且在經濟的發展予以支援，以求在此基礎上，能幫助伊拉克做好民主轉型與鞏固。而這些作爲實難以國際關係理論單一的理論加以解讀，故美國在伊拉克的安全作爲上是以新現實主義的體現，而在協助伊拉克經濟的重建上又有新自由主義的影子，至於政治改革上則是寄望伊拉克成爲民主國家，不會再對美國產生威脅，故伊拉克戰爭勝利的國家戰略融合以上三個理論的思維。

第八章　打擊大規模毀滅性武器國家戰略

The greatest danger our nation faces lies at the crossroads of radicalism and technology. Our enemies have openly declared that they are seeking weapons of mass destruction, and evidence indicates that they are doing so with determination. The United States will not allow these efforts to succeed......History will judge harshly those who saw this coming danger but failed to act. In the new world we have entered, the only path to peace and security if the path of action.

George W. Bush

我們國家面對最危險的是徘徊在十字路口的激進主義與科技，敵人已公開宣示他們正尋求大規模毀滅性武器，同時證據顯示他們正堅定不移的做一件事，美國不允許這些行動的達成。歷史將會對那些看到迫切危機但未採取對策者嚴厲的評價。在今日的世界，採取行動將是確保和平與安全唯一的道路。

（小布希・2002年打擊大規模毀滅性武器國家戰略）

冷戰結束後，前蘇聯國家有關大規模毀滅性武器的擴散，一直是美國「國家安全戰略」關注的焦點。例如，1995年「接觸與擴大的國家安全戰略」認爲美國除傾注較大努力，以制止大規模毀滅性武器與傳送方式的擴散，同時，也必須改進嚇阻與預防使用此種武器，並保護美國在這些武器的影響力。[1]爲強化不擴散與反擴散成效，1999年「新世紀國家安全戰略」，提及透過如「納恩盧格合作降低威脅計畫」（Nunn-Lugar Cooperative Threat Reduction Program）、「核不擴散條約」（Nuclear Non-Proliferation Treaty, NPT）、「全面禁止核試爆條約」（Comprehensive Nuclear Test Ban Treaty, CTBT）、「核子供應團體」（Nuclear Suppliers Group, NSG）與「詹格委員會」（Zangger Committee）[2]、「國際原子能總署」（International Atomic Energy Agency, IAEA）、「飛彈技術管制機制」（Missile Technology Control Regime, MTCR）、「化學武器公約」（Chemical Weapons Convention, CWC）、「生物武器公約」（Biological Weapons Convention, BWC）、「裂解物質斷絕條約」（Fissile Material Cutoff Treaty）、「核物質實體保護公約」（Convention on the Physical Protection of Nuclear Material, CPPNM）、「澳大利亞團體」（Australia Group）[3]、「擴大降低威脅機制」（Expanded Threat Reduction Initiative, ETRI）、「華瑟納傳統武器與兩用技術外銷管制協議」（Wassenaar Agreement on Export Control for Conventional Arms and Dual-Use Goods and Technologies）、「八大工業國不擴散專家小組」（G-8 Nonproliferation Expert Group, NPEG）[4]，以降低擴散的威脅與防護。[5]

2002年「打擊大規模毀滅性武器國家戰略」在開端便引用小布希總統2002年「國家安全戰略」所敘述的一段話做爲其指導：「我們國家面對最危險的是徘徊在十字路口的激進主義與科技，敵人已公開宣示他們正尋求大規模毀滅性武器，同時證據顯示他們正堅定不移的做這一件事，美國不會允許這些行動的達成。歷史將會對那些看到迫切危機但未採取對策者嚴厲的批評。在今日的世

[1] The White House, *A National Security Strategy of Engagement and Enlargement 1995*, p.9.
[2] 此委員會主要確保運用在核武外銷的防護。
[3] 此組織主要針對生化武器的管制。
[4] The White House, *A National Security Strategy for A Global Age*, p.26.
[5] The White House, *A National Security Strategy for a New Century*, pp.8-10.

界，採取行動將是確保和平與安全的唯一道路。」[6]此外，該戰略在前言對本議題也有清楚的陳述：「敵對國家及恐怖份子所擁有的大規模毀滅性武器——即核、生、化武器是美國所面對最大安全挑戰之一。我們須追求全面的戰略，以全方位反制此一威脅。反制大規模毀滅性武器的有效戰略，包括對此一武器的使用及進一步的擴散，爲美國「國家安全戰略」一個不可或缺的部分。就如反恐戰爭，我們『國土安全戰略』，以及我們嚇阻的新概念，代表從過去一個根本的轉變。爲了成功，我們必須全面利用今日的機會，包括新技術的運用，持續強調情報蒐集與分析，強化盟邦的關係，以及與前宿敵建立新的夥伴關係。」。[7]

該戰略進一步論述：「大規模毀滅性武器可使敵人給予美國或海內外部隊及我們盟邦與友好國家巨大的傷害。有些國家，包括某些已及持續支持恐怖主義的國家，已擁有大規模毀滅性武器，並正尋求更大的能力，做爲強迫及恫嚇的手段。對他們而言，這些不是最後的手段，而是有效武器的軍事選擇，意圖克服我們國家在傳統武器的優勢，並嚇阻我們對侵略友好國家及盟邦在區域重要利益的回應。此外，恐怖組織正尋求獲得大規模毀滅性武器，以其所述目的無預警殺害我國、友好國家及盟邦的人民。我們將不會允許全世界最危險政權與恐怖份子，以最具破壞力的武器威脅我們，我們須達成將保護美國、部隊、友好國家與盟邦免於遭受現存及成長中之大規模毀滅性武器威脅，列爲最高優先。」[8]而具體措施則須透過國內與國際機制來達成，國內機制包括「民間支援小組」（Civil Support Team）、「國家反恐中心」（National Counterterrorism Center, NCPC）、「國內核子偵測中心」（Domestic Nuclear Detection Center, DNDO）與「盾牌計畫」（Project Shield）；國際機制則包括「打擊核子恐怖主義的全球機制」（Global Initiative to Combat Nuclear Terrorism）、修正「核物質實體保護公約」（Convention on the Physical Protection of Nuclear Material）、「美俄Bratislava核子安全合作機制」（Bratislava Nuclear Security Cooperation Initiative）、「國際原子能總

[6] The White House, *National Security to Combat Weapons of Mass Destruction*, p.1.
[7] *Ibid.*, p.1.
[8] *Ibid.*, p.1.

署防護及核對委員會」（IAEA Committee on Safeguards and Verification）、「擴散安全機制」（Proliferation Security Initiative）、「合作降低威脅計畫」（Cooperative Threat Reduction Program, CTRP）[9]等措施，提高國內執法機構與國際社會拒止恐怖份子獲得大規模毀滅性武器的能力。本章就國家戰略的基石、反擴散暨不擴散、大規模毀滅性武器後果處理與整合三個基石等四個面向分述如後。

第一節　國家戰略的基石

「打擊大規模毀滅性武器國家戰略」闡述其具有三個主要基石：即反擴散以打擊大規模毀滅性武器的使用、強化阻絕以打擊大規模毀滅性武器的擴散、後果處理以回應大規模毀滅性武器的使用。

一、反擴散以打擊大規模毀滅性武器的使用

該戰略對以反擴散打擊大規模毀滅性武器的使用方面指出：「有敵意國家及恐怖份子擁有及使用大規模毀滅性武器，就現代安全環境而言是相當可能的。因此，美國軍方與相關民間機構必須準備嚇阻與全面防衛敵人使用大規模毀滅性武器的各種可能狀況，我們會確保打擊大規模毀滅性武器所需的能力，是完全與新興國防轉型計畫及國土安全態勢整合。反擴散也將完全與所有部隊基本準則、訓練與裝備整合，俾利確保他們可持續作戰，以擊潰擁有大規模毀滅性武器的敵人。」[10]此外，美國亦認為要防止流氓國家及恐怖阻織使用大規模毀滅性武器，端賴以下六項目標。首先，確定恐怖份子的企圖、能力與發展或獲得大規模毀滅性武器的計畫。第二，拒止恐怖份子接近物質、專門技術與其他足以發展大規模毀滅性武器的計畫。第三，嚇阻恐怖份子運用大規模毀滅性武器。第四，偵測及瓦解恐怖份子運輸大規模毀滅性武器的相關物質、武器與人員的企圖。第五，預防及回應大規模毀滅性武器的相關物質、武器與人員

[9] The White House, *9/11 Five Years Later: Successes and Challenges*, pp.11-12.
[10] The White House, *National Security to Combat Weapons of Mass Destruction*, p.2.

的企圖。第六，界定恐怖份子運用大規模毀滅性武器裝置的本質與來源。[11]落實以上六項目標，方能防止國家或非國家行爲體獲得大規模毀滅性武器與運用。

二、強化阻絕以打擊大規模毀滅性武器的擴散

該戰略在強化阻絕作爲方面舉出：「美國、友好國家與盟邦及廣大的國際社會，須著手致力防止國家或恐怖份子獲得大規模毀滅性武器與飛彈。我們須提升傳統措施——外交、武器管制、多邊協議、協助降低威脅及外銷管制——尋求勸阻或阻止擴散國家及恐怖份子網路，並延遲及迫使他們接觸機敏技術、物質與專門技術的成本變得更高。我們須確保各國遵守國際協議，包括『核不擴散條約』（NPT）、『化武公約』（CWC）與『生物武器公約』（BWC）。美國將會持續與其他國家合作，以防止未經授權之大規模毀滅性武器，飛彈技術、專門技術與物質的轉移。我們將會辨識與追求新的預防方法，諸如『擴散活動的犯罪化』（national criminalization of proliferation activities），以及擴大防護與安全的措施。」[12]此外，拒止潛在敵人在國際間的活動，可顯著阻礙他們的機動力及效率，美國須透過強化邊境、港口、公路、鐵路與領空，來保護美國人民。並強化重要基礎設施與主要資源，如能源部分、食物與農業、水源、通訊、大眾衛生、運輸、國防產業基地、政府設施、郵務、海運、化學產業、緊急服務、紀念館與畫像館、資訊技術、水壩、商業設施、銀行與金融、核反應爐，以及安全措施等級不高的軟性目標如學校、餐廳、信仰地點、大眾運輸節點等。[13]

三、後果處理以回應大規模毀滅性武器的使用

在有關後果處理方面，該戰略闡述：「美國須準備回應對人民、部隊、友好國家與盟邦使用大規模毀滅性武器。我們會發展及維持能力，以降低海內外大規模毀滅性武器攻擊潛在可怕後果。此美國『打擊大規模毀滅性武器國家戰

[11] The White House, *National Strategy for Combating Terrorism 2006*, pp.14-15.
[12] The White House, *National Security to Combat Weapons of Mass Destruction*, p.2.
[13] The White House, *National Strategy for Combating Terrorism 2006*, p.13.

略』的三個基石是緊密連結的，整合此三個基石，須優先追求四個功能：對大規模毀滅性武器、輸送系統與相關技術的情蒐及研析；研究發展以增進我們回應威脅的能力；雙邊與多邊合作；反制敵國及恐怖份子的戰略。」。[14]

冷戰後，美國對大規模毀滅性武器可能造成的傷害，在其「國家安全戰略」均反覆強調。然而，有關大規模毀滅性武器後果處理首次在柯林頓政府1998年「新世紀的國家安全戰略」提及：「總統決策指令62號於1998年5月簽署，以建立對恐怖份子涉入大規模毀滅性武器行動的全面政策與責任歸屬。聯邦政府將會快速與果決回應任何發生在美國的恐怖事件，與州及地方政府合作以恢復秩序與實施緊急救助，司法部與聯邦調查局代爲執行，負責大規模毀滅性武器事件的善後處理工作，聯邦危機管理局協助聯邦調查局規劃與處理大規模毀滅性武器事件。」。[15]

由於受到911恐怖攻擊事件的影響，爲了更有效率回應緊急事件的處理與復原，必須聯邦、州、地方政府、部落、私人部門與非營利部門力量與資源的整合。在此努力的核心部分即是依照2003年2月28日總統決策指令第五號「國家回應架構」（National Response Framework）與「事件管理系統」（Incident Management System），建立在最佳執行與從實際狀況的經驗所得，不斷檢視與修正「國家回應架構」與從事件復原的能力。[16]

第二節　反擴散暨不擴散

一、反擴散

在反擴散的議題上，該戰略認爲：「從過去的經驗中我們知道不可能完全阻止，以及限制敵國與恐怖份子擁有大規模毀滅性武器。因此，美國軍方與相關民間機構須具有全面作戰能力，以反制敵國或恐怖份子威脅及使用大規模

[14] The White House, *National Security to Combat Weapons of Mass Destruction*, p.2.
[15] The White House, *National Security Strategy for A New Century*, p.13.
[16] Homeland Security Council, *National Strategy for Homeland Security 2007*, p.31.

毀滅性武器對付美國、部隊、友好國家與盟邦。」[17]其具體措施包括封鎖、嚇阻、防衛及降低威脅。

（一）封鎖

該戰略認爲：「有效封鎖是美國打擊大規模毀滅性武器及其輸送的重要方法，我們須提升軍方、情報界、科技界與警方的能力。以防止大規模毀滅性武器物質、技術及專門技術向敵國及恐怖組織輸出。」[18]此外，2003年「打擊恐怖主義國家戰略」亦說明：「當美國期待其他國家實現義務時，美國也將準備好封鎖恐怖份子在地面、空中、海上及網路方面的移動與運輸，並藉由軍事力量的部署阻止恐怖份子獲得新血、資金、裝備、武器及情報。不論是禁止恐怖份子取得物質或大規模毀滅性武器的阻斷，美國將會透過謹慎的協調，來確保情報的優先順序、資源的適當配置，以及如有需要時，快速且果決行動，美國將不允許世界上最危險的政權與恐怖份子，使用最具毀滅性的武器來威脅我們。」。[19]

（二）嚇阻

該戰略說明：「今日的威脅是更多元且較以往更難預測，對美國、友好國家及盟邦有敵意的國家，已顯示他們願意冒高風險來達成目標，並積極尋求大規模毀滅性武器及輸送方法，以達成目的。其結果就是美國需要新的嚇阻方法，一個強烈的宣示政策及有效能的部隊，加上以政治手段說服潛在敵人不要尋求使用大規模毀滅性武器，是嚇阻態勢的重要要素。美國將會持續清楚表達保留以壓倒性兵力，且透過所有的手段，以報復使用大規模毀滅性武器對付美國、海外部隊及盟邦的敵人。此外，對我們傳統及核子回應及防衛能力，所有反制大規模毀滅性武器威脅嚇阻態勢，都是藉由有效情報、偵察、封鎖及國內執法能力來增強。此一結合降低敵人大規模毀滅性武器及飛彈的能力，並強化我們對此武器的反制能力。」[20]當前仍有些不負責任的政府，爲了實現他們的

[17] The White House, *National Security to Combat Weapons of Mass Destruction*, p.2.
[18] *Ibid.*, pp.2-3.
[19] The White House, *National Strategy for Combating Terrorism 2003*, p.21.
[20] The White House, *National Security to Combat Weapons of Mass Destruction*, p.3.

計畫可能提供恐怖份子取得大規模毀滅性武器的管道。對美國而言，這樣的行爲是絕對不能被接受，美國已準備好採取決定性的行動，以阻止恐怖份子獲得大規模毀滅性武器及其相關的物質與零件。[21]

（三）防衛及降低威脅

在防衛及降低威脅方面，該戰略指出：「由於嚇阻並不一定成功，並因爲潛在大規模毀滅性武器對我們部隊與人民的災難性後果。美國軍方與相關民間機構須具有防範大規模毀滅性武器的能力，包括在適當時機採取先制的措施；例如在敵人使用武器前，偵測與摧毀其大規模毀滅性武器的能力。此外，當大規模毀滅性武器使用時，需有強大之主被動防衛及緩衝措施，以促成軍方與相關民間機構得以完成他們的任務。主動防禦指在大規模毀滅性武器攻擊目標時便能瓦解、或摧毀其能力。主動防禦包括強有力的空防及有效的飛彈防禦反制今日的威脅。被動防禦須適合於各種不同形式大規模毀滅性武器的獨特特徵，美國也須有快速及有效降低大規模毀滅性武器攻擊我們部署部隊的能力。我們防衛生物攻擊威脅的方法，長久以來植基於防範化學武器威脅的方法，儘管兩者武器有其基本上的差異，美國正在發展一個新的方法，以提供我們及友好國家與盟邦一個有效防衛生物武器的方法。」。[22]

該戰略進一步指出：「最後，當適宜時，美國部隊與國內執法單位，必須隨時準備回應反制任何來襲的大規模毀滅性武器。回應的主要目標是瓦解一個立即的攻擊或正在進行的攻擊，並消滅未來的攻擊。就如嚇阻與預防一樣，一個有效的回應需要快速認定何人所爲，以及堅實的打擊能力。我們必須加倍努力，以部署新的能力，俾能擊潰大規模毀滅性武器相關的設施。美國需要準備實施衝突後行動，以摧毀敵國或恐怖份子殘留的大規模毀滅性能力。美國有效的反應不僅將消滅大規模毀滅性武器攻擊的來源，並對擁有或尋求大規模毀滅性武器或飛彈之敵人，也有強大的嚇阻效果。」[23]事實上，今日美國安全主要的威脅不再是具超強能力的敵人，美國所面對的立即威脅是恐怖組織，特別是尋求使用核生化武器反制美國國家安全的相關組織。防止這些致命性武器及輸

---

[21] The White House, *National Strategy for Combating Terrorism 2003*, p.21.
[22] The White House, *National Security to Combat Weapons of Mass Destruction*, p.3.
[23] *Ibid.*, p.3.

送系統的擴散，以及降低現有大規模毀滅性武器的數量，是美國（國務院）的最先優先事項。[24]

二、不擴散

（一）積極不擴散外交作為

在不擴散外交作爲方面，該戰略闡述：「美國將會積極運用雙邊與多邊外交方法，追求不擴散的目標，我們須勸阻供應國不要與擴散國家合作，並協力擴散國家終止大規模毀滅性武器及飛彈計畫。我們將約束國家爲其承諾負責任。此外，美國將持續建立聯合關係，以支持美軍在這一方面的努力，並尋求增強他們對非擴散及威脅降低合作計畫的支持。然而，一旦廣泛的不擴散努力失敗，美軍須有全面可用的作戰能力，以防衛大規模毀滅性武器可能的運用。[25]

（二）多邊機制

現行多邊合作採不擴散與武器管制的國家在美國的戰略中扮演一個重要的角色，美國將會支持這些國家，並致力增進效能，以及遵守這些機制。與其他政策的優先事項一致，也將促進做爲美國不擴散目標新的協議與約定（agreements and arrangements）。大體上，美國尋求培養一個更有利不擴散的國際環境，這些努力包括：

1. 核子

加強「核不擴散條約」（NPT）及「國際原子能總署」（IAEA）功能，包括透過所有參與國批准「國際原子能總署」附加的議定書，保證所有國家將「國際原子能總署」全面保護措施置於適當位置，並適度增加該署的預算。建構可增進美國安全利益的「裂解物質斷絕條約」（Fissile Material Cut-Off Treaty）。強化「核供應團體」及「詹格委員會」。

---

[24] U.S. Department of State, Diplomacy in Action, internet available from http://www.state.gov/t/isn/wmd/, accessed March 30, 2010.

[25] The White House, *National Security to Combat Weapons of Mass Destruction*, p.3.

2. 化學與生物

禁止化學武器組織的有效運作。提升建設性與實際性的措施，並強化「生物武器公約」（BWC），以對抗生物武器的威脅。強化「澳大利亞團體」（Australia Group）。

3. 飛彈

強化「飛彈技術管制機制」（Missile Technology Control Regime, MTCR），並支持國際反彈道飛彈擴散公約。[26]

（三）不擴散及降低威脅合作

美國追求一個廣泛的計畫，包括「納恩．盧格合作降低威脅計畫」（Nunn-Lugar Cooperative Threat Reduction Program），打算做爲應對根源於前蘇聯所遺留大規模毀滅性武器及飛彈相關技術與物質的擴散威脅。維持對俄羅斯及其他前蘇聯國家一個廣泛及有效的不擴散及降低威脅合作計畫，是一個高度優先事項。美國也將持續鼓舞友好國家與盟邦增加他們對這些計畫的貢獻，特別是，透過八大工業國全球夥伴關係反制大規模毀滅性武器與物質的擴散（G-8 Global Partnership Against the Spread of Weapons and Materials of Mass Destruction）。此外，美國將會與其他國家合作，以促進大規模毀滅性武器相關物質的安全。[27]

（四）核物質的管制

除了降低前蘇聯裂解物質及增進所遺留物質安全之計畫外，美國將會持續勸阻全世界鈽的囤積，並降低使用高濃縮鈾。如「國家能源政策」（National Energy Policy）所勾勒，美國將會與國際夥伴合作，以發展回收及油料處理技術，使之更乾淨、更有效能、較不浪費與更能制約擴散。[28]

---

[26] *Ibid.*, p.4.
[27] *Ibid.*, p.4.
[28] *Ibid.*, pp.4-5.

（五）美國外銷管制

美國須確保進一步執行不擴散的外銷管制，以及國家安全的目標，同時認知美國商業面對市場越來越全球化的事實。美國將運用現行管理機構更新及強化外銷管制，並尋求新的立法，以改善外銷管制系統的能力，俾在不擴散目標與商業利益兩者間求取平衡。美國全面的目標，聚焦在防止敏感資源外銷至有敵意國家及意圖進行擴散者，同時去除全球市場不必要的障礙。[29]

（六）不擴散的禁運

禁運可能是美國反制大規模毀滅性武器全面戰略一個非常有價值的部分，然而有時候，該方法證明沒有彈性及無效率。美國將會發展一個全面禁運政策，使之能較佳結合美國的全面戰略，並與國會合作鞏固及修正現行禁運相關法律。[30]

以上反擴散與不擴散工作執行成功與否，除了強化美國本身在此面向的努力外，尙需國際間的合作。例如，爲遂行拒止對大規模毀滅性武器及其物質的運輸，16個創始會員國於2005年5月31日宣示設立的「擴散安全機制」，便是國際致力反擴散努力的具體作爲。[31]上述國家同時也聲明拒止大規模毀滅性武器的四項原則。第一，採取有效措施以阻止意圖發展或獲得核生化武器及輸送系統，交易大規模毀滅性武器、輸送系統與相關物質。第二，採取對可疑擴散活動訊息快速交換的適當程序，保護其他國家所提供的機密資料，提供適當資源以遂行拒止作業，擴大參與國在拒止努力的協調。第三，檢視與強化相關國家執法機構以完成上述目標，並強化相關的國際法及架構，以支持上述的承諾。第四，支持拒止可能運送大規模毀滅性武器的貨櫃、輸送系統或相關物質。[32]

[29] *Ibid.*, p.5.
[30] *Ibid.*, p.5.
[31] Sharon Squassoni, CRS Report, Proliferation Security Initiative, CRS-1 and CRS-2.
[32] *Ibid.*, appendix A: Statement of Interdiction Principles.

第三節　大規模毀滅性武器後果處理

防衛美國本土是政府最基本的責任，作爲美國國防的一部分，必須準備回應大規模毀滅性武器在美國本土使用的後果，不論是否由敵意國家或恐怖份子所爲。美國必須準備回應大規模毀滅性武器使用對付海外部署部隊的後果，以及協助友好國家及盟邦。「國土安全國家戰略」討論美國政府對核生化輻射武器在美國使用後果處理計畫。許多這類的計畫提供訓練與對各州及地方政府的協助。爲了充分發揮其效能，必須全面整合這些力量。美國第一線的應變者必須有全面的保護、醫療及治療的方法，以辨識、評估及快速回應在領土內之大規模毀滅性武器事件。[33]

「白宮國土安全辦公室」（The White House Office of Homeland Security）亦會協調所有聯邦單位的資源，以準備及降低美國國內恐怖攻擊後果。包括使用大規模毀滅性武器。此辦公室將會與州及地方政府密切合作，以確保他們的計畫、訓練及裝備需求是足夠的。這些問題，包括「國土安全部」的角色在「國土安全國家戰略」中均有鉅細靡遺的陳述。而「國安會打擊恐怖主義辦公室」（The National Security Council's Office of Combating Terrorism）則負有協調與協助增進美國在此方面的努力，俾回應與處理從恐怖攻擊中復原。國務院協調各部門，並與「打擊恐怖主義辦公室」、友好國家及盟邦合作，俾發展應變及後果處理的能力。

第四節　整合三個基石

「打擊大規模毀滅性武器國家戰略」的三個基石——反擴散、不擴散與後果處理亟須強化以下數項功能，這些功能包含：改進情報蒐集與分析能力、研究與發展、強化國際合作、以反擴散者爲目標之戰略。[34]

---

[33] The White House, *National Security to Combat Weapons of Mass Destruction*, p.5.
[34] *Ibid.*, p.5.

一、改進情報蒐集與分析能力

俗謂「情報是作戰的耳目」，情報亦是各項任務執行的重要參考。該戰略指出：「一個更準確與完全瞭解大規模毀滅性武器全面的威脅，仍將是美國情報的最高優先，使我們得以預防擴散，以及嚇阻或防衛那些可能使用前述能力者。增進獲得敵人攻擊與防衛能力、計畫與意圖，及時與準確知識的能力，對發展有效反擴散與不擴散政策及能力是重要的。特別必須增強大規模毀滅性武器設施與活動的情報，以及美國情報、軍警各界的互動，與友好國家及盟邦的情報合作。」[35]小布希政府2006年「國家安全戰略」則認爲：「首先，我們的情報必須加強，布希總統與國會已開始推動情報組織再造與功能強化的步驟。情報圈需要一位負全部成敗之責的主官，渠之權限必須與責任相符，而資訊分享活動與可用資源的增加，則有助於實現這項目標。」[36]故人員素質及情蒐技術的不斷提升，是美國在人文、雷情、截情、衛照等情報戰力可保持優勢的主要關鍵。

二、研究與發展

美國對最先進的技術需求甚殷，此技術可快速及有效偵測、分析、促進封鎖、防衛、擊潰與降低大規模毀滅性武器的效能。許多政府部門及機構現正進行重要的研究與發展，以支持反制大規模毀滅性武器擴散的全面戰略。新的反擴散協調委員會（The new Counterproliferation Technology Coordination Committee），由所有相關的機構資深代表所組成，從事增進政府部門反擴散研究與發展的協調工作。此委員會將就現行與未來投資計畫提出優先選項，並刪除重疊的部分。[37]

三、強化國際合作

大規模毀滅性武器不僅對美國、友好國家、盟邦，以及廣大的國際社群來說均是一個威脅。基此理由，美國與有志一同的國家對全面擴散戰略所有的

---

[35] *Ibid.*, pp.5-6.
[36] The White House, *National Security Strategy 2006*, p.23.
[37] The White House, *National Security to Combat Weapons of Mass Destruction*, p.6.

要素緊密合作是至關重要的。[38]對此，小布希政府2006年「國家安全戰略」指出：「2002年在Kananaskis的高峰會中，八大工業國發起全球夥伴關係反制大規模毀滅性武器的擴散，增加對俄羅斯及前蘇聯國家在合作不擴散、裁軍、反擴散核安全計畫上的資源。七大工業國與其他贊助國已捐助170億美元，並朝200億美元目標邁進，且在執行俄羅斯的計畫已有顯著的進展。」[39]由於，大規模毀滅性武器的擴散，均在美國境外，故相關的反制措施有賴各國的通力合作，只有世界各國（尤其擁有核武國家）願共同遵守國際有關核武擴散的規範，則反擴散與不擴散才能成功，故加強國際合作是成本最小、成效最大的一種方式。

此外，為有效防範大規模毀滅性武器的擴散，美國展開更積極的行動，歐巴馬總統於2010年4月8日在捷克首都布拉格與俄羅斯總統梅德維傑夫（Dmitriy Anatolyevich Medvedev）簽署「新戰略武器裁減條約」，進一步裁減彼此的核彈頭與載具數量。此為全球20年來最重大的裁減核武成就，兩國依約必須在未來七年將長程核子彈頭數量各自裁減至1,550枚。歐巴馬在簽署儀式上表示，此為核子安全、核不擴散及美俄關係的重要里程碑，俄羅斯總統梅德維傑夫則稱簽署新版START具有特殊意義，為俄美兩國的合作開啓新頁。另4月13日歐巴馬總統在華府會議中心（Washington Convention Center）與九國元首四十七國代表舉行「核安高峰會」（Nuclear Security Summit），此項峰會是歷年來舉行最大的全球高峰會，顯示歐巴馬總統認為傾全球力量，確保核物資的安全，防止其落入極端份子和恐佈組織手中的重要性。由以上兩個事件可看出，國際合作對打擊大規模毀滅性武器具決定性的成效。

四、以反擴散者為目標之戰略

小布希政府2006年「國家安全戰略」指出：「核子武器擴散是我們國家安全最大的威脅。核武器具有立即造成大量人員死亡的能力。因此，特別獲得流氓國家及恐怖份子的青睞。想讓某些國家或恐怖份子斷了獲得核武的念頭，最好的方法就是切斷其獲得核分裂物質的管道。防止某些國家及恐怖份子獲取其

[38] *Ibid.*, p.6.
[39] The White House, *9/11 Five Years Later: Successes and Challenges*, p.12.

他核武重要元件遠比切斷核分裂物質困難，因爲核武技術已有60年的歷史，而其相關知識更已廣爲流傳。因此我們的戰略置重點於管制核分裂物質，並律定兩項優先目標：首先，防止國家獲得適合製造核武器核分裂物質的生產能力。第二，嚇阻、阻斷與防止有能力生產武器及核分裂物質的國家，將這些原料賣給流氓國家或恐怖份子。」[40]管制核物質來源與技術，爲反擴散重要的一步。

美國打擊大規模毀滅性武器的所有要素，須以反制大規模毀滅性武器之供應與接收國家，以及對付尋求獲得大規模毀滅性武器的恐怖團體爲主要考量。少數國家是擴散者，他們的領導人決意發展大規模毀滅性武器及輸送能力，以直接威脅美國、美國海外部隊及友好國家與盟邦。由於每一個政權都不同，美國將依各國國情製作不同戰略，以使美國、友好國家及盟邦預防、嚇阻及防衛來自這些政權大規模毀滅性武器及飛彈兩者當中任何一個的威脅。這些戰略必須將擴散國，所謂第二級的擴散越來越合作的情況納入考量，這些國家挑戰美國關於特定國家戰略新的思考方式。美國面對挑戰中最難的一個是預防、嚇阻與防衛恐怖團體獲得與使用大規模毀滅性武器，恐怖團體與資助恐怖主義的國家現在與未來的鏈結，是特別危險與需要優先關注。全面的反擴散、不擴散及後果處理措施需要引入，以反制大規模毀滅性武器的恐怖威脅，就如他們反制對關注最大擴散國家一樣。[41]爲強化核武擴散的管制作爲，美國須與其他核武國家（如英、法、俄、中、印度、巴基斯坦、以色列與北韓）加強合作，依照國際反大規模毀滅性武器擴散相關機制，管制相關物質與技術流入非國家行爲體手中。

第五節　小　結

國際事務經緯萬端，牽涉的範圍非常廣泛，有時並非單一國家可處理與解決，強大如美國者在打擊大規模毀滅性武器上，也有其能力的侷限。尤其，美國今日所面對的安全環境與過去截然不同，但政府維護國家安全及人民生命財

[40] The White House, *National Security Strategy 2006*, pp.19-20.
[41] *Ibid.*, p.6.

產安全的責任，並不會因環境的轉變而調整。尤其，在911恐怖攻擊之後，核武的威脅與挑戰更是明顯，其中最引人注目者便是「核武恐怖主義」，當擁有核武的國家越來越多，則相關技術轉移給非國家行爲體的機會就會越大，並極可能運用於區域的危機之中。目前恐怖份子擁有大規模毀滅性武器對美國、區域盟邦與友好國家的威脅更是嚴重，美國必須做好有效的保證，包括核安全保證，此是多數國家在決定他們核武未來的一個主要考量因素。此外，一個有效擴大美國核威懾的預防擴散措施，對保護美國重要區域利益是重要的。再者，區域擁有核武國家，特別是具革命意識形態可能比先前對手更難以嚇阻。而核武大國對其核武器的現代化，也是美國、盟邦及友好國家的一大挑戰。故美國除一方面透過相關機制防止核擴散外，在另一方面也須持續美國的核優勢，而這樣的政策取向，也相當程度體現新現實主義所強調國家安全與生存是至關重要的利益及理念。

故「打擊大規模毀滅性武器國家戰略」以反擴散打擊大規模毀滅性武器的使用、強化阻絕以遏制大規模毀滅性武器的擴散、後果處理以回應大規模毀滅性武器的使用等三個主要基石做爲指導。並提出致力反擴散暨不擴散的措施，冀望透過封鎖、嚇阻、防衛與降低威脅等強化反擴散的作爲；另運用積極外交作爲、多邊機制、不擴散及降低合作、核物質管制、美國外銷管制、不擴散的禁運等加強管制成效。其次，健全國內各項管制措施，強化政府各單位的協調聯繫與執法能力，提升情報預警掌握、研判分析能力、精進情蒐裝備的研究發展，將有助反擴散與不擴散管制措施的推展。對外則強化各項國際機制的功能與執行，持續促進各國履行國際責任，積極以擴散者爲目標（包括透過資金制裁），以提高國際社會拒止恐怖份子接近大規模毀滅性武器的能力。

核武議題是嚴肅及無妥協餘地的，但由於核武技術的容易取得，並非美國單一國家可採取強制力完成，爲有效達成核武不擴散目標，美國仍是希望透過國際機制，與擁有核武國家一同推動打擊大規模毀滅性武器擴散的計畫。既然大規模毀滅性是國際所面對的共同問題，因此國家採取合作的作爲，就變得可能，故美國認爲加強國際合作是成本最小，成功公算最大者，毫無疑問此構思也相當程度反應出新自由主義合作概念的思維。

第九章　確保網際空間安全國家戰略

The cornerstone of America's cyberspace security strategy is and will remain a public-private partnership. The federal government invites the creation of, and participation in, public-private partnerships to implement this strategy. Only by acting together can we a more secure future in cyberspace.

George W. Bush

公—私部門的夥伴關係仍將是美國網路空間安全戰略的柱石，聯邦政府歡迎創立與參與公—私部門的夥伴關係，以達成此戰略。只有大家行動一致，我們才可以在將來建立一個更加安全的網路空間。

（小布希・2003年確保網路空間安全國家戰略）

隨著科技的日新月益，網路的普及與運用，越顯網際空間（cyberspace）安全的重要性，當前商業的往來、政府運作、日常生活無不與網際空間息息相關。美國「確保網際空間安全國家戰略」提供對保護美國資訊基礎設施（或稱網際空間）的一個架構，此架構對經濟活動、安全與生活方式有密不可分的關係。由於網際空間的日益普遍，美國也意識到網際空間安全的重要性。柯林頓政府1997年「新世紀的國家安全戰略」開始將網際空間安全納入其「國家安全戰略」報告中，該報告曾謂：「美國國家安全態勢持續資訊基礎設施建設，這些基礎建設相互依賴且常遭篡改與濫用，為防範此等情勢，我們已開發並使用新觀念與技術，以確保國家資訊基礎設施及國家未來的安全。」[1] 1998年「新世紀的國家安全戰略」則再次強調：「為提升我們保護這些重要基礎設施的能力，總統於1998年5月簽署總統決策指令63號，此指令明確指出美國政策採取所有必要的步驟，使我們重要基礎設施能承受任何實體或資訊攻擊，特別是資訊系統。」[2]1999年「新世紀的國家安全戰略」則進一步指出：「美國依賴網際空間更勝於任何一個國家，我們知道他國政府與恐怖集團正建立精緻、組織完善的能力，以發動攻擊美國重要的資訊網際空間與依賴這些資訊網際空間的基礎設施。為防範潛在敵人的網際空間攻擊，我們正建立在引起重大傷害前可偵測與回應的系統，這是首次執法與情報單位及私人部門在符合美國法律的情況下，共同分享威脅的資訊。政府正發展及部署新的偵測網際空間技術，以保護國防部及其他重要的聯邦系統，政府也鼓勵私人部門發展與部署適當防衛技術。現在美國已發展一個應對重大網際空間攻擊的全國性快速恢復系統，每一個聯邦部門亦應提出計畫，以保護包括電腦與實體兩個面向的重要基礎設施。」[3]2000年「全球時代的國家安全戰略」則以較長篇幅強調資訊安全的重要，該戰略闡述：「資訊技術的革命已促使相互關聯的基礎設施以中央系統控制，即時生產的商業機制已降低基礎設施所有者與操作者的誤差幅度（margins of error）。同時指出1993年世貿中心爆炸，持續的駭客攻擊及中國

[1] The White House, *A National Security Strategy for A New Century* (Washington D.C.: The White House, 1997), p.26.

[2] The White House, *A National Security Strategy for A New Century* (Washington D.C.: The White House, 1998), p.35.

[3] The White House, *A National Security Strategy for A New Century* (Washington D.C.: The White House, 1999), p.18.

與台灣的網際空間衝突顯示，以不對稱作戰反制美國的可能性越來越高，我們須瞭解本身基礎設施的脆弱性，相信此種攻擊是無國界的，並以合作方式降低潛在威脅。」。[4]

小布希政府雖然在「國家安全戰略」未述及有關網際空間安全事項，但其任內分別提出三份有關「反恐國家戰略」。例如，2003年「打擊恐怖主義的國家戰略」對網際空間安全則有清楚的敘述：「911的攻擊證明我們的敵人在境外與境內將採取不對稱的作戰方式，他們將會利用全球商務系統、運輸系統、通訊系統及其他部門來造成恐懼、破壞與死亡，以降低我們的國家安全，同時降低大眾的信心及削弱我們的戰鬥意志。」[5]2006年「打擊恐怖主義的國家戰略」認爲：「今日恐怖份子利用網際空間宣傳、召募新成員、募款與獲得其他資源、提供武器與戰術指導及計畫行動，沒有通信能力，恐怖團體不能有效組織行動、實施攻擊或擴散其意識形態，我們與夥伴國家將持續以敵人的通信節點做爲目標。」[6]2006年另一份有關反恐國家戰略報告「911事件五年之後：成就與挑戰」敘述：「美國建立國家網路回應協調小組（National Cyber Response Coordination Group, NCRCG）做爲聯邦政府主要跨部門機制，協調政府相關部門，以應對電腦攻擊及從攻擊中迅速復原。」[7]2006年參謀首長聯席會議主席所提「網際空間作戰國家軍事戰略」強調：「國防相關負責人必須體會軍事對網際空間特定作戰的依賴及使用，俾保證在其他領域的成功。越來越以網際空間爲中心的事實，需要國防部連貫運用網際空間資源，以達成維持美國軍事戰略的優勢。」[8]易言之，在21世紀的今天，擁有網際空間技術的優勢，有助於達成軍事作戰任務。

從柯林頓及小布希政府歷次戰略報告中可得知，隨著科技的進展與網際空間的普遍使用，網際空間安全確實是一個值得關注的領域。有鑑於此，小布

[4] The White House, *A National Security Strategy for A New Century* (Washington D.C.: The White House, 2000), pp.41-42.

[5] The White House, *National Strategy for Combating Terrorism* (Washington D.C.: The White House, 2003), p25.

[6] The White House, *National Strategy for Combating Terrorism* (Washington D.C.: The White House, 2006), p.12.

[7] The White House, *9/11 Five Years Later: Successes and Challenges* (Washington D.C.: The White House, 2006), p.10.

[8] Department of Defense, *The National Military Strategy for Cyberspace Operations 2006*, p.3.

希總統特於2003年提出「確保網際空間安全國家戰略」，首先，在該戰略中說明網際空間的威脅與脆弱性，有組織的網際空間攻擊，足以造成美國重要經濟與國家安全基礎設施的嚴重破壞；而在脆弱性方面包含五個層面：家用與小企業、大型企業、重要部門／基礎設施、國家層面與全球性。其次，討論國家政策與指導原則，包括聯邦單位在網際空間安全的角色與任務。再者，討論該戰略五個優先選項：安全回應層次、安全威脅與弱點降低計畫、安全察覺與訓練計畫、確保政府網際空間安全合作等。[9]有關確保網際空間的相關重點，分述於後。

第一節　網際空間威脅與脆弱性

隨著網際空間的普遍運用，為人類的生活帶來更大的便利，但是現代科技也呈現水能載舟亦能覆舟的特性。對手尋求運用網際空間癱瘓潛在敵人的指管系統，當前各國部隊無不謀求引進先進技術實施網際空間的防護，俾確保指管系統不會受到潛在敵人及恐怖份子的攻擊。依據美國國防部的定義：「網際空間即為藉由網際空間系統及相關實體基礎設施，使用電子及電磁體的電磁波譜，以儲存、修改及交換資料的領域。」[10]由於科技的進步及網際空間的普遍使用，且因其具網網相連的特性，確保網際空間安全是一個高難度的戰略挑戰，因應此種挑戰需要整個社會一個協調與聚焦的努力。所謂整個社會即包括聯邦政府、州、地方政府、私人部門及美國民眾。[11]因此，「確保網際空間安全國家戰略」與「國土安全國家戰略」一致，旨在協助降低美國重要資訊設施的脆弱性，並致力達成以下的戰略目標：防止對美國重要基礎設施的網際空間攻擊；降低網際空間攻擊的脆弱性；減輕網際空間攻擊的損失及恢復的速度。[12]

[9] The White House, *The National Strategy to Secure Cyberspace* (Washington D.C.: The White House, 2003), pp.7-9.

[10] Department of Defense, *The National Military Strategy for Cyberspace Operations* 2006, p.ix.

[11] The White House, *The National Strategy to Secure Cyberspace* (Washington D.C.: The White House, 2003), p.vi.

[12] *Ibid.*, p.viii.

此外，「確保網際空間安全國家戰略」明確表達五大國家優先事項，包括：國家網際空間安全回應系統；國家網際空間安全威脅與脆弱性降低計畫；國家網際空間安全察覺與訓練計畫；國家安全與國際網際空間安全合作。第一優先則是聚焦改進美國對網際空間事件的回應與降低此事件的潛在傷害，第二、三、四優先旨在降低網際空間攻擊威脅與脆弱性，第五優先則是預防網際空間攻擊對國家安全設施可能的衝擊，並改善國際處理及對此類攻擊的回應。[13]

該戰略對網際空間威脅與脆弱性方面進一步指出：「美國經濟與國家安全全面依賴資訊技術與資訊基礎設施，而此一我們所依賴的資訊基礎設施的核心即是網際空間，此原是科學家旨在分享公開的研究資料，他們並無意濫用網際空間。今日的網際空間已連接數百萬台電腦網絡，從事國家重要的服務與基礎設施的工作。這些電腦網絡也控制實體項目，如電力變壓器、行進中的列車、管路加壓站、化學儲存槽、雷達、股票市場。各種有意破壞的行為體可能對重要基礎設施實施攻擊，其中我們最主要的關注是有組織網際空間攻擊的威脅，此攻擊能導致我們國家經濟、國家安全重要基礎設施的瓦解，實施此種攻擊所需的技術頗高——部分合理解釋在今日是缺乏這樣的攻擊技術。然而，我們不應太過樂觀，例子已告訴我們，有組織的攻擊者可能運用網際空間的脆弱性，產生更大的破壞力。」[14]威爾遜（Clay Wilson）指出由於網路的普遍使用，對電腦系統與網際空間的破壞變的越來越快速與廣泛，此亦突顯電腦系統的脆弱性。[15]

再者，該戰略也說明：「從幾次攻擊中的觀察，意圖與全面技術能力的不確定性仍存在，故提升網際空間威脅分析有其必要性，以因應相關威脅。就我們所知，攻擊所用工具與方法已變得更容易取得，而使用者致力引起浩劫或瓦解的技術能力正增強中。在平時敵人可能對政府、大學研究中心及私人公司實施破壞，他們有可能經由詳細標識的美國資訊系統、確認主要目標及以後門程

---

[13] *Ibid.*, p.x.

[14] *Ibid.*, p.viii.

[15] Clay Wilson, CRS Report, Computer Attack and Cyber Terrorism: Vulnerabilities and Policy Issues for Congress, Summary, internet available from http://www.fas.org/irp/crs/RL32114.pdf, accessed April 22, 2010.

式與其他侵入手段，尋求攻擊準備。在戰時或危機時，敵人可能藉由攻擊重要基礎設施及其他經濟場域，或侵蝕大眾對資訊系統的信心，尋求脅迫國家政治領袖。對美國資訊網際空間的攻擊可能有嚴重的後果，諸如瓦解重要基礎設施的運作，引起國家歲收與智慧財產權，或者生命的損失。假如我們想要降低網際空間脆弱性與嚇阻那些傷害我們重要基礎設施的能力與意圖，需要發展更強大的能力。」[16]簡言之，該戰略清楚說明美國網際空間安全措失的不足，以及應如何提升防護能力，才能有效確保網際空間安全。

第二節　國家政策與指導原則

雖然網際空間安全的維護需要政府與民間的通力合作，然不可諱言，政府在整個網際空間安全的維護上，仍占有舉足輕重的角色。對此，「確保網際空間安全國家戰略」清楚說明美國在網際空間安全的政策與指導原則：「資訊技術的革命已改變商業交易、政府運作與國家防衛實施的方式，以上三種功用仰賴重要基礎設施相互依賴的網際空間。美國的政策是預防或降低對重要基礎設施破壞，並對百姓、經濟、重要人物、政府部門及國家安全的保護。破壞的發生應該是罕見、短暫、可處理的與儘可能將損害減至最低，政策需要持續的努力，以確保重要基礎設施資訊系統，並包括公—私夥伴關係。」。[17]

此外，在指導原則方面，該戰略說明：「2001年1月，政府開始檢視資訊系統與網際空間安全的角色，2001年10月，小布希總統發出13231號行政命令，授予持續致力確保基礎設施資訊系統的保護計畫，包括緊急事件的通信準備及支援此系統的實體設施。「聯邦資訊安全管理法案」（The Federal Information Security Management Act, FISMA）與13231號行政命令，以及其他相關的總統決策指令與授權，提供對行政單位網際空間安全活動的一個架構。這些網際空間的保護對每一個經濟領域是重要的，發展與執行此計畫的指令係依照下列井然有序的原則，包括：國家的努力、隱私權與公民權的保護、

[16] The White House, *The National Strategy to Secure Cyberspace* (Washington D.C.: The White House, 2003), pp.x-xi.

[17] *Ibid.*, p.13.

規則與市場動能、公務部門應負責任與一般民眾責任、確保彈性、多年度計畫。」。[18]

為強化政府部門網際空間安全的協調與聯繫，「國土安全部」基於共同增進國土安全的目的結合22個聯邦單位，該部亦聚焦對聯邦政府甚或國家資訊基礎設施衝擊網際空間事件的處理，此說明該部在網際空間安全有非常重要的責任，此責任可分述如下：發展確保美國主要資源與重要基礎設施的全面計畫，包含資訊技術與通訊系統（含衛星），以及支援此系統之實體及技術設施。提供危機處理支援以回應對重要資訊系統的威脅或攻擊。提供私人部門與其他政府單位關於回應重要資訊基礎設施失效時緊急復原計畫的技術協助。與聯邦政府其他單位協調以提供特定警示資訊，並告知關於適當的防護措施與反制作為至地方政府、私人部門或其他公共場所。與其他單位合作有關執行與預算的研發，以引領新的科學認知及支援國土安全的技術。有關重要基礎設施與主導單位如表9.1。

表9.1　重要基礎設施主導單位

主導單位	領域
國土安全部	‧資訊與電信 ‧運輸（空中、鐵路、轉運站、水路、商務、管線、公路） ‧郵政與船舶運輸 ‧緊急服務 ‧政府持續運作
財政部	‧銀行業務與金融
健康與人員服務部	‧公共衛生包含預防、監測、實驗室服務與個人健康服務 ‧食物（肉類；家禽類除外）
能源部	‧能源（電力、油與瓦斯的生產、儲存）
環境保護署	‧水源 ‧化學工廠與有害物質
農業部	‧農業 ‧食物（肉類及家禽類）
國防部	‧國防工業基地

資料來源：The National Strategy to Secure Cyberspace 2003, p.16.

[18] *Ibid.*, pp.14-15.

由表9.1所列出美國各地的重要基礎設施與分管單位，在「國土安全部」的協調下，由點（重要基礎設施）到線（各部會所轄重要基礎設施）再到面（美國海內外重要基礎設施），在軟硬體兼備的情況下，做到防止潛在敵人或恐怖組織的破壞。自911恐怖攻擊事件之後，美國在重要基礎設施所投入的人力、物力與財力相當可觀，也獲致相當程度的效果。爲了更加落實重要基礎設施的維護，美國政府也指定各領域的主導單位（如表9.1）。此外，「科學與技術政策辦公室」（Office of Science and Technology Policy, OSTP）則協調有關支援重要基礎設施防護技術的研究發展；「管理與預算辦公室」（Office of Management and Budget, OMB）監督對聯邦政府電腦安全計畫政策、原則、標準與指導的執行。國務院則協調國際網際空間安全。中央情報局負責評估國外對美國電腦網際空間與資訊系統的威脅。司法部（Department of Justice, DOJ）與聯邦調查局則領導調查與網際空間犯罪的起訴。

在此戰略中，美國政府也強調：「將持續發展公—私部門夥伴關係，各領域的代表與聯邦主導單位一起努力，評估對網際空間或實體攻擊的弱點。據此，提出建議計畫或改善措施以消弭顯著的弱點。由於技術與環境的威脅兩者可能快速改變，因此各領域與主導單位應該經常評估對國家基礎設施的可靠性、脆弱性與威脅環境，以及運用適當的防護措施與回應，以保護這些基礎設施。政府必須具有完全的權力、能力與資源來支援重要基礎設施保護的努力，這些包括危機管理、執法、規則、國外情報與國防準備。」[19]由於政策與指導原則的確立，網際空間安全的執行在縱的執行面向相當順暢，而有關橫向的協調聯繫亦能順利運作，整體言之，該戰略的提出對網際空間安全維護共識的建立與進行各部門合作，[20]提供重要網路基楚設施防護的途徑。

[19] *Ibid.*, p.17.

[20] Seth Rose, Defending the National Strategy to Secure Cyberspace, internet available from http:// www. Standford.edu/class/msande91si/www-spr04/readings/week2/DefendingNati, accessed March 30, 2010.

第三節　反制網際空間威脅的策略

在本戰略中，雖然清楚說明五項國家優先事項，包括國家網際空間安全回應系統、國家網際空間安全威脅與脆弱性降低計畫、國家網際空間安全察覺與訓練計畫、確保政府網際空間安全、國家安全與國際網際空間安全合作，但是「總統重要基礎設施委員會」（President's Critical Infrastructure Board）幕僚副主管歐森（Tiffany Olson）認爲政府在相關防護措施上想要告訴私人部門應該如何做，並做爲他們的模範，但前提是政府部門本身在防範措施上能夠井然有序。[21]有關本戰略的五項優先事項，分別敘述於後。

一、優先事項一：國家網際空間安全回應系統

在建立「國家網際空間安全回應系統」（The National Cyberspace Security Response System）方面，該戰略說明：「以往國家爲回應來自飛機及飛彈的攻擊，美國以雷達監測領空，以偵測不尋常的活動與可能攻擊行動的預警，在攻擊時協調戰機的空中防衛，並透過民防規劃在攻擊之後的復原。今日，國家的重要設施可能經由網際空間而遭受攻擊，美國需要一個不同種類的國家回應系統，以利偵測網際空間潛在破壞活動，以分析及對可能受害者提供預警，協調事件的回應，並恢復已受創的重要服務單位。」。[22]

「國家網際空間安全回應系統」是由「國土安全部」協調公一私部門的一個機制，區分分析（analysis）、警示（warning）、事件處理（incident management）、回應與復原（response and recovery）等四個步驟，此一系統包括政府與非政府實體，如私人部門「資訊分享與分析中心」（information sharing and analysis center, ISACs）。所謂分析即是提供發展網際空間攻擊與脆弱性評估之戰術與戰略分析。警示即爲鼓勵私人部門能力的發展，以分享網際空間健全全面的觀點。事件的管理即提升「國土安全部」、私人部門「資訊分享與分析中心」與「網際空間警示與資訊電腦網」（The Cyber Warning and

---

[21] Edward Hurley, Cybersecurity plan heavy on private-public cooperation, internet available from http: searchsecurity.techtarget.com/news/article/0,289142, sid14_gci880914,00.html, accessed on March 29, 2010.

[22] The White House, *The National Strategy to Secure Cyberspace*, p.19.

Information Network, CWIN），將促成國家網際空間事件管理的改善。回應與復原則是建立協調國家公私部門持續與緊急事件計畫的自願發展，以及在聯邦網路系統行使網際空間安全持續計畫，而事件處理能否成功還是有賴於各單位的協調合作，有關「國家網際空間安全回應系統」概要如圖9.1。[23]此四個步驟環環相扣，對維護網際空間安全產生深遠影響，然其執行成敗，仍視能否進行公—私部門垂直整合與橫向聯繫而定。

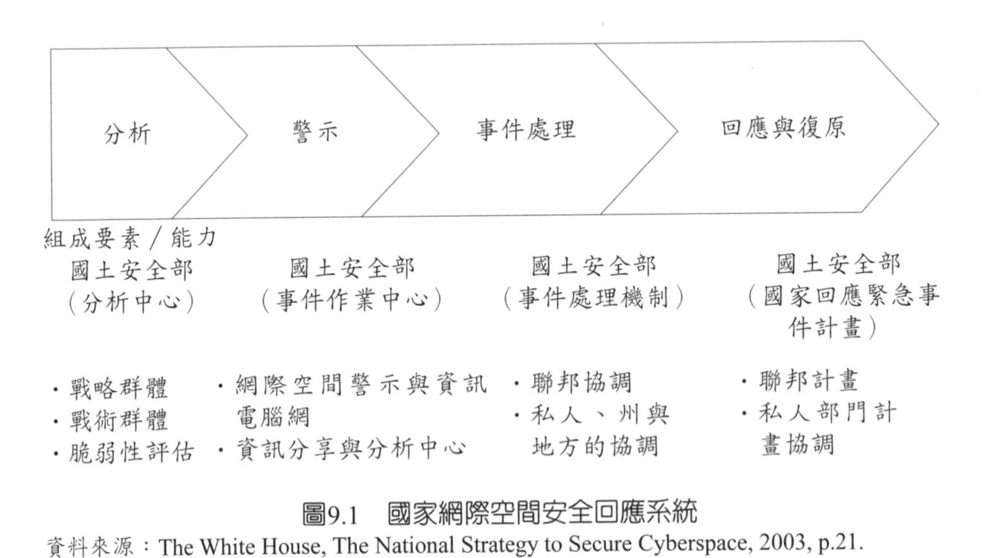

圖9.1　國家網際空間安全回應系統

資料來源：The White House, The National Strategy to Secure Cyberspace, 2003, p.21.

二、優先事項二：國家網際空間安全威脅與脆弱性降低計畫

對因應網際空間安全威脅與脆弱性降低計畫方面，「確保國家安全國家戰略」認為：「對美國網際空間懷有惡意的行為體有多種形式，包括個人、犯罪組織、恐怖份子或國家，攻擊者的形式有許多種，他們全都尋求運用軟體、硬體、網際空間、電腦傳輸協定（protocol）設計或使用脆弱性，以達成較大的政經效果。當技術不斷進展與新系統持續推出之際，新的脆弱性也隨之出現，我們的戰略不能消除所有的脆弱性，或者嚇阻所有的威脅。相反的，我們將追

[23] *Ibid.*, pp.21-23.

求三方面的努力。首先，透過有效的計畫以辨識及懲罰，降低威脅與嚇阻懷有惡意的行為體。其具體做法則是要提升對預防及遂行執法能力，並建立國家脆弱性評估程序，以較能瞭解威脅與脆弱性的可能後果。第二，辨識與補救假如遭到利用，可能對重要系統產生最大損害的現存弱點。其具體方案則包括確保網際空間機制，促進值得信賴的數位管制系統與監督管制及資料獲得系統，降低與補強軟體脆弱性，以及瞭解基礎設施相互依賴與改進網際空間系統與通信實體安全。第三，發展弱點較少的新系統及評估新興技術的弱點，其具體措施則包含優先聯邦研發議程，評估與確保新興系統安全。」。[24]

三、優先事項三：國家網際空間安全察覺與訓練計畫

關於國家網際空間安全察覺與訓練計畫部分，「確保網際空間安全國家戰略」敘述：「對每一個倚賴網際空間的人，均應鼓勵確保他們網際空間使用的安全，為了達成此目標，使用者須知悉如何防止入侵、網際空間攻擊或其他對安全的破壞。所有網際空間的使用者皆有責任，此責任不僅是本身網際空間的安全，並是所有網際空間的安全與健全。除了現存資訊技術系統脆弱性，對使用者與管理者而言，在改進網際空間安全至少尚有兩個主要的障礙：缺乏對此議題熟悉、相關知識與瞭解，以及無法找到足夠的人施以適當訓練與合格人員，以建立與管理確保系統安全。在此優先選項的要素中包括如下：（一）提升國家全面察覺計畫使所有美國人，包含商人、工作人員與一般大眾，能夠確保他們本身網際空間的安全。（二）促進適度的訓練與教育計畫，以支援國家網際空間安全所需。（三）增加現行聯邦網際空間安全計畫的效能。（四）促進私人部門良好協調，以及廣泛承認專業網際空間安全認證。其中第一項屬察覺部分，對象包括家用者與小型企業、大型企業、高等教育組織、私人部門、州與地方政府。第二、三項屬訓練部分，第四項則是屬於認證範疇。」。[25]

四、優先事項四：確保政府網際空間安全

在確保政府網際空間安全方面，「確保網際空間安全國家戰略」特別闡

---

[24] *Ibid.*, pp.27-35.
[25] *Ibid.*, pp.37-42.

述：「雖然多數重要基礎設施在私人部門，政府在許多層級卻執行重要功能，這些重要的功能當中包含國防、國土安全、緊急事件的回應、稅收、支付、中央銀行活動、罪犯審判與公共衛生，所有這些功能均依賴於資訊網際空間與系統。因此，保護資訊系統安全是政府的責任，以利提供重要的服務。聯邦政府網際空間安全根基需要對安全指定清楚與毫不含糊的授權與責任，使官員對其應完成的責任負責，並將安全需求與預算及資金計畫做整合。聯邦政府藉由對網際空間安全適度的關注與關懷，並鼓勵其他人群起效尤的方式來領導，聯邦政府的採購將會用來協助提升網際空間安全。例如，當適宜時，聯邦機構應及早成為新穎、更安全系統與電腦傳輸規則的採用者。州與地方政府對網際空間安全可有相同的作用，聯邦政府已準備與州及地方政府一同提升網際空間安全，在聯邦機構中，管理與預算辦公室主任（Director of OMB）負責確保各單位負責人完成他們的法定責任，以確保資訊系統安全。另外，負有機密系統的國家安全機構，則由國防部長與中央情報局局長負責。」[26]有關各級政府所應負責任，可分述如後。

（一）聯邦政府

首先，聯邦政府需對網際空間系統持續評估威脅與脆弱性，管理與預算辦公室在2002年2月呈國會有關政府資訊改革的第一份報告，確認政府在安全執行上的六項缺失：資深管理階層疏失、缺乏表現的評量、安全教育與察覺不足、未將資金與安全整合到資本與投資管制中、未確保合約商的服務是安全的、未偵測、報告與分享脆弱性的資訊。其次，在機構特定的程序上須有全面交錯的方法來改善網際空間安全，三個程序對改進與維持聯邦網際空間機構安全是：確認與用文件證明組織的架構；持續評估威脅與脆弱性，瞭解加諸在機構運作及設施的威脅，以及實施安全管制與補救努力，俾降低管理風險。每一個機構將建立與實施此一步驟，以達成安全目標。[27]

[26] *Ibid.*, pp.43-44.
[27] *Ibid.*, pp.44-45.

（二）其他政府部門的挑戰

此外，有四個特定泛政府部門的挑戰需要陳述，每一個機構在適當時應該與「管理與預算辦公室」合作解決這些挑戰，這些挑戰包括：對聯邦系統使用者的鑑定與授權，確保聯邦無線區域網際空間的安全，改進政府外包（outsourcing）與採購，以及發展對特定安全檢視、檢視者與證書的特別標準。[28]

（三）州與地方政府

由於美國政治制度使然，此政治制度在治理上聯邦、州與地方政府有超過87,000項事務管轄權重疊，並在網際空間安全上提供獨特的機會與挑戰，州與地方政府亦如聯邦政府運作相互關聯的資訊系統。州政府透過資訊系統所提供的服務包括：重要社會支援活動、公共安全（如執法與緊急事件回應服務）、電力、運輸及自來水系統。其他經由資訊技術所提供的服務尚包括福利金的發放、犯罪記錄、州設施與運輸設施等。在越來越依賴整合系統的情況下，州與地方政府必須與聯邦機構共同打擊網際空間攻擊，分享資訊以保護系統是確保政府持續運作的基礎，州已採取一些措施以促進在網際空間攻擊與事件報告資訊的分享。當新政策推出與技術解決方案可資利用時，這些機制正持續修正與改進。此外，州政府正檢視選項以改進內、外部資訊分享，這些選項包括立法對網際空間安全及形成州、地方與聯邦夥伴關係提供額外資金與訓練，以處理網際空間威脅。[29]對此，「對外關係委員會」（Council on Foreign Relations）則指出確保網際空間安全是一個極為困難的戰略挑戰，要做好此項工作須聯邦政府、地方政府、私人部門與全體美國人民共同的努力。[30]

五、優先事項五：國家安全與國際網際空間安全合作

由於美國網際空間與全世界相連，要及時分辨來自犯罪集團、國家行為

---

[28] *Ibid.*, pp.46-47.

[29] *Ibid.*, pp.47-48.

[30] Council on Foreign Relations, *National Strategy to Secure Cyberspace*, internet available from http://www.cfr.org/publication/9073/national_strategy_to_secure_cyberspace.html?bre, accessed March 30, 2010.

體與恐怖份子有惡意的行動不是容易的事，此需要美國人民準備好防衛重要的網際空間與回應每一個攻擊的事例。系統支援國家重要國防與情報社群必須確保、可靠與迅速復原的能力——足以防止任何的攻擊，美國也須在適當時機準備回應對其至爲重要基礎設施的攻擊。同時，美國須準備領導全球在此面向的努力，以保護對世界經濟與市場是至關重要的網際空間。全球的努力需要提升察覺，提升較高的安全標準，以及積極調查與起訴網際空間犯罪。[31]

在確保國家安全方面，必須強化美國網際空間在反情報的努力，增進攻擊歸因與預防能力，增進對回應國家安全社群網際空間攻擊的協調，保持以適當姿態回應的權力。在國際合作方面則包含，透過國際組織與企業合作，以提升全球的安全文化，發展安全的網際空間，提升北美網際空間安全，促使建立國家與國際監督與警示（Watch-and-Warning）網際空間系統，以在初發時偵測與預防網際空間攻擊，並鼓舞其他國家同意歐洲理事會大會（Council of Europe Convention）之網際空間犯罪，或者至少確保它們的法律與程序。[32]

第四節　小　結

由於時代越趨進步，對網際空間的依賴也將會越來越高，確保網際空間安全是一個複雜且難度不小的挑戰。因此，唯有瞭解本身資訊系統的脆弱性，同時加強各部門的整合及技術的開發，才能有效確保網際空間安全。職是之故，瞭解、偵測與反制敵人網際空間威脅，以促進國家資訊基礎設施的保護。國家數位基礎設施的架構主要依賴網際空間，國家與非政府實體竊取、改變或破壞資訊，並可能破壞美國在經濟與安全資訊系統的信心。故「國家情報社群」（International Community, IC）在增強偵測與歸因敵人網際空間活動能力上，扮演整合的角色，同時藉此擴大對敵人能力、意圖與網際空間脆弱性的認知。不容諱言，在21世紀的網路資訊時代，舉凡政治、經濟、金融，甚至生存所需

---

[31] The White House, *The National Strategy to Secure Cyberspace* (Washington D.C.: The White House, 2003), pp.46-47.

[32] *Ibid.*, pp.50-52.

的基本設施均有賴網際空間安全，此牽涉者不只是個人隱私問題，嚴重者可能威脅國家安全，所以網際空間安全可謂是政府最重要的責任，故在相關措施上要以最謹慎與嚴肅的態度面對之。

誠如美國「國家情報戰略」（The National Intelligence Strategy）所述：「情報社群在執行機制與發展能力，以因應國家網際空間安全指導已大有進展，我們必須加速下述事項的努力。首先，在夥伴關係影響力上，整合情報社群網際空間專業知識，以及與盟邦情報機構、企業與學術社群合作。第二，保護美國基礎設施，辨識、列出優先順序與縮短情蒐能力與對我網際空間安全威脅分析知識庫的差距。打擊對非傳統目標的網際空間威脅，聚焦更多資源在辨識與終止對網際空間的威脅。管理網際空間任務，強化社群對任務管理的程序，特別是在促使合作計畫與執行的過程，以及提供能力俾遂行網際空間作戰。」[33]簡言之，網際空間作戰的良窳與否，端視政策指導、單位橫向協調、人員的訓練、資訊技術的優勢及不斷的模擬演練，以找出威脅的來源及本身脆弱性所在，經由不斷修正的過程，以確保網際空間安全無虞。在21世紀網際空間普遍使用的今天，網際空間安全的攻防已成為無聲的戰爭，當一國網際空間及資訊系統遭受入侵與破壞，重則將導致整個系統的癱瘓，嚴重影響國家安全；輕者也常飽受經濟的損失，並造成日常生活的不便。故如新現實主義者所言，在國際無政府狀態，在體系內的單位體必須依靠本身的力量才能獲得生存發展，同時在相關科技領域保有絕對優勢，國家安全才能獲得確保。故從美國「確保網際空間安全國家戰略」的闡述與說明中，均能清楚看見新現實主義思維的鑿痕。

此外，由於網際空間的發展已跨越國界，地理上的國界概念，對網際空間而言只是一個概念的名詞，就網際空間的發展並不會構成實質的阻礙，然而也因此可能增加網際空間運用與管理的複雜性。在網際空間使用日益普及的今天，一方面帶給人們生活上的便利，另一方面卻也同時潛藏無限的威脅。網際空間網網相連的特性，使得各種訊息快速流通，從東半球送出的訊息，西半球的夥伴在極短的時間即能獲得訊息。因此，為確保網際空間的有效運用，防範恐怖組織、跨國犯罪組織及有心人士的破壞，已成為各國所面對的難題，故國

[33] Office of Director of National Intelligence, *The National Intelligence Strategy 2009*, p.9.

際間須建構一套網際空間使用的規範，本戰略呼籲國際共同合作的看法，頗能呼應新自由主義合作的概念。

第三篇

國防戰略篇

第十章　國防戰略

This National Defense Strategy outlines our approach to dealing with challenges we likely will confront, not just those we are currently best prepared to meet. Our intent is to create favorable security conditions around the world and to continue to transform how we think about security, formulate strategic objectives, and to adapt to achieve success.

Donald Rumsfeld

國防戰略勾勒我們可能面對挑戰的解決方法，而不是只有那些我們已經好整以暇應對者。我們的目的是為全世界打造一個有利的安全環境，並且持續思考安全問題，制定並調整戰略目標以求徹底完成。

（倫斯斐・2005年國防戰略）

「層級戰略」能否形成，除了由總統提出「國家安全戰略」做爲上層指導外，尚須包含國防部長提出之「國防戰略」，該戰略承「國家安全戰略」指導，並向下指導參謀首長聯席會議主席之「國家軍事戰略」，此三者兼具方能構成層級分明，戰略思維連貫之「層級戰略」。然而，在2005年國防部長提出首部「國防戰略」報告，「層級戰略」形成後，國內外學術界尚未對此進行系統論述。例如，美國學者雅格（Harry R. Yarger）認爲戰略所要考量的最大因素是影響國家福祉的情況（circumstances）與條件（conditions），之後依序爲「國家利益」、「國家安全戰略」、「國家軍事戰略」與「野戰戰略。」[1]然而，此種劃分仍無法構成完整的「層級戰略」體系，事實上，影響國家福祉的因素與國家利益就是「國家安全戰略」論述的對象，而「國防戰略」則應介於「國家安全戰略」與「國家軍事戰略」之間。此外，學者琳恩・戴維斯與傑瑞米・夏比洛也僅論及「國家軍事戰略」，隨後便論述美國陸軍所扮演的角色，[2]此種論述未將「國防戰略」指導納入，在形成「層級戰略」的論述亦顯不足。職是之故，將「國防戰略」納入，有助於美國「層級戰略」研究之完整性。

「美軍軍語辭典」雖然未對「國防戰略」給予明確定義，但從歷年「國防戰略」的內涵，仍然可歸納，該戰略主要考量如何因應美國所面對的威脅、強化部隊戰力，並使各單位更有效能與效率。有關「國防戰略」，美國國防部並未在柯林頓總統任內提出相關報告，該部僅於1997年提出「四年期國防總檢」（Quadrennial Defense Review, QDR）。換言之，在未執行「四年期國防總檢」之前，國防部長在總統的「國家安全戰略」與參謀首長聯席會議主席的「國家軍事戰略」作爲上，並未有一個明確指導文件來銜接兩者的關係。[3]小布希總統任內於2005、2008年提出「國防戰略」，該戰略闡明其做爲國防部

---

[1] Harry R. Yarger, "Toward A Theory of Strategy: Artlykke and the US Army War College Strategy Model," in J. Boone Bartholomees, ed., *U.S. Army War College Guide to National Security Issues, Volume1: Theory of War and Strategy* (U.S.: U.S. Army War College,2008), p.46.

[2] Lynn E. Davis and Jeremy Shapiro著，高一中譯，《美國陸軍與新國家安全戰略》（*The U.S. Army and The New National Security Strategy*）（台北：國防部長辦公室，2006年），頁22-37。

[3] 陳勁甫、邱榮守，〈論析美國『四年期國防總檢』的立法要求與影響〉，《問題與研究》（台北），第46卷第3期，96年7～9月，頁9。

最上層文件（capstone document），上承「國家安全戰略」，並向下指導「國家軍事戰略」，[4]已使美國「層級戰略」的建構更趨完備。本章主要闡述美國「國防戰略」，並區分美國所面對的戰略環境、國防部的能力與手段、風險管理等面向析論如後。

第一節　美國所面對的戰略環境

美國國防部長倫斯斐（Donald H. Rumsfeld）在2005年「國防戰略」說明當今所處的戰略環境：「我們身處在一個傳統挑戰及戰略不確定的年代，美國國防建設正面對異於冷戰及先前年代的各式挑戰。」[5]此外，在戰略內文亦提及：「美國是處於戰爭的國家，我們面對多樣的安全挑戰。然而，我們仍是身處於具有優勢與機會的年代。[6]不確定是今天戰略環境的一個關鍵特徵，吾人可辨識趨勢，但是無法準確預測特定的事件，當我們致力避免意外，亦須展現能處理無法預期的態勢，也就是說在計畫中要有應變的腹案（we must plan with surprise in mind）。藉由適應環境及影響事件，我們將應付不確定，然而對轉變的反應是不夠的。『國防戰略』聚焦於保護美國的自由與利益，同時主動制止新挑戰的出現。」。[7]

2008年「國防戰略」則清楚敘述當前美國的戰略環境：「在可預期的將來，此戰略環境將會被界定爲對抗以暴力極端意識形態推翻國家爲主的國際體系（international state system）之全球鬥爭，除了此跨國的鬥爭，美國面對其他的威脅，包括多種非正規的挑戰，流氓國家對核武器的尋求，以及其他國家在軍事的崛起，這些都是長期的挑戰，要成功處理這些挑戰，我們將需要在未來幾年或數十年結合國家與國際的力量。暴力極端主義份子的運動，如蓋達組織及其黨羽構成了複雜與立即的挑戰，就如以往共產主義與法西斯主義一般，

[4] Department of Defense, *The National Defense Strategy of the United States of America 2008* (Washington D.C.: DOD, 2008), foreword, <http://www.defenselink.mil/news/2008%20National%20Defense%20Strategy.pdf>.

[5] Department of Defense, *The National Defense Strategy of the United States of America* 2005, p.iii.

[6] *Ibid.*, p.iv.

[7] *Ibid.*, p.2.

今日暴力極端意識形態拒絕國際體系的規則與結構（rules and structures）。其追隨者在它們掌權後拒絕國家主權、藐視疆界並試圖拒絕「自決」（self-determination）與人性尊嚴。這些暴力極端主義者投機取巧運用對這些規範的尊崇來滿足他們的目的，當符合其利益時便藏身在國際規範與國家法律之後；在不符其利益時就意圖推翻它們，打擊這些暴力集團，將會需要長期與創新的方法。」[8]易言之，美國要有效遂行全球反恐戰爭，除致力於「層級戰略」規劃的完整，以統一軍文之間的思想，同時也要回到多邊主義，透過國際的合作，才能有效應對國際恐怖組織的威脅。

其次，關於失能及流氓國家的潛在威脅，該戰略認爲：「許多國家無法維持本身治安或與鄰國合作確保區域安全，意味著對國際體系的一個挑戰。包括有武裝的次國家團體，且不僅是這些團體，均威脅主要國家的穩定與合法性。假如我們任意放縱，此種不穩定可能擴大與威脅美國、盟邦與友好國家在區域的利益。叛亂團體與其他非國家行爲體，經常利用地緣、政治、或社會情況，以建立安全庇護所。無治理（ungoverned）、治理不善（under-governed）、治理不當（misgoverned）與紛擾地區均提供這些團體利用地方政權治理能力不足的沃土，以破壞地區的穩定及區域安全。應對這些挑戰將需要區域夥伴國家與創造性的方法，以拒止極端份子獲得據點（footholds）的機會。諸如伊朗與北韓等流氓國家同樣威脅國際秩序，伊朗政權資助恐怖主義並意圖破壞伊拉克及阿富汗尚未成熟的民主。伊朗對核子技術的追求與濃縮的能力，對一個已是不穩定區域安全造成嚴重的挑戰。北韓政權對核子與飛彈技術的擴散，也引起美國及其他「負責任的國際利益關係者」（responsible international stakeholders）的關切。此政權以軍力威脅南韓及以飛彈威脅鄰國。此外，北韓以其非法活動製造不穩定，諸如僞造美元與非法毒品走私，並殘忍對待人民。」[9]因應上述國家的潛在威脅，美國除再三強調多邊協調機制（如六方會談及歐盟的介入協調），但美國也在戰略中聲明，國防部將依「國家安全戰略」之指導，美國如需要將會行使自衛權力實施反制攻擊，以阻止或預防敵人懷有敵意的行動。

---

[8] Department of Defense, *The National Defense Strategy of the United States of America 2008*, p.2.
[9] *Ibid.*, pp.2-3.

第三，在可能的潛在對手威脅方面，該戰略進一步預測：「我們也須考量更多強大國家挑戰的可能性，有些國家可能積極尋求發展能力獲取優勢抵銷美國的能力，藉此反制美國在傳統戰爭某些或全部領域的優勢。有些可能選擇有利於它們的軍事力量與競爭領域，他們認爲在這些領域可發展戰略與作戰的優勢。某些可能的競爭者，在外交、商業與安全也是夥伴國家，而這些因素將會在安全作爲上，使美國更難處理彼此的關係。中國是一個正在崛起且具有挑戰美國的潛在國家，在可預期的將來，我們將需要防備中國軍事現代化，以及其戰略抉擇對國際安全的影響。中國將持續擴張傳統軍事能力；強調拒止與區域禁入的有利條件，包括發展長程打擊、太空與資訊戰的能力。我們與中國的互動將是長期與多層面，包含承平時期有關防衛力量的建設與野戰能力的接觸，此一努力旨在降低近期的挑戰，同時保持與促進美國長期的國家優勢。俄羅斯從民主的退卻，對美國、歐洲盟邦與其他區域夥伴國家而言，有一個重要的戰略意涵。俄國善用其擁有的能源取得利益，並主張擁有北極圈，同時持續脅迫鄰國，這些都引起關切。俄國也開始採取一個較積極的軍事作爲，諸如更新長程轟炸機，並撤出武器管制及部隊裁減條約，甚至威脅以可能部署美國反飛彈基地的國家爲目標。再者，莫斯科已表示增加對核武器做爲安全基礎的依賴，所有的這些行動暗示俄羅斯探索其新的影響力，並尋求一個較強的國際角色。」。[10]

第四，潛在敵人可能以不對稱方式對美國展開攻擊，故該戰略對此威脅說明如下：「美國在傳統戰爭的支配地位已讓潛在敵人，特別是非國家行爲體及它們的支持者，採取非對稱作戰的強烈動機，來反制美國的優勢。基此理由，我們須展示非正規作戰的優勢，就好比我們擁有的傳統作戰能力。而敵人也尋求發展或獲得災難性的能力：如化學、生物及特別是核武器。此外，它們可能發展破壞性技術，意圖抵銷美國的優勢。例如，發展擴散與拒止技術與能力是令人憂心的，當其可能限制我們日後的行動自由。這些挑戰不僅來自今日我們所見較爲明顯形式；而且來自有影響力之非傳統形式，如運用大眾傳播管道操縱全球輿論，以及利用國際公約與法律等管道。應對這些挑戰需要較佳軟、硬體與更多種的能力，以及運用它們較大的彈性與技術。這些戰爭的型態可能

[10] *Ibid.*, p.3.

以個別或組合方式出現，互作戰全程可能包含硬、軟體的能力。在某些例子中，美國可能無法查覺衝突正醞釀，直到其發展成衝突，而我們的選擇是有限的時候才發覺。我們必須發展更好的情報能力，以偵測、辨識與分析新型態的戰爭，以及探究聯合的方法與策略反制這些挑戰。」[11]故美軍作戰模式，將從以往傳統之「部隊對抗」，轉型爲「隱藏與找尋」的反游擊作戰模式。此外，美軍亦應強化本身情報偵蒐、研析與運用的能力，同時著重戰場通用圖像之建構，諸如利用衛星、電子偵蒐及一切可能手段，將阿富汗天候、地形、敵人活動資料、鄰國所提供情報、美軍位置等資料輸入，製作一個即時性、動態性資料庫，供三軍各階層官兵隨時取用，相互通報，[12]俾發揮情報的效能，支援作戰目標的達成。

第五，非傳統威脅的日益擴大方面，對此該戰略認爲：「種種跡象顯示，國防部對多種戰略趨勢形塑的未來之安全環境應預作規劃，此種趨勢也顯示未來我們可能遭遇主要的挑戰及安全風險。未來20年的可見壓力，如人口、資源、能源、氣候與環境，可能結合社會、文化、技術與地理政治的改變製造更大的不確定。經由史無前例的速度與改變的幅度，以及難以預測與趨向本身複雜的互動，此不確定更加惡化。全球化與持續的經濟相互依賴，在財富與機會增加的同時也使得國際社會更加禍福相應。全球各國對各種危機的敏感度越趨增加，而其時效及影響層面亦使不確定性倍增。現行防衛政策須說明這些領域的不確定性，如我們所計畫的，須考慮人口統計趨勢的意涵，特別是發展中國家人口的成長及已開發中國家人口的負成長。現在與未來資源、環境與氣候壓力這些改變的交互作用，可能引起新的安全挑戰。此外，各國對經濟與軍事力量消長的轉變，某些國家經由經濟發展及資源投入向上提升，有些其他國家則在物質壓力或經濟與政治的停滯向下沈淪，新的憂慮與不安全將會升高，對國際社會造成新的風險。這些風險將需要管理大量增加的能源需求，以維持經濟發展，以及處理氣候改變的需求。總的來說，這些發展對國家及社會造成新系列的挑戰。這些趨勢將會影響現行安全的關切，諸如國際恐怖主義與武器的

---

[11] Department of Defense, *The National Defense Strategy of the United States of America 2008*, p.4.

[12] 吳育騰，〈美國2008國防戰略安全意涵之研析〉，《空軍軍官雙月刊》，144期，98年2月，頁80。

擴散。與此同時，科學與技術發展這些趨勢的重疊，呈現一些可能的威脅，但對降低未來各種實體趨勢所產生的壓力與風險卻是正面的發展。然而，這些趨勢如何互動及如何造成對自然的衝擊是不確定的；但它們將影響未來安全環境的事實則是無庸置疑的。」。[13]

事實上，非傳統安全的威脅在21世紀的今天，已是世界各國不得不共同面對的問題。例如，在環境安全方面，美國「2009情報社群威脅評估」認爲氣候變遷、能源、全球建康議題及環境安全經常是糾纏在一起，同時不是美國傳統所視國家安全之威脅，它們將會在許多方面影響美國人民。情報社群已增加對上述重要議題在去年以史無前例發展所產生結果的評估。從國家安全角度言，環境變遷影響生存（例如食物及水的短缺、增加的健康問題包括疾病的擴散與潛在的衝突）、財產（例如地層下陷、洪水、海岸侵蝕與極端惡劣的天候）與其他安全的利益。而全球健康的議題方面，依據理論與實務的研究已證實健康及經濟成長與發展之間的關係，未來如再次爆發「非典型性肺炎」（severe acute respiratory syndrome, SARS）、H5NI感冒病毒或如1918年全球傳染性疾病的流行，將導致全球一億八千餘萬人死亡，屆時將對經濟造成嚴重損失。[14]

綜合言之，在後911的時代，威脅的特性與種類已不同以往的年代，因而在小布希政府時期「國防戰略」強調無論何時只要可能，國防部將會將其定位在回應與降低不確定，已清楚說明美軍須持續改進對趨勢的瞭解、它們的相互作用，以及部隊可能被要求回應或處理風險的範圍。部隊須藉由形塑趨勢的發展，透過發展裝備與能力，以及安全合作、保證、勸阻、嚇阻與作戰行動，國防部應該行動以降低風險。國防部也應該發展軍事能力與能量以防備不確定，以及組織的靈活與彈性以早期計畫，並與政府各部門、非政府組織及國際夥伴合作有效回應不確定。換言之，因應美國今天所面對的安全環境，美軍除一方面強化部隊的戰備整備外，與政府單位的協調及盟邦的協力作戰，另外如何協助政府、盟邦及友好國家應對傳傳統安全的威脅，都是當今美國部隊建軍備戰不可或缺的思考面向。

---

[13] Department of Defense, *The National Defense Strategy of the United States of America 2008*, pp.4-5.
[14] Dennis C. Blair, *2009 Annual Threat Assessment of the Intelligence Community*, pp.42-43.

第二節　國防部的能力與手段

因應威脅首重部隊的能力及所採用的手段，尤其今天美軍所面對的敵人已不是以往的國家行爲體，當下的敵人是居無定所、組織更爲鬆散、手段更爲殘暴的恐怖組織。如果再加上恐怖份子獲得核武器而成爲名符其實的「核子恐怖主義」（nuclear terrorism），則美國所面對的安全環境將更爲險峻。因此，爲防範兩者的結合，美國必須致力處理「核子恐怖主義」，其措施可分爲以下三種：拒止（確保武器與物質爲恐怖組織獲得）、防衛（使恐怖份子的攻擊難以得逞）與預防（瓦解恐怖組織或先制攻擊）。[15]而要有效完成上述措施，端賴作戰能力的建立。

一、2005年「國防戰略」

在建立國防部能力與手段方面，2005年「國防戰略」說明：「我們的戰略需要一個高素質的聯合部隊，我們維持信守增加聯合部隊效能與能力的水準。我們的目標不是在所有軍事領域的支配地位，而是降低弱點的手段，同時強化戰鬥的優勢，爲達此目標，我們將會：發展與維持關鍵的作戰能力；形塑與計畫規模相等的部隊，以滿足短、中期的需求；強化我們全球防衛態勢，以增強我們與其他國家在共同利益事務協同合作的能力。」[16]而該戰略也闡明建立八個作戰能力是美國國防轉型的焦點，此作戰能力包括：強化情報能力、保護重要的作戰基地、在全球共用區下的作業、保護與維持遠距離拒止的環境、拒止敵人的庇護所、遂行以網路爲中心的作戰、增進反制非正規挑戰的熟練度、增強國際與國內夥伴的能力。

（一）強化情報能力

「情報是作戰的耳目」，更是指揮官下達決心的依據，故情報對戰局的勝負有決定性的影響。2005年「國防戰略」認爲：「情報能力直接支撐戰

---

[15] CSIS, APS and AAAS, Nuclear Weapons in 21st Century U.S. National Security, Report by a Joint Working Group of AAAS, the American Physical Society, and the Center for Strategic and International Studies 2008, pp. 2-3.

[16] Department of Defense, *The National Defense Strategy of the United States of America 2005*, p.12.

略、計畫與決策，其促使改善戰鬥能力，並告知規劃與風險管理（it informs programming and risk management），三個方面是我們的優先選項。第一個優先選項是改善我們早期預警的能量，決策者需要對迫切危機早期預警的資訊，例如對不穩定國家、恐怖份子的威脅與飛彈攻擊等。第二個優先選項是傳送精確的情報，透過改善組織與程序的轉型，我們將會改善對情報使用者的協助。特別重要的是，我們旨在增進蒐集的能力，調整一個與使用者更友好的方法，以及經由競爭分析做到更佳預測敵人的行爲模式。第三個優先選項是落實平行整合，情報社群對聯合解決方案可扮演一個重要的角色，在儘可能的範圍（to the extent possible）尋求融合作戰與情報，並拆除隔絕組織、技術與文化的藩籬，此將使我們可更能獲得、評估與傳送重要情報資料給上級決策者及作戰的士兵。另外，反情報也直接支撐戰略、計畫與決策，其對防衛資訊在許多方面的優勢也是重要的（例如技術與作戰等）。我們將會強化情報能力，並將其整合在作戰之中，使決策及資源計畫能有一個充分的訊息。」。[17]

（二）保護重要的作戰基地

作戰基地是武器、裝備、精神與士氣的堡壘，其安全性對部隊戰力的保存、發揮與持續，有著決定性的影響。因此，作戰基地猶如個人安身立命之處，其對部隊重要性不言可喻。對此，該戰略強調：「我們首要的作戰基地即是美國本身，確保作戰基地的安全可使政治與軍事的自由行動，向國家與夥伴國家保證，並使我們能對發生的事件可及時全球部署部隊。確保重要基地的安全需要可行的情報、戰略預警與擊敗威脅的能力，必須在他們釀成之前即以擊潰。全期的戰略威脅可能使國內、外的作戰基地置於險境，當我們可辨識某些如飛彈及大規模毀滅性武器，自911恐怖攻擊事件後運用於反制美國及夥伴的其他武器，可能變得更難以辨識。我們必須改善防衛以應付此種挑戰，並增強在遠距離擊敗他們的能力。我們將會保護重要的作戰基地，包括美國本土，以反制所有對美國的挑戰。」。[18]

---

[17] *Ibid.*, p.12.
[18] *Ibid.*, pp.12-13.

（三）在全球共用區（global commons）下的作業

美軍為遂行優勢作戰能力，故要求具備24小時之內能到達全球任何一隅，同時也具備掌握外太空及網路的優勢。因此，該戰略特別說明：「我們在全球共用區如外太空、國際水域、空域與網路空間下的作業能力是重要的，其使我們能從安全的作戰基地投射兵力及於全球各地。我們在全球共用區的作業能力直接防衛美國與夥伴，並對重要的區域提供一個穩定作用。此種能力提供部隊作戰行動的自由，讓出我們傳統海權優勢，限制我們到達全球任何地方將是難以接受的。我們從國際空域與外太空作業的能力對聯合作戰仍是重要的，特別是，在國家對以太空為基地持續增加的時候，我們將會防備新的弱點。因此，主要的目標是確保進入與空間的使用，並拒止敵人懷有敵意的使用空間。網路空間是一個新的戰場，因此，「資訊作戰」（Information Operations, IO）正轉變成核心的軍事能力。成功的軍事作戰倚靠於保護資訊基礎設施與資料的能力，越來越依賴於資訊網路可能造成敵人尋求利用的弱點。同時，敵人運用資訊網路與技術，也創造遂行資訊攻勢作戰的機會。發展資訊作戰成為一個核心的能力，需要在程序、政策與文化上根本的轉變。藉由克服在全球海上、空中、外太空與網路空間作戰，我們會在全球共用區自由作業。」。[19]

（四）保護與維持遠距離拒止的環境

對保護與維持遠距離拒止的環境，該戰略聲明：「我們在全世界的角色倚靠於有效的保護，並維持部隊在遠距的環境，在這些地方敵人可能尋求拒止我們的進入。我們投射武力倚靠於防衛的態勢及國內、外彈性的部署，基地的安全，以及進入這些戰略共用區的能力。敵人可能運用先進或遺留的傳統軍事能力及方法拒止我們的進入，最後，他們可能結合最先進的軍事力量與未來的技術，以威脅我們投射武力的能力。其他的對手可能運用較不精良但有效的方法來拒止我們的進入或威脅他國拒絕我們的進入，他們的選擇是多樣的，包括對傳統能力的創新運用，以及意圖對友好政府間接加諸難以接受的代價。」。[20]

---

[19] *Ibid*., p.13.
[20] *Ibid*., p.13.

（五）拒止敵人的庇護所

為有效遏止敵人的藏身處所，徹底摧毀其後續破壞力，須將敵可能的庇護所破壞，因而該戰略認為：「威脅美國及利益的敵人需要安全的基地，他們將會利用遠距離或用無法治理的土地做庇護所，來形成他們的有利條件。我們占有更多敵人的重要作戰基地，則更能限制他們的戰略選擇。快速發展提升部隊的能力是主要的關鍵目標，以拒止戰略偏遠地區敵人的庇護所，在某些例子中將包括使用不同的「特種作戰部隊」（Special Operations Forces, SOF），或者能深入敵人領土實施目標精準攻擊的部隊。在其他的例子，持續的聯合或整合的作戰行動將是必須的，此需要全面擊敗在敵人領土或無治理區域國家與非國家的對手。拒止庇護所需要許多的能力，包括經常的搜索與精準打擊，對戰略偏遠地區的機動作戰，在極為嚴峻地區、重要作戰縱深（at significant operational depths）持續的聯合作戰行動，以及協助無治理之領土建立有效能與負責任的管理。藉由遂行有效的軍事活動與嚴峻地區的作戰行動及各式各樣的戰略縱深，我們將會拒止敵人的庇護所。」。[21]

（六）遂行以網路為中心的作戰

由於科技的進步，現代戰爭網路扮演一個十分重要的角色，在遂行以網路為中心的作戰上，該戰略闡述：「我們作戰的基礎是來自一個簡單的提議，整合網路的力量做為一個整體，實較部分的總合更有能力（the whole of an integrated and networked force is far more capable than the sum of its parts）。持續促進資訊與通訊技術，可對網路高分散式的聯合與協同部隊保有承諾。經由鏈結相容的資訊系統及有用的資料，網路為中心的作戰能力是可達成的。感應、決策與行動的功能在過去常常可建立一個單一的載台，如今假如他們在橫跨戰場是做地理性的分布，則可做緊密的運作。讓決定性的能力開花結果，越來越倚靠於我們管理及保護資訊領域優勢的能力。網路化將提供我們的部隊保有上述優勢的基礎，反恐作戰已展示及時與精確資訊的優勢，同時強化更大的聯合、相互操作指揮、管制、通信、資訊、情報、偵察與蒐索（command,

---

[21] *Ibid*., pp.13-14.

control, communications, computers, intelligence, surveillance, and reconnaissance, C4ISR）所需。除了戰場運用之外，藉由給予所有使用者接觸最近、最有關與最準確的資訊，以網路為中心的部隊可增進防衛作戰、情報功能、業務處理的效能與效率。藉由在無需將他們前進部署而做更有效率人力與能力的運用，也使我們能從後方取訊（reach-back）。轉型成為一個以網路為中心的部隊需要在程序、政策與文化上做根本的改變，在此方面的改變將可提供必要的速度、準確度與決策的品質，這對將來成功是重要的。我們會實施相容資訊以網路為中心的作戰，以及通訊系統、可用資料與彈性的作戰構想。」。[22]

（七）增進反制非正規挑戰的熟練度

在增進反制非正規挑戰的熟練度上，該戰略做以下的陳述：「在可預期的將來非正規的衝突將會是一個主要的挑戰，來自恐怖極端份子組織及支持他們的國家與非國家行為體，在未來將會使我們的部隊捲入一個複雜的安全困境，有必要重新界定過去一般功能部隊這樣的概念（redefining past conceptions of general-purpose forces）。全面擊敗恐怖極端主義者與其他非正規的部隊可能需要長時期的作戰，以及使用許多我們國力的要素，這樣的作戰方式需要改變訓練、裝備與運用部隊的方式，特別是對打擊恐怖與叛亂份子及實施穩定行動。與美國政府、盟邦與夥伴（包括國內的行為者）其他要素的協力合作，我們需要辨識、標定、追蹤與接觸個別敵人及他們的網路。為了達到這樣的目標，我們需要更大的能力，特別是在情報、搜索與通訊方面。藉由重新形塑及平衡我們的部隊，增進擊敗非正規挑戰的能力，特別是在恐怖主義方面。」。[23]

（八）增強國際與國內夥伴的能力

在增強國際與國內夥伴的能力方面，該戰略認為：「沒有國內外有能力夥伴的支持與協助，我們的戰略目標是無法達成的。在海外，美國正在轉型它的安全關係與發展新的夥伴關係。我們正強化自己的能力，以支撐轉變中的關係，並透過如「全球和平行動機制」（Global Peace Operations Initiative）的努

[22] *Ibid.*, p.14.
[23] *Ibid.*, pp.14-15.

力，正尋求改善夥伴的能力，期望增進夥伴國家部隊與美國部隊一起操作的能力。例如，強化盟邦與夥伴關係中一個主要的手段是安全合作計畫：辨識我們的共同利益，由夥伴來擔任領導的角色將有更佳效果；鼓舞夥伴增進他們的能力及和我們部隊一起聯合作業的意願；尋求促進與夥伴國家軍隊及國防部長合作的管理單位（authorities）。透過發展一個共同的安全評估與聯合作戰，整合的訓練與教育、整合的概念發展與實驗、訊息的分送與整合的指揮與管制，激勵主要盟邦的軍事轉型。安全合作對擴大國際的能量是重要的，以應對共同的安全挑戰。我們國家執行全球軍事反恐作戰（Global War on Terrorism）最有效工具之一是協助訓練夥伴國家的部隊。在國內，我們正增進國內夥伴的能力，包括地方、州與聯邦政府，以增進國土防衛的能力，國防部尋求萬一發生對國土顯著攻擊事件，與國內掌管安全與善後處理等單位有效率的夥伴關係。爲了達成此目標，我們尋求改善他們有效率回應的能力，同時聚焦於國防部及早在海外擊敗這些挑戰的獨特能力。」。[24]

再者，該戰略亦說明：「美國政府在國務院設立重建與穩定辦公室的協調官（Office of the Coordinator for Reconstruction and Stabilization），以支撐美國民間機構的能力，並改進與國際夥伴的協調，以助於海外複雜危機的解決。國防部與此辦公室合作，以增進政府各部門與國際夥伴的能力，執行那些經常因塞責而變成軍方責任的非軍事穩定及重建任務。我們的意圖是聚焦努力建立有利的長程環境最直接有關的任務上。爲了達成這樣的目標，國防部將會與政府各部門及國際夥伴協力合作，以改善從「軍轉民領導」（military-to-civilian led）穩定行動的能力。藉由與盟邦及夥伴的協力合作，我們會運用在安全上的努力，以提升支持穩定與重建活動的一個安全環境，協助國際與國內夥伴增進他們應付共同關懷複雜議題的能力。」。[25]

二、2008年「國防戰略」

爲防止敵人對美國的威脅與攻擊，國防部必須建立應有的能力，以防範未然。例如，2008年「國防戰略」首先說明：「任何戰略的執行是基於發展、維

[24] *Ibid.*, p.15.
[25] *Ibid.*, pp.15-16.

持與在預算限制內，擴大必須執行目標的方法，沒有這些方法，我們無法遂行任務。除了尋求能力與效能的增進及精練外，國防部對主要任務都有完善的裝備。橫梗於前的挑戰將需要資源及能明智平衡風險與資產的整合方法，並認知我們須在何處改善，以及何者較適合協助此戰略面向的執行。國防部將持續強調2006年「四年期國防總檢」（QDR）所確認的領域，特別是擊潰恐怖份子網路、全面防衛國土、形塑在戰略十字路口國家的抉擇與防止敵人獲得及使用大規模毀滅性武器等力量的增進，雖然它並非國防部主要的任務，但它們需要特別的關注。」。[26]

再者，該戰略亦強調：「國防部最大的資產是爲任務犧牲奉獻的人才，總體力量（Total Force）的分佈與平衡技術涵蓋每一個組成要素：常備部分、後備部分、民間勞動力、私人部門與承包商（contractor base），每一個要素依賴其他要素達成任務，沒有一個要素可獨立完成任務。在伊拉克與阿富汗的部隊指派的任務已過於繁重，且還要完成其他的任務與工作，雖然政府已承諾強化部隊，我們也應尋求找出更多的方法，以維持及運用數以千計退伍軍人獨特的技術與經驗，以及那些曾服役與能夠提供國家安全有價值的貢獻。我們將持續追求2006年『四年期國防總檢』所確認部隊的改進，包括擴編特種部隊、地面部隊、發展部隊模組化（modular）與適應力強的聯戰部隊。其次，戰略溝通在國家安全聯合方法上將會扮演越來越重要的角色，國防部與國務院的夥伴關係已在此領域向前邁開，我們對此將會持之以恆。然而，我們應該承認這對政府部門而言仍是一項弱點，一個協調的努力必須完成，以增進聯合計畫及戰略溝通之執行。再者，情報與資訊共享在國家安全上總是一個重要的構成要素，可靠的資訊及快速的研析是長期的挑戰，如在2006年『四年期國防總檢』所提及，國防部正追求改進全面的情報能力，諸如能辨識與洞悉恐怖份子網路情報人員及強化鑑識大規模毀滅武器及其載具之能力。」。[27]

第三，該戰略亦進一步說明：「技術與裝備是總體力量的工具，我們須給予部隊官兵所需及最好的資源，以善盡其職責，第一流的技術意味著在對的時

[26] Department of Defense, *The National Defense Strategy of the United States of America 2008*, pp.18-19.
[27] *Ibid.*, p.19.

間投資正確種類的技術，就如敵人修正與發展新的戰術、技能與程序。我們也必須與時俱進。其中最重要的是發展方法，以找出、標識與追蹤大規模毀滅性武器，我們也須持續改進獲得與採購規則、程序與監督，以確保靈活與及時的採購部隊重要裝備與物質。組織也是國防部成功的關鍵，特別是其將不同的能力與技術團結在一起，鍛鑄成團結的勁旅。以國防部爲核心的構想可將部屬單位連結，並使各單位截長補短，進而使總體力量發揮相乘的效果。此一目標是解除障礙及轉型工業時代的組織結構，進入一個以知識爲基礎的資訊時代。這些概念並非萬靈丹，除了技術還需要對人的投資，使它們瞭解這些倡議的全部潛能。」。[28]

第四，該戰略亦認爲：「強化我們與盟邦及夥伴關係發展迅速的體制，對執行戰略是重要的，我們與盟邦及夥伴在戰場及其他領域已變得更整合，無論是與正式的盟邦如北約或如『擴散安全機制』的新夥伴國家，它們已證明本身復原與適應的能力，這些關係持續轉變，當新的挑戰出現時確保其關聯性，我們的夥伴提供美國無法支援之資源、技術與能力。建立這樣的夥伴關係需要資源，國防部與政府跨部門夥伴、國會擴大安全合作，以及過去7年夥伴能力建立的方法將持續推動相關的工作，這些方法對戰略成功執行是重要的。我們也與國會及其他『利益關係者』合作，以特別表明越來越多的法律及規定限制對我們軍事戰備有阻礙、威脅與破壞的關切。國防部會持續執行全球防衛態勢的調整，轉型過時基地結構，以及前進部署兵力，使之成爲一支遠征軍，提供較大的彈性以對抗在轉變戰略環境下的不確定。」。[29]

第三節　風險管理

部隊除致力發展強大的軍事力量外，對內如何降低人員、武器與裝備的損耗，對外則要對外部可能產生風險進行評估，以有效應對外在環境挑戰對部隊可能造成之衝擊。以下分就2005、2008年「國防戰略」，有關風險管理概念與

[28] *Ibid.*, pp.19-20.
[29] *Ibid.*, p.20.

作爲分述如後。

一、2005年「國防戰略」

該戰略認爲：「有效管理防衛風險對執行國防戰略是重要的。2001年『四年期國防總檢』（QDR）是對風險評估的渠道，該總檢辨識風險的主要面向及可衡量部隊大小、型式、態勢、承諾與管理關於國防戰略目標的部隊。使國防部長得以評估在眾多目標與資源制約情況下取得平衡，這樣的風險架構包含作戰風險、未來挑戰風險與組織風險。作戰風險是在可接受人員、物質、財政與戰略代價中，與現行部隊成功執行戰略有關者。未來的挑戰風險是與國防部成功執行未來任務，反制一系列前瞻未來的挑戰有關者。部隊管理是管理部隊執行在『國防戰略』所描述任務有關者，此處最主要考量是召募、維持、訓練與裝備一個完備部隊及持續的戰備。組織風險與新的指揮、管理與業務執行能量有關者。我們評估不同種類問題的可能性，最顯著的是在追求戰略、戰術與管理目標時的失敗或非常昂貴的代價。此方法認知某些我們想要的目標可能無法達成，有些可能可以達成，而所花費的代價也不用那麼高。在某些領域的選擇影響到其他方面，國防部將會在每一個廣泛的分類中做出深思熟慮的選擇，並將會在此『國防戰略』驅動下，維持他們之間的平衡。我們會全面考量與資源及作戰有關者，並明確管理部門內的平衡。」。[30]

二、2008年「國防戰略」

執行「國防戰略」與其目標需要平衡風險，瞭解抉擇所隱含的風險，美國不是萬能，或者在衝突的領域都能執行一樣好的功能，最後美國還是要做抉擇，故該戰略說明：「在有限資源的情況下，美國的戰略須陳述如何評估、降低與回應風險，在此，我們所定義的風險意指對國家安全可能造成的危害及無力解決危害可能產生之後果。美國須預防戰略環境的改變，可能使我們戰略假設基礎與應對風險的能力失效。首先，風險與間接方法對長期戰爭是重要的，美國須承認夥伴對未來聯合部隊的貢獻，在兵力大小、組成、效能與能力都會

[30] Department of Defense, *The National Defense Strategy of the United States of America 2005*, p.11.

不同，某些夥伴在衝突全程具有政治意志、能量與能力做出重要貢獻。有些夥伴則在他們參與作戰形式顯示較受限制（如反恐、戰後穩定與傳統作戰行動），我們須平衡夥伴的明確需求——沒有他們長期戰爭終必功虧一簣——以及執行任務所需之效能與效率。此外，上述所確認的戰略衝擊可能改變『遊戲規則』，並需要對戰略的徹底重新評估。第二，此戰略需解釋四個面向的風險：作戰風險是那些與現行部隊成功執行戰略之人力、物資、財政與戰略成本有關者；未來挑戰的風險是與國防部未來成功執行任務對抗挑戰能力有關者；兵力管理風險是那些與管理兵力執行「國防戰略」所描述目標有關者，在此主要的關心事項是兵力的召募、維持、訓練與裝備，以及戰備能力的保持；組織風險是與那些新成立司令部管理與工作執行能力有關者。」[31]有關此四個面向的風險，依序分述如後。

（一）作戰風險

為應付潛在的危機，國防部會為總統詳盡闡述一系列選項，包括降低危機的方法，以及當可能時，降低兵力需求。應對作戰風險需要清楚說明風險及選擇的後果，並提出風險降低策略。美國在傳統戰爭的支配地位並非不受挑戰，但就目前趨勢看來，短期內應仍可維持既有的優勢，2006年「四年期國防總檢」聚焦於非傳統或非正規的挑戰，美國將持續聚焦在能力建立的投資，以應對其他的挑戰，同時檢視較大的風險。[32]

（二）未來作戰風險

美國對戰略環境的基本假設基礎，是短期內對美國主要的挑戰來自國家與非國家行為體運用非正規與災難性能力，雖然美國先進的太空與網路能力，給予傳統戰爭無與匹敵的優勢，但它們也承受弱點。中國正發展破壞美國傳統優勢的技術，例子包括發展反衛星及網路作戰能力，其他行為體，特別是非國家行為體正在發展不對稱戰術、技術與程序，以尋求避開美國運用優勢的形勢。國防部將會投資以防傳統優勢流失，不僅透過發展風險降低策略，而且藉由發

[31] Department of Defense, *The National Defense Strategy of the United States of America 2008*, pp. 20-21.
[32] *Ibid.*, pp.21-22.

展其他選項，或者可達成相同目的類似的方法。此種多樣平行（diversification parallelism）與獲得壓倒性的能力（overmatch capabilities）不同，由於美國有超過一個能力相同的敵人，其將包含對相同結果追求多重的路徑（multiple routes），同時確保此種能力能運用於橫跨多重任務領域。[33]

（三）部隊風險管理

部隊的成員是國防部最大的資產，確保每一個人有機會貢獻其最大潛能，對達成國防部目標與支持美國國家安全是重要的，一個全志願的部隊，是全世界最專業與專精作戰部隊的基礎。其也強調創新的需要性，以提供進步與成長的機會，美軍軍文職勞動力同樣擁有民間部門高度讚賞的技術，因此需要一個一致的策略，以維持這些專業人力。維持訓練精良且意志高昂的軍文職人員相當重要。薪餉的激勵只能僅止於物質的層面（only go so far），美軍軍文職人員選擇無私無我奉獻國家，資深領導者須認知提供人員成長的方法，發展新的知識與新的技術是美軍的責任。[34]

（四）組織風險

自2001年起，國防部已成立新的司令部（整合太空及戰略司令部，成立新的非洲司令部），以及新的管理機構，國防部是一個複雜的組織，必須注意（guard against）組織越來越複雜導致冗員、差距或官僚體系決策過程的重複。[35]

第四節　小　結

美國國防部自2005年首次提出「國防戰略」後，使戰略體系更加明確化，「層級戰略」於焉成形，對研究美國戰略體系與思維，提供新的研究方向。小布希政府「國防戰略」勾勒美國所處的環境已較以往更為複雜，今日的敵人分

[33] *Ibid.*, pp.21-22.
[34] *Ibid.*, p.22.
[35] *Ibid.*, p.23.

布廣泛且更爲鬆散。美國當前主要的威脅來自以下幾個面向。首先，美國在全球雖然沒有相應之主要敵手，但是仍面對國家與非國家競爭者與敵人之威脅。其次，主要國家行爲者可能選擇違反美國利益的戰略路徑。第三，政治穩定與治理的相關危機將會造成顯著的安全挑戰，這些挑戰可能直接威脅美國的基本利益，而需要軍事的回應。第四，在國際間，即使最親密的夥伴，對威脅的感受亦會有所不同，並在共識上也難以達成。

當前美國仍是世界超強，在傳統兵力的優勢地位暫時不會受到挑戰。然而，美國已很難在其他地區快速展開另一場大規模的傳統地面作戰。因此，基於均衡戰略原則的考量，國防部更應朝均衡發展傳統高科技戰力、非正規與不對稱戰力，其所強調的並非將所有的挑戰均一視同仁，也不是以更龐大的國防預算消除風險，而是縱使在資源短缺情況下，仍應擬定任務優先順序，考量必要的權宜條件與機會成本。[36]俾利在「國家安全戰略」的指導下，提供一個均衡、務實的戰略作爲，以保障美國未來的自由、繁榮與安全。

「國防戰略」延續「國家安全戰略」的思維與指導，具體表述國防部在面對變動中安全環境，應該建立何種能力，才能應對狡詐的敵人及詭譎多變的安全環境。爲確保戰力於不墜，部隊對各種風險也應採取相應作爲。此種思維主要以國家安全目標及利益爲先導，運用軍事力量的建立，俾擴大美國在全球權力的影響。基於無可匹敵的軍事實力，除了嚇阻潛在對手外，靈活與彈性的軍事能力，亦能對非國家行爲體採取相應對策，確保美國海內外的安全。誠如克萊恩對認知權力（perceived power）之定義爲：（基本實體 + 經濟力量 + 軍事力量）×（戰略意圖 + 貫徹國家戰略的意志），其中軍事力量包括戰鬥能力、戰略抵達能力與軍備努力程度，而「國防戰略」即爲建立上述能力的上層指導。

在恐怖組織與大規模毀滅性武器仍然隱藏潛在危機的時刻，美國再三強調其所處的是一個不確定的年代，故強調在各項計畫中必須有應變的計畫，尤其在本戰略中特別提出美國部隊應具有之拒止、防衛與預防的能力與手段，俾有效防範核子恐怖主義對美國的危害。此外，對於作戰風險、部隊風險與組織風

[36] Robert M Gates, “The National Defense Strategy-Striking the Right Balance”, *Joint Force Quartely*, no.52 (January 2009), p2.

險的管理，也著墨甚多。換句話說，「國防戰略」所強調者即是如何保有美軍多重任務的能力，植基於能力的強化，極大化國家安全的保障。故該戰略思維充分體現新現實主義學派，以軍事能力鞏固權力、發揮影響力及確保國家利益的思維。

第十一章　四年期國防總檢

The 2006 Quadrennial Defense Review reflects a process of change that has gathered momentum since the release of its predecessor QDR in 2001. Now in the fifth year of this global war, the ideas and proposals in this document are provided as a roadmap for change, leading to victory.

Donald Rumsfeld

此「2006年四年期國防總檢」反應自2001年「四年期國防總檢」公布以來所蓄積之變革能量。時值此一全球性戰爭邁入第五年之際。本報告之理念與建議提供我們未來推動改革與邁向勝利之藍圖。

（倫斯斐・2006年四年期國防總檢）

隨著兩極對抗的結束，國際間發生大規模衝突的機會雖已大為降低，但接踵而來的是，非傳統安全威脅與挑戰的急劇升高。諸如，中東局勢持續的動盪、大規模毀滅性武器擴散的潛在威脅、恐怖組織與極端主義對美國持續性的威脅等，尤其是911恐怖攻擊事件後的衝擊與影響，更改變美國對安全威脅的原有認知，強調國土安全已是攸關國家生死存亡至關重要的問題。國防部為因應國內外險峻環境的威脅與挑戰，以及三軍部隊為達成「先制攻擊」戰略打擊目標之需要，並在「國家安全戰略」的指導下，展開全球反恐戰爭全面性的兵力部署與調整，以期建立一支戰鬥力強且反應快速靈活的現代化打擊部隊。在軍隊進行徹底轉型，因應未來戰場可能的安全威脅與作戰需求的同時，也應配合國家整體戰略作為，持續努力與盟（友）邦之間建立穩定、開放的合作關係與軍事互信機制，提昇強大的嚇阻力量，創造整體有利的戰略優勢，促進區域的穩定與和平。「四年期國防總檢」的核心戰略思維，便是在兼顧當前作戰需求及前瞻未來快速變化的世局下應運而生。

美國為因應冷戰結束戰略態勢的轉變，已執行1991年「基準兵力」（Base Force）、1993年「通盤檢討」（Bottom Up Review, BUR）、1994年「聯席會議主席武裝部隊角色與任務檢討」（每三年一次）、1995年「武裝部隊角色與任務委員會」（Commission on Roles and Missions, CORM）的兵力結構評估，以對國防戰略與政策、兵力結構、兵力現代化與轉型等進行全面性的檢討評估。然而，國會認為國防部僅考量維持現有規模與預算，而非依外在安全環境與威脅的改變來調整所需兵力結構。因此國會採用1995年「武裝部隊角色與任務委員會」所提出執行「四年期戰略總檢」（Quadrennial Strategy Review, QSR）建議，並於1997年會計年度「國防授權法案」中通過「1996年軍力結構總檢法案」（Military Force Structure Review Act of 1996），[1]正式提出「四年期國防總檢」要求新任總統上任當年，須進行每四年一次的國防總檢討。此總檢主要著眼形塑促進美國利益的安全環境，保持美國部隊回應全面威脅的能力，以及準備因應未來的威脅。

美國是當今全球綜合國力最強盛的國家，沒有任何區域強權能挑戰其世

[1] 陳勁甫、邱榮守，論析美國「四年期國防總檢」的立法要求與影響，問題與研究，第46卷第3期，96年9月，頁1-2。

界霸主的地位，爲確保其全球利益，必須進行國防兵力結構的轉型，以能順應21世紀全球情勢的演變，有效因應國家安全威脅之各項挑戰。周延前瞻未來各項戰略作爲之擴展等諸般考量，由國防部統籌規劃，從1997-2015年間美國國防上的需求：潛在威脅、戰略、兵力結構、戰備態勢、軍事現代化計畫、國防基礎建設、和國防計畫其他項目。「四年期國防總檢」旨在爲一個以戰略爲基礎、均衡、符合預算的國防計畫規劃藍圖。[2]同時亦應針對美國整體「國防戰略」、各項程序、計畫、政策之內容作全面性的檢視與風險評估，以確保國家安全整體利益的實現。基於此一立法之要求，柯林頓政府於1997年提出全球第一份的「四年期國防總檢」報告，而小布希政府則分別於2001年及2006年提出「四年期國防總檢」報告，此「四年期國防總檢」報告，主要延續「國家安全戰略」的戰略指導，考量國際安全環境及整合國防資源，建構一支足以應對威脅的部隊。而「四年期國防總檢」所強調的重點，主要包括：安全環境的評估、國防戰略之重心、兵力規劃與整備及部隊未來的轉型等四個面向，分述如後。

第一節　安全環境的評估

2005年美國首次將「國防戰略」單獨提出之前，其戰略體系分爲「國家安全戰略」、「四年期國防總檢」與「軍事戰略」，因此對於安全環境的評估仍是圍繞在安全、經濟繁榮與民主價值等三個層面。當然，就「四年期國防總檢」的角度言，安全仍是其關注的重點。例如，1997年「四年期國防總檢」對全球安全環境明確指出：「當廿一世紀即將來臨時，美國所面對的是一個動能十足與不確定的安全環境，而這樣的安全環境卻是充滿機會與挑戰，從積極的角度觀之，我們具有的是戰略機會，全球戰爭的威脅已消退，我們民主政治與市場經濟的核心價值，已爲全世界許多國家所效法，此創造促進和平、繁榮及提升國際合作的新契機。持續的全球經濟動能正轉化商務、文化與互動，美國與北約、美日與美韓的聯盟關係，對美國的安全是至關重要的，而這樣

[2] 楊紫函，林敏等譯，《1997美國四年期國防總檢》（台北：聯勤北部印製廠，1997年10月），頁21-22。

的關係也正成功調整，以應對今日所面臨的挑戰，並為世界的穩定與繁榮奠基。以往的宿敵，如蘇聯與華沙公約成員國現在與我們在許多安全議題上都有合作關係。實際上，許多國家視美國為最佳的安全夥伴。」[3]該報告進一步指出：「僅管如此，這個世界仍舊存在危險及高度的不確定性，從現在起至2015年，美國仍面對許多顯著的挑戰，諸如，種類繁多的區域安全危機、先進科技用於軍事用途或為恐怖分子所用、美國的利益將受到一連串跨國界危險的挑戰，以及美國現今的處境雖較冷戰時期安全，惟美國本土仍無法免於外來的威脅。」。[4]

2001年「四年期國防總檢重大議題」則進一步提出2001-2025年之間未來安全環境的共識，據此採取避險策略，以確保美國國家安全。前述重大議題包括威脅、軍事科技與對抗策略等三大類，共計十六個項目，[5]摘要如表11.1。

表11.1　美國未來安全環境的共識

區分	內容
威脅	將不會有敵對的意識形態存在。
	將不會有敵對的軍事聯盟存在。
	將不會有一個全球性的軍事匹敵者存在。
	將會有經濟競爭者存在，但經濟競爭將不會導致戰爭。
	將會有對美國進行軍事挑戰的區域強權存在（但究竟是哪一個國家，中共、俄羅斯或流氓國家?則無共識）。
	將會出現更多失能國家。
	將會出現更多危害安全的非國家威脅。
軍事科技	先進軍事科技將進一步擴散。
	將更容易自商業管道取得重要的作戰情資。
	其他國家將會追求軍事事務革命，但美國仍將在科技上維持全面領先的地位。
	未來假如有突破性的科技發展，則很可能出現在美國或某一盟邦中。

[3] Report of the Quadrennial Defense Review 1997, internet available from http://www.bits.de/NRANEU/others/strategy/qdr97.pdf, accessed July 16, 2013.
[4] 楊紫函，林敏等譯，《美國四年期國防總檢1997》，頁25-27。
[5] 余忠勇等譯，《2001四年期國防總檢重大議題》（臺北：聯勤北部印製廠，2002年2月），頁39。

對抗策略	美國仍將保有制空與制海權。
	區域強國將採取阻止美軍進入使用區域內作戰空間的策略。
	美軍所參與的大規模戰鬥中可能會出現動用大規模毀滅性武器的情形。
	美國本土將愈來愈容易遭受不對稱攻擊的危害。
	資訊作戰將日益重要。

資料來源：余忠永等譯，《2001四年期國防總檢重大議題》（臺北：聯勤北部印製廠，2002年2月），頁40。

2001年「四年期國防總檢」則闡釋美國在全球的目標旨在促進和平、維護自由與鼓舞繁榮，其在全球的安全角色是獨特的，提供盟邦與友好國家網絡基礎，以及穩定與信心的共識，此共識對世界大多受益的經濟繁榮是重要的。美國在全球的安全角色亦對那些對美國盟邦與友好國家福祉極盡威懾與侵略的意圖是無法成功的。[6]該戰略進一步指出：「美國部隊的目的是保護與促進國家利益，並且在嚇阻失敗時，決定性擊潰對美國利益產生危害的任何威脅。」因此，美國防衛態勢的發展均應將下列長遠的國家利益納入考量，如表11.2。

表11.2　美國長遠的國家利益

區分	長遠國家利益
確保美國的安全與行動自由	美國主權、領土完整與自由。
	美國公民海內外的安全。
	保護美國重要的基礎設施。
兌現美國的承諾	盟邦與友好國家的安全及福祉。
	防止對於重要地區有敵意的掌控，如歐洲、東北亞、東亞濱海區、中東與西南亞。
	西半球的和平與穩定。
提供經濟福祉	全球經濟的活力與生產力。
	國際海、空、外太空與資訊通路的安全。
	使用主要市場與戰略資源。

Source：Department of Defense, Quadrennial Defense Review 2001, p.2, internet available from http://www.defense.gov/pubs/qdr2001.pdf, accessed July 16, 2013.

[6] Department of Defense, Quadrennial Defense Review 2001, p.1, internet available from http://www.defense.gov/pubs/qdr2001.pdf, accessed July 16, 2013.

由於受到911恐怖攻擊的影響，美國對於安全的看法，也逐漸強調與恐怖分子的長期戰爭，尤其置重點於阿富汗及伊拉克地區。2006年「四年期國防總檢」開宗明義道出「美國正在打一場長期戰爭。自2001年9月11日恐怖攻擊事件發生以來，我國開始展開對抗殘暴極端分子的全球戰爭；這些極端分子以恐怖主義爲武器，試圖摧毀我們自由的生活方式。我們的敵人試圖取得大規模毀滅性武器；一旦他們得手，很可能會把這些武器用在全球自由人民的戰爭中。當前，這場角力的核心舞臺在阿富汗和伊拉克，但我們得做好準備並設法在未來成功保護美國及全球的利益。」。[7]

第二節　國防戰略之重心

國防戰略爲「四年期國防總檢」之戰略基礎，而該戰略則爲國防戰略定期之檢視，兩者除關係密切外，又同受「國家安全戰略」之指導。1997、2001年「四年期國防總檢」更爲戰略體系不可或缺之要件，因此對「四年期國防總檢」而言，國防戰略爲其不可短缺之基石。1997年「四年期國防總檢」指出：「爲了支持國家安全戰略，美軍與國防部必須能夠協助朝促進美國利益的方向形塑國際安全環境，受命回應所有可能發生的危機，並爲不穩定的未來之中的各項挑戰做好準備，上述三大重點：形塑、回應與準備，乃美國今日到2015年國防戰略之精髓所在。」[8]此三者前後脈絡一貫，即美國必須要具備一支能左右國際安全環境的部隊，其次結合美國本土與海外駐軍的力量，隨時能夠回應來自各地方的衝突與戰爭，就算在承平時期美國各級部隊也應做好戰備整備，爲不確定的未來威脅做好因應準備。形塑、回應與準備三者，道出做爲世界強權的實力與責無旁貸的大國氣勢，相關內容摘要如後。

---

7 蕭光霈譯，《2006美國四年期國防總檢報告》（臺北：國防部軍備局生產制造中心北部印製廠，2007年），頁8。

8 楊紫函，林敏等譯，《1997美國四年期國防總檢》，頁21-22。

表11.3　美國國防戰略之重心

區分	精髓
形塑國際環境	促進區域安定。
	預防或降低衝突與威脅。
	嚇阻侵略與脅迫。
回應各種危機	在危機中嚇阻侵略與脅迫。
	進行小規模應變作戰。
	主要戰區戰爭。
為不確定之未來做好準備	力求現代化。
	利用軍事改革。
	利用企業改革。
	採取審慎預防步驟使立於不敗之地。

資料來源：楊紫函，林敏等譯，《1997美國四年期國防總檢》（台北：聯勤北部印製廠，1997年10月），頁35-50。

2001年「四年期國防總檢」指出：「國防戰略旨在達成和平、自由與繁榮等廣泛的國家目標。外交與經濟活動則係藉由鼓勵民主與自由市場，在全球各地推動這些目標。美國國防戰略企圖維護美國及其盟邦的自由，並協助確保和平的國際環境，使其他目標亦可實現。」該戰略說明四個國防政策目標，包括使盟邦和友邦放心、勸阻未來的軍事競爭、嚇阻危及美國利益之威脅與脅迫，以及一旦嚇阻無效，毅然決然擊敗任何敵人。然而，該戰略亦說明，要達成上述國防政策目標，則須致力堅守下列原則。首先，就落實風險管理言，國防部對大規模戰爭，以及可能造成大量傷亡的恐怖攻擊、網路戰爭、CBRNE（化學、生物、放射性、核子與高爆武器）戰爭，必須擬訂一套風險架構，妥善管理美國所面對的風險及達成國防政策目標。[9]其次，就植基於能力爲導向的國防戰略言，國防部爲因應日益變遷的國際環境，將威脅爲導向的國防調整爲植基於能力的國防，此反應一個事實，即美國無法確切知道未來數十年有哪些國家、或哪些非國家行爲者，會對美國或其盟邦及友邦的重大利益構成威脅。然而，吾人仍然可以預判敵人將以何種能力脅迫其鄰國，嚇阻美國防衛其盟邦

[9] 國防部史政編譯局譯，《2001四年期國防總檢》（臺北：聯勤北部印製廠，2002年1月），頁20-21。

及友邦，或直接攻擊美國或其部署部隊。植基於能力模式即置重點於敵人的作戰方式，而非誰是敵人及戰爭會在何處爆發，將擴展吾人的戰略視野。因此，美國首須確認美軍需要何種能力，方能嚇阻及打敗依賴奇襲、欺騙和不對稱而達成目標之敵人。其次，美國需要的能力包括可克服敵人抗拒美軍進入和克服地區阻絕威脅之先進遙測、長程精準打擊、轉型之機動部隊與遠征部隊及其系統等能力。[10]第三，就防衛美國及投射美國軍力言，得自於911恐怖攻擊的教訓，國防戰略重新置重點於防衛美國及其陸上、海上、空中及太空的通路。美軍必須捍衛美國的生活方式、政治制度，以及對海外投射決定性軍力的能力泉源，長程武力投射能力有助嚇阻對美國之威脅，必要時，更可於遠拒阻擾、排拒或摧毀具有敵意的實體。[11]第四，就強化同盟與夥伴關係言，美國強化同盟與夥伴關係有其明確的軍事意涵，即美軍平時須與盟（友）邦的軍隊一同訓練與作業，就像在戰時作業一樣。這包括加強彼此的作業互通能力及加強同盟作戰的平時準備，並增加盟邦對諸如聯合（盟）訓練與實驗等活動的參與。[12]第五，就保持有利的區域平衡言，國防戰略須側重在重要地區保持有利的軍事平衡，基此，美國方能確保和平、拓展自由，以及使盟（友）邦安心。如此一來美國的潛在敵人若決定在軍事競爭上鋌而走險，勢將付出高昂代價。他們最後可能深信採取與美國利益敵對的行爲將得不償失。[13]第六，就發展軍力組合言，美軍必須要發展能凌駕現行挑戰、防止並消弭未來威脅的重要軍力組合。此一組合係建立在當前美國傳統軍力的優勢上，包括從事資訊戰、確保美國進入遠距戰區、因應對美國及其盟邦領土的威脅，以及保護美國的太空資產等能力。同時利用美國在技術上的卓越及創新優勢、無與倫比的太空和情報能力、精良的軍事訓練，以及將高度散置的軍力做最佳組合，俾進行高度複雜的聯合軍事作戰能力。[14]

在2005年「國防戰略」首次公佈以來，以往有關國防戰略的論述都在四年期國防總檢之中闡釋。當然，2005年「國防戰略」仍是依循2001年「四年期國

---

[10] 前揭書，頁21-22。
[11] 前揭書，頁22。
[12] 前揭書，頁22-23。
[13] 前揭書，頁23-24。
[14] 前揭書，頁24。

防總檢」路線撰擬，在該戰略中明確詳述國防戰略之戰略目標包括：確保美國免於遭受直接攻擊、確保戰略通道與保持全球的行動自由、強化盟邦與夥伴關係與建立有利的安全條件。另外，該戰略也指出美軍應如何完成目標，包括：向盟邦及友好國家提供保證、勸阻潛在敵人、嚇阻侵略與反制威懾、擊敗敵人。前述目標之達成端賴美軍建立如下的關鍵能力：強化情報能力、保護重要的作戰基地、在全球共用區作業、保護與維持遠距離拒止的環境、拒止敵人的庇護所、遂行以網路為中心的作戰、增進反制非正規挑戰的熟練度、增強國際與國內夥伴的能力。[15]當美軍部隊能力獲得提升，便可在快速變化的作戰環境中擁有較大彈性，有利美軍各項任務的遂行，並降低人員的傷亡。

面臨可能來自恐怖攻擊的持續威脅，2006年「四年期國防總檢」在落實國防戰略方面確認必須加以檢討的優先領域包括：擊潰恐怖網路、保衛國土安全縱深、為面臨戰略選邊國家形塑各種選擇、阻止敵對國家與非國家行為者取得或使用大規模毀滅性武器，其強調要點分述如後。

第一，就擊潰恐怖網路面向，由於資訊的發達，恐怖組織同樣藉助資訊的便捷，在全球各地發動攻擊，例如紐約、華府、雅加達、巴里島、伊斯坦堡、馬德里、倫敦、伊斯蘭馬巴德、新德里、莫斯科、奈洛比、沙蘭港、卡薩布蘭加、突尼斯、利雅德、夏姆錫克與安曼等地。此種恐怖攻擊的發展，已經成為比外患更為嚴重的威脅。[16]美國與其盟邦、友邦必須持續尋找、攻擊並瓦解全球各地恐怖組織以維持攻擊態勢，並藉由不讓恐怖組織找到實體與資訊領域的藏身，以增加其面對之全球性壓力。美國及其盟邦、友邦將會持續監視、滲透與攻擊敵人散佈於世界各地的組織，並擾亂其網絡運作。這些作法將產生可支持行動的情報，以利後續同步採取軍事或非軍事手段對已知敵人網絡實施打擊，進而發掘其潛伏之處。此舉將可有效限縮恐怖組織的活動，降低對美國與其盟邦、友邦，以及海內外駐軍的威脅。[17]

第二，就保衛國土安全縱深面向，國防部在此方面必須承擔三大責任：主導國防部所負特定任務、支援其他部會與協助夥伴取得能力。其中「主導」意

---

[15] 曹雄源、廖舜右譯，《美國國防暨軍事戰略》（桃園：軍備局401廠北印所，2008），頁19-47。

[16] 蕭光霈譯，《2006美國四年期國防總檢報告》，頁51-52。

[17] 前揭書，頁53。

謂承總統與國防部長之指示，國防部負責執行軍事行動以阻止、嚇阻、或擊潰外力對美國、美國人民及重要國防基礎建設之攻擊。「支援」則指承總統與國防部長之指示，國防部負責支援政府機關執行指定之執法或其他行動，並在全面性的國家因應措施中，負責預防與保護國家免受恐怖攻擊，或協助進行恐怖攻擊及災難復原工作。「取得能力」意指國防部設法改善國內外合作對象之國土防衛與災後管理能力，同時在適當條件下進行軍、文部門的情資、專業與技術分享，以提升國防部本身的能力。國防部將充分應用在計畫、訓練、指揮與管制、演習等方面的相對優勢，並透過共同演訓建立信任與信心，以達成此一目標，成功的國土防衛需要標準化的作業概念，發展相容技術及解決方案，並協調計畫作為。在邁向此一目標的過程中，國防部與國土安全部、各州與地方政府合作改善國土安全能力與合作機制，並透過實驗、測試與演訓改善跨部會計畫作為、想定研擬與作業互通性。[18]俾進一步改善部會、各州與地方政府機關之指、管、通能力，增強嚇阻潛在敵人的能力，以及強化災難應變與災後處理能力。

第三，就為面臨戰略選邊國家形塑各種選擇面向，該總檢認為世界上主要新興強權的選擇，將左右美國與其盟國、友邦未來戰略地位與行動自由。美國將以促進建立合作與雙邊安全利益方式，左右其所做出之選擇，這些新興強權包括中共、俄羅斯、印度、伊拉克、阿富汗、委內瑞拉等，美國將會讓上述國家瞭解美國的軍事優勢，以此軍事優勢美國可以保有行動的自由，讓對手知道在衝突中無法獲勝，並可能承擔因軍事潰敗所衍生的重大戰略風險。[19]

第四，阻止大規模毀滅性武器的取得與使用面向，該總檢指出反制大規模毀滅性武器威脅的全國性行動，必須包含預防性與反應性作為。預防性作為即在對現有武器、原料與技術進行控管，並讓大規模毀滅性武器不再被視為是國力的要素。這項作法獲致成果的根本之道是提升偵測、確認、定位、標識與追蹤位於敵對或阻絕地區之關鍵大規模毀滅性武器資產與發展基礎建設，以及在運送過程攔截大規模毀滅性武器、投射系統與相關原料的能力；反應性作為即當預防作為無法發揮效果時，美國就必須做好採取反應的準備，有效的反應作

[18] 前揭書，頁59-61。
[19] 前揭書，頁62-67。

爲需要美國運用所有國力要素，結合目標一致的國家尋找、掌握並摧毀大規模毀滅性武器。美國將盡可能使用和平與合作手段，但在必要時也不排除使用武力。然而，此舉必須更加強調大規模毀滅性武器的掃除行動，這類行動係於敵對或不確定環境中尋找、界定、掌握、解除、或摧毀某個國家或非國家行爲者所擁有之大規模毀滅性武器能力與計畫。[20]經由預防性作爲與反應性作爲，美國對CBRNE（化學、生物、放射性、核子與高爆武器）武器的偵查、追蹤、反制，產生相當程度的效果，防止恐怖組織與大規模毀滅性武器合而爲一。

第三節　兵力規劃與整備

1997年「四年期國防總檢」所要求的部隊和人力，陸軍將維持四個現役軍、十個現役師（六個重裝師與四個輕裝師），以及兩個裝甲兵團。海軍將維持十二個航母戰鬥群及十二個兩棲備便大隊，航艦飛行聯隊的數目將維持十個現役和一個備便聯隊。空軍以六十架現役戰機取代老舊的「空軍國民兵」，另六個本土防空飛行中隊將改爲遂行一般任務、訓練、或其他任務。這些改變將使空軍成爲一支現代化和更具彈性的部隊，且擁有相當於十二個以上的現役戰鬥機聯隊、八個後備戰鬥機聯隊、四個空防飛行中隊（相當於五分之四個聯隊）。海軍陸戰隊將維持三支「陸戰遠征軍」的現役兵力，每支部隊包括一個指揮部、一個師、一個航空隊、一個勤務支援隊。現役兵力將繼續獲得一個後備師／聯隊／勤務支援群的支援。特戰部隊兵力重點集中在特種部隊群和營、三棲作戰小組（SEAL）、特種作戰中隊。核子部隊包含十八艘三叉戟級核子動力飛彈潛艦、五十枚維和者型飛彈、五百枚義勇兵三型飛彈、七十一架B-52H轟炸機、廿一架B-2轟炸機。後備部隊仍維持其在戰時參與戰鬥，並在平時廣泛支援國防部的各項任務，後備部隊爲所有作戰的一部分，缺少後備部隊則主要作戰不會成功。[21]此外，本總檢亦說明美軍兵力整備主要可提供形塑全球環境、制止潛在敵人，以及在必要的時候，迅速回應各種威脅所需之彈

[20] 前揭書，頁69-74。
[21] 楊紫函，林敏等譯，《1997美國四年期國防總檢》，頁89-90。

性。此外，整備亦將賦予國人克服多重挑戰環境方面所需的信心，而整備工作也一直是美軍列爲最高優先的工作。各軍種依戰備需求，建構一支足以因應威脅挑戰的部隊。例如，陸軍應致力於利用資源，儘可能將其先鋒部隊之整備狀態提至最高，同時維持將後續部隊在規定時限內完成部署之能力。海軍和陸戰隊以輪調整備之方式滿足海外兵力展示及前進接敵之責任，以維持前進部署兵力高度整備之需求。空軍由於在主要戰區及小規模突發衝突階段即需空中武力之參與，因而需維持全方位之高度整備。[22]此兵力的規劃與整備使美軍得以保持靈活、機動與活力強的特性，確保足以應對來自傳統與非傳統，以及非國家行爲體可能發動的猝然攻擊。

因應恐怖攻擊的持續威脅，2001年「四年期國防總檢」說明美軍必須確保擁有能及時適應奇襲之編裝武力，此一新的兵力規模規劃特爲達成下列目標。第一，防衛美國。第二，前進重要地區嚇阻侵略及脅迫。第三，在同時發生的兩場重大衝突中迅速擊退侵略，並爲美國總統保有在其中一場衝突獲得決定性勝利的選項，其中包括政權更替或軍事佔領。第四，從事有限的小規模應變作戰。爲達成前述目標，美軍的兵力結構必須是一個強力的組合，以降低未來的作戰風險，[23]其主戰兵力統計，如表11.4。

表11.4　2001年美國部隊兵力統計

區分	兵力數量
陸軍	十個現役師、八個後備師
	一個現役裝甲騎兵、一個輕裝騎兵團
	十五個加強獨立旅（國民兵）
海軍	十二艘航母
	十個現役飛行聯隊、一個後備飛行聯隊
	十二個兩棲預備群
	五十五艘攻擊潛艦
	一〇八艘現役水面作戰艦、八艘後備水面作戰艦

22 前揭書，頁75-82。
23 余忠永等譯，《2001四年期國防總檢重大議題》（臺北：聯勤北部印製廠，2002年2月），頁27-34。

空軍	四十六支現役戰機中隊
	三十八支後備戰機中隊
	四支後備防空中隊
	一一二架轟炸機　（有戰鬥編號）
陸戰隊	三個現役師、一個後備師
	三個現役飛行聯隊、一個後備飛行聯隊
	三個現役部隊勤務支援群、一個後備部隊勤務支援群

資料來源：余忠永等譯，《2001四年期國防總檢重大議題》（臺北：聯勤北部印製廠，2002年2月），頁34-35。

2006年「四年期國防總檢」指出美軍根據作戰行動所獲得的經驗與教訓，針對兵力的規劃實施下列精進作爲，以更有效因應戰爭要求。第一，國防部所負之本土防衛責任應該與其他部會所負之職責有更明確的劃分。第二，美軍應持續在前進地區遂行作戰，但過去四年之作戰需求顯示美軍在全球執行任務之重要性，而不僅限於2001年四年期國防總檢所列舉的四大區域（包含歐洲、中東、亞洲沿岸與東北亞）而已。第三，在後911的世界中，非正規作戰已成爲美國與其盟邦及夥伴們所面對的主要戰爭形式。因此，指導綱要必須針對分散式、長期之作戰加以考量，其中包括非傳統戰、外國境內防衛、反恐、反叛亂與穩定局勢和重建任務等。第四，在可預見之未來，緩步進行的作戰（包括長期反恐戰爭的某些作戰）、相關的輪替基地與戰力維持需求，將是調整美軍兵力規模之主要決定因素。第五，除了四年期國防總檢所強調的預防作爲外，指導綱要應進一步強調針對嚇阻與其他平時佈局活動所必要之能力與部隊。第六，依速決殲敵及決勝作戰兩名詞所界定的終戰指導，可能不適用於某些美軍部隊受命的任務，諸如支援政府機關進行災後處理、國內重大傷亡事件，或對使用不對稱戰術的敵人遂行長期之非傳統戰役等。[24]易言之，美軍之兵力規劃將依國土防衛、反恐戰爭、傳統戰役，[25]進行兵力的規劃，而此種兵力規劃的要求仍以機動、靈活、彈性、優勢，以及具備同時執行三個不同戰爭型態的威脅。

24 蕭光霈譯，《2006美國四年期國防總檢報告》，頁76-77。
25 前揭書，頁80。

第四節　部隊未來的轉型

部隊轉型之目的主要因應日益變遷的國際安全環境，其目的更是透過轉型保持與他國在質與量的優勢。1997年「四年期國防總檢」強調爲了使轉型工作能有效進行，參謀首長聯席會議主席乃提出「2010聯戰遠景」（Joint Vision 2010）。依據此一構想，當可使部隊運用民眾之持續與創新能力，以及預期科技發展的有利時機，俾能在聯合作戰中達到新的效率境界。「2010聯戰遠景」擁抱資訊優勢與先進科技，可運用新的作戰概念、組織安排，以及武器系統將驅使傳統作戰的轉型。聯戰遠景並將依據其所強調之四種新的作戰構想，引導國防部爲未來預作準備：亦即優勢的機動性、精確的接戰、全方位的防護與集中的後勤，其目標旨在達到全方位主導之優勢。[26]

2001年「四年期國防總檢」提及美軍轉型的目的是在面臨戰略環境改變下，仍能保持美軍的優勢。因此，轉型必須置重點於未來的挑戰，以及這些挑戰所形成的契機之上，故該總檢強調轉型的六項重點爲：「第一，保護美國本土、海外部隊、盟邦及友邦的重要作戰基地，以及擊退核生化、放射性與加強型高爆武器（CBRNE）。第二，遇有攻擊時確保資訊系統，並遂行有效的資訊作戰。第三，將美軍投射至防阻美軍進入與地區阻絕的遠方環境，以及擊退防阻美軍進入地區阻絕等威脅。第四，以持續的偵察、追蹤及大規模的精準打擊，全天候且不分地形迅速迎戰各種射程內的重要機動和固定目標，讓敵無處可逃。第五，提升太空系統及支援性基礎設施的能力與存活力。第六，巧妙運用資訊技術和創新概念，發展可作業互通的聯合指揮、管制、通訊、電腦、情報、監視與偵察架構，以及包括可應需要而調整大小的聯合作戰情勢圖像的能力。」[27]此一構想主要藉由導入創新概念，發展新式武器與裝備，保持美軍的優勢，並運用此一優勢監控、預防潛在敵人的威脅，且在必要時以優勢軍事力量摧毀敵人。

2006年「四年期國防總檢」指出在本總檢編撰期間，國防部高層領導團隊針對四項重點領域與修正後兵力規劃架構，構思戰力與兵力可能調整項目，並

26 楊紫函，林敏等譯，《1997美國四年期國防總檢》，頁95。
27 國防部史政編譯局譯，《2001四年期國防總檢》，頁42-43。

在擬訂以下戰力組合建議方案前，先確認未來兵力所望之特性，這些戰力組合包括：聯合地面部隊、特戰部隊、聯合空中部隊、海上聯合部隊、針對性嚇阻能力、打擊大規模毀滅性武器之能力、聯合機動能力、情監偵與太空能力、網狀化能力及聯合指管能力。聯合地面部隊首重將未來戰鬥系統與模組化兵力整合；特戰部隊則強調能長期擔任派遣任務與全球性非傳統作戰能力；聯合空中部隊置重點在修訂「聯合無人作戰航空系統」計畫與發展無人載具「全球之鷹」；海上聯合部隊致力加速採購「近岸戰鬥艦」與採購未來「海上前置部隊」所需八艘艦艇；針對性嚇阻能力則是建構新核武戰略鐵三角；打擊大規模毀滅性武器之能力主要在有效防止大規模毀滅性武的擴散及強化部隊遂行核生化、放射性與加強型高爆武器（CBRNE）處理能力；聯合機動能力則是置重點在強化運輸與空中加油機隊的建設；情監偵與太空能力則是強化裝備、情資整合與跨國合作；網狀化能力則是研擬資訊共享策略俾順利執行美軍海內外之共同作業；聯合指管能力則為強化資訊處理、縮短程序與足夠工具。[28]此種能力結合軟、硬體設施，除保有機動性、傳輸快、看得到、戰力強的特性外，更藉由科技的整合，使聯合戰力得以發揮，保有與敵之絕對優勢。

第五節　小　結

柯林頓總統任內公佈1997年「四年期國防總檢」；小布希總統任內則分別公佈2001年「四年期國防總檢」與2006年「四年期國防總檢」，此三本四年期國防總檢在整體架構的撰擬上有其聯貫性，即三者均強調國際安全環境對於擬訂四年期國防總檢的重要，同時也在內文中說明如何落實國防戰略，繼之也強調兵力規劃對於美軍後續發展的價值，以及如何增強美軍的轉型，以因應各種可能對美軍產生的威脅。然而，由於911恐怖攻擊的影響，美軍在2001年「四年期國防總檢」中進一步將「以威脅為導向」的國防修正為「以能力為導向」的國防。復因，小布希總統發動全球反恐戰爭，在其任內所公佈的「國家安全戰略」主要以反恐為核心，連帶影響四年期國防總檢的發展，並在2006年「四

[28] 蕭光霈譯，《2006美國四年期國防總檢報告》，頁83-117。

年期國防總檢」中，將國土防衛、反恐戰爭、傳統戰役列爲美軍重要的三大領域目標，由此可見反恐戰爭亦是四年期國防總檢論述的重點。

綜言之，「四年期國防總檢」在「國家安全戰略」指導下，同時以「國防戰略」做爲基礎，並據以指導「國家軍事戰略」的擬定，承擔「層級戰略」接轉的作用。從上述「四年期國防總檢」的說明可知，爲落實「國防戰略」的需求，其在戰略思維上強調的是新現實主義的安全觀。從新現實主義「相對獲益」的觀點言，主要防止他國力量的超越，因爲他國國力的上升，可能就是對我國潛在的威脅。對此，傑克森與索仁森舉例說明，「相對獲益」即是我竭盡所能做到最好，但前提是別人不能超越我。這樣的論點，反應在美國建軍備戰上是必須保有無與倫比的強大軍事力量，亦即美國在面對具潛力之對手時，仍享有顯著的優勢，包括具備建構一個國際領導地位的空前能力，此亦與美軍兵力規劃、整備與轉型不謀而合。此外，美國亦認爲保有強大的軍事優勢是其獲得安全利益的最大保障，而此保障同時也是其推動全球經濟發展與海外民主的動力，因而也深受新自由主義的影響。故從美國相關戰略脈絡一貫的論述，可看出其思維的一致性，其內涵又與國際關係相關理論產生呼應的關聯性。

第四篇

軍事戰略篇

第十二章　國家軍事戰略

The National Military Strategy serves to focus the Armed Forces on maintaining US leadership in a global community that is challenged on many fronts - from countering the threat of global terrorism to fostering emerging democracies. In this environment, US presence and commitment to partners are essential. Our Armed Forces, operating at home and abroad, in peace and war, will continue to serve as a constant, visible reminder of US resolve to protect common interests. Our dedication to security and stability ensures that the United States is viewed as an indispensable partner, encouraging other nations to join us in helping make the world not just safer, but better.

Richard B. Myers

美國國家軍事戰略的目的，在於運用美國軍事力量來維持美國在國際社會的領導地位，這個社群正受到許多面向的挑戰，從反制全球恐怖主義威脅到強化新興民主國家。在這樣的環境下，美國對夥伴的承諾與實力展現是必要的。我們在海外所部署的軍事力量，在和平時期與戰爭時期，將持續展現美國保護共同利益永恆不變的決心。我們對安全與穩定的投入，將確保美國是唯一一個不可或缺的夥伴，並鼓勵其他國家加入我們共創一個更安全且更美好的世界。

（梅爾斯・2004年國家軍事戰略）

「國家軍事戰略」的角色即是針對「國家安全戰略」、「國防戰略」，以及安全環境的分析而設計其目標、使命及能力需求。「國家安全戰略」及「國防戰略」，對部署與國家能力與工具配合的能力，提供一個廣泛的戰略架構。「國家軍事戰略」制定一套相互關連的軍事目標與聯合作戰觀念，各軍種司令與作戰指揮官藉以確認所需要的能力，參謀首長聯席會議主席並據以做出威脅評估。而「打擊大規模毀滅性武器軍事戰略」係延續「國家軍事戰略」有關如何因應非正規的挑戰、非災難性的挑戰、破壞性的挑戰之指導，此戰略展現的是有關執行美國國防部大規模毀滅性武器不擴散、反擴散與事件後果處理任務，所需一個全面及聯貫的指導，其也提供支援其他部門有關海內外事務的戰略指導。三者均爲戰略思想之一部分，所不同者爲三者所強調的面向與層次不同，然此三者實爲一體三面，互爲影響。

美國「國家軍事戰略」係依據總統「國家安全戰略」戰略指導，並衡量當時戰略環境擬出部隊達成國家利益的「目的」、「方法」與「手段」，所謂「目的」即是國家軍事目標，描述部隊被期待完成的事項。「方法」即是戰略與作戰的概念，描述部隊如何遂行軍事作戰，以完成特定的軍事目標。「手段」即是在可接受的軍事與戰略風險中，所需達成目標的適度能力。[1]軍事行動本身並無法完全達成總統「國家安全戰略」所述的目標，軍事力量僅爲國力之一項，其他的國力要素尚包括資訊、外交、法制、情報、金融與經濟，故「軍事戰略」必須評估美國盟邦的能力（capability）、適用性（adequacy）與共通操作性（interoperability），以支持美國的戰鬥行動。

該戰略提出的時間並未像「國家安全戰略」受到「高尼法案」的規範。柯林頓政府分別於1995、1997年提出「國家軍事戰略」，小布希政府則於2004年提出「國家軍事戰略」。例如1995年「國家軍事戰略」時任參謀首長聯席會議主席夏里卡希維利（John M. Shalikashvili）說明：「冷戰結束與蘇聯解體後構成之引人注目事件，以及長期經濟、人口與技術的發展，已深深改變國際安全環境。兩極世界大部分的安全挑戰已較爲模糊，或者在某些例子中同時也被危險的問題所取代。美國應對此挑戰的戰略已在總統所提『接觸與擴大的國家安

---

[1] Wikipedia, the free encyclopedia, National Military Strategy (United States), internet available from, http://en.wikipedia.org/wiki/National_Military _Strategy_(United States), accessed January 5, 2010.

全戰略』敘述，美國將藉由維持一個強大的防衛能力，促進合作的安全措施，致力打開國外市場與激勵全球經濟成長，以及促進海外的民主，在此戰略引導下，將會提升美國的安全。此新的『國家軍事戰略』源出『接觸與擴大的國家安全戰略』與『通盤檢討報告』（Bottom-Up Review）所勾勒的國防架構，其描述三軍部隊扮演協助達成國家目標的重要角色，是一個具有彈性與選擇性接觸的戰略，以支援國家的利益。反映出美國安全挑戰的模糊本質，此戰略強調美國部隊的全面能力。部隊的基本目的須維持戰鬥與打贏國家無論何時或何處所召喚的戰爭。由於全世界的利益與挑戰，美國須維持其能力以處理在同一時間超過一場的危機。因爲這個原因，即使在持續重組與精簡部隊的同時，美國的部隊須維持戰鬥與打贏兩場近乎同時的緊急事件。在新戰略時代的挑戰是選擇使用大量部隊與獨特的能力，來促進國家承平時期的利益，同時保持當召喚時戰鬥與打贏的戰備，此新的「國家軍事戰略」敘述短期目標、概念、任務與能力需求，以適應部隊證明的能力俾迎接挑戰。」。[2]

1997年「國家軍事戰略」強調：「參謀首長聯席會議主席對部隊執行總統『新世紀國家安全戰略』及部長的『四年期國防總檢』指導的戰略方向。在該戰略中主席說明剛完成對戰略環境全年期的評估，此評估強調美國持續保有強大軍力的重要性，儘管美國不再受到超級強權對手的威脅，有些國家與行爲體可能以傳統與藉由不對稱手段，如恐怖主義與大規模毀滅性武器挑戰美國與盟邦。崛起的區域強權正領導可能更爲安全或更危險的多極世界——因此總統接觸命令重要性在此描述。部隊在接觸上有重要的角色——協助以適當方式形塑國際環境，帶來更和平與穩定的世界，然而，軍隊的目的是嚇阻與擊敗組織暴力對國家與利益的威脅，同時戰鬥與打贏兩場近乎同時的戰爭，仍是最重要的任務，美國必須回應多重的其他潛在危機。當美國著手這些多重任務時，強調部隊的核心能力（戰鬥）是重要的，此在發展與運用部隊時須是最主要的考量。」。[3]

2004年「國家軍事戰略」闡述部隊如何支援國家安全與「國防戰略」（按2005年之前美國並未正式提出「國防戰略」，相關概念僅於「四年期國防總

[2] Department of Defense, *National Military Strategy 1995*, Chairman Remark.
[3] Department of Defense, *National Military Strategy, 1997*, Chairman Remark.

檢」敘述），該戰略描述保護美國的方式與手段，防止衝突與奇襲，以及戰勝威脅國土、武裝力量及盟友的敵人，其成功是基於以下三個優先項目。第一，當保護美國時，也必須贏得反恐戰爭的勝利。第二，強化聯合作戰能力，須整合現役部隊、後備部隊與民防部隊，以建立一完整且可面對未來挑戰的部隊。第三，大幅轉化武裝力量，當美國對恐怖份子展開戰鬥時，部隊將培養新的能力，採取新的行動觀念。概括言之，[4]柯林頓政府兩份「國家軍事戰略」差異不大；兩個時期最大的差異是戰略環境的改變，所以其戰略目標也相應調整，而如何編組兵力、完成任務及達成國家軍事目標，均是美國整個「國家軍事戰略」擬定的思維主軸。

軍事戰略的演進和發展，本質上是戰略思維的發展與運用。而戰略思維則是攸關戰略全局的指導思想，是制定戰略方針、建軍與作戰原則的理論依據，更是決定整體戰略行動的核心主體。[5]冷戰結束後，由於第一次波灣戰爭的影響，使高科技武器及資訊化的作戰思維，改變了未來戰爭的型態，成爲美國戰略思考與關注的主要焦點，因此軍事戰略思維和高科技武器相互作用，協同發展，成爲美國軍事戰略演變的主要原因，而透過高科技武器伴隨高技術的戰術戰法，更是美國軍事戰略思維中制敵機先的主要特徵之一。[6]以下就柯林頓與小布希政府國家軍事目標、完成任務的聯戰能力、兵力設計與未來願景等三方面分述如後。

第一節　國家軍事目標

一、柯林頓政府時期

美國「國家軍事戰略」目標自立國以來就是保護國家與利益，同時維持美國價值的完整，而20世紀後半世紀需要全球接觸的戰略，即使在軍事戰略持

[4] Department of Defense, *National Military Strategy 2004*, Chairman Remark.
[5] 李際均，《軍事戰略思維》，〈北京：軍事科學出版社，2007年7月〉，頁1。
[6] 許嘉，《美國戰略研究》，頁84。

續演變的今天，接觸仍是重要的。柯林頓政府「國家軍事戰略」主要應對四個危險：區域不穩定、大規模毀滅性武器、跨國威脅與民主改革的威脅，故美國軍事戰略的本質必須是建設性、主動性與預防性，協助降低衝突來源，以及同時阻止潛在敵人有效運用武力，以軍事術語來說，美軍已轉化這些目的成爲兩個互補目標：促進穩定與阻止侵略。在此兩個互補目標下，承平時期的接觸、嚇阻與衝突預防等方式，以促進穩定；而以嚇阻與衝突預防、戰鬥與打贏等方式，來阻止侵略。就承平時期的接觸而言，又以軍隊與軍隊的接觸、國家援助、安全援助、人道作業、反毒、反恐與維和等作爲達成目標。就嚇阻與衝突預防面向言，則以核武嚇阻、區域聯盟、危機回應、武器管制、信心建立措施、非作戰撤離作業、國際制裁的執行、和平的執行等作爲達成目標。就戰鬥與打贏方面言，以決定性兵力的清楚目標、戰時兵力投射、結合與聯合的戰鬥、資訊作戰優勢、反制大規模毀滅性武器、聚焦兩場區域緊急事件、兵力的更迭、贏得和平等作爲達成。[7]其關係可歸納如圖12.1。

二、小布希政府時期

由於21世紀戰略環境的快速轉變，小布希總統時期所面對的危險與威脅迥異以往，這些危險與威脅包括，傳統性、非傳統性、災難性與破壞性的挑戰，以上挑戰都需要美軍採取快速且具決定性的調整來面對新興的威脅。傳統性的挑戰意謂，採軍事衝突與軍備競賽範疇內各種軍事力量的國家。非正規的挑戰即是，運用非傳統的方式對抗較強大對手的傳統優勢。災難性的挑戰便是，涉及取得、擁有，使用大規模毀滅性武器可能產生效果的方式。破壞性的挑戰，亦即可能來自於發展並使用創新技術，降低美國在關鍵領域所具備優勢之敵人。面對這些危險與威脅的挑戰，美國「國防戰略」建立四個戰略目標：確保美國免於遭受直接攻擊，確保戰略要道並保持全球的行動自由，建立一個有力於國際秩序的安全情勢，以及強化盟邦與夥伴關係來對付共同的挑戰。[8]「國家軍事戰略」則涵蓋三個軍事目標：保護美國免於外來的攻擊與侵略、防止衝突與奇襲及戰勝敵人。」。[9]

---

[7] Department of Defense, *National Military Strategy 1995*, pp. 4-16.
[8] Department of Defense, *National Military Strategy 2004*, p.1.
[9] *Ibid.*, pp.2-3.

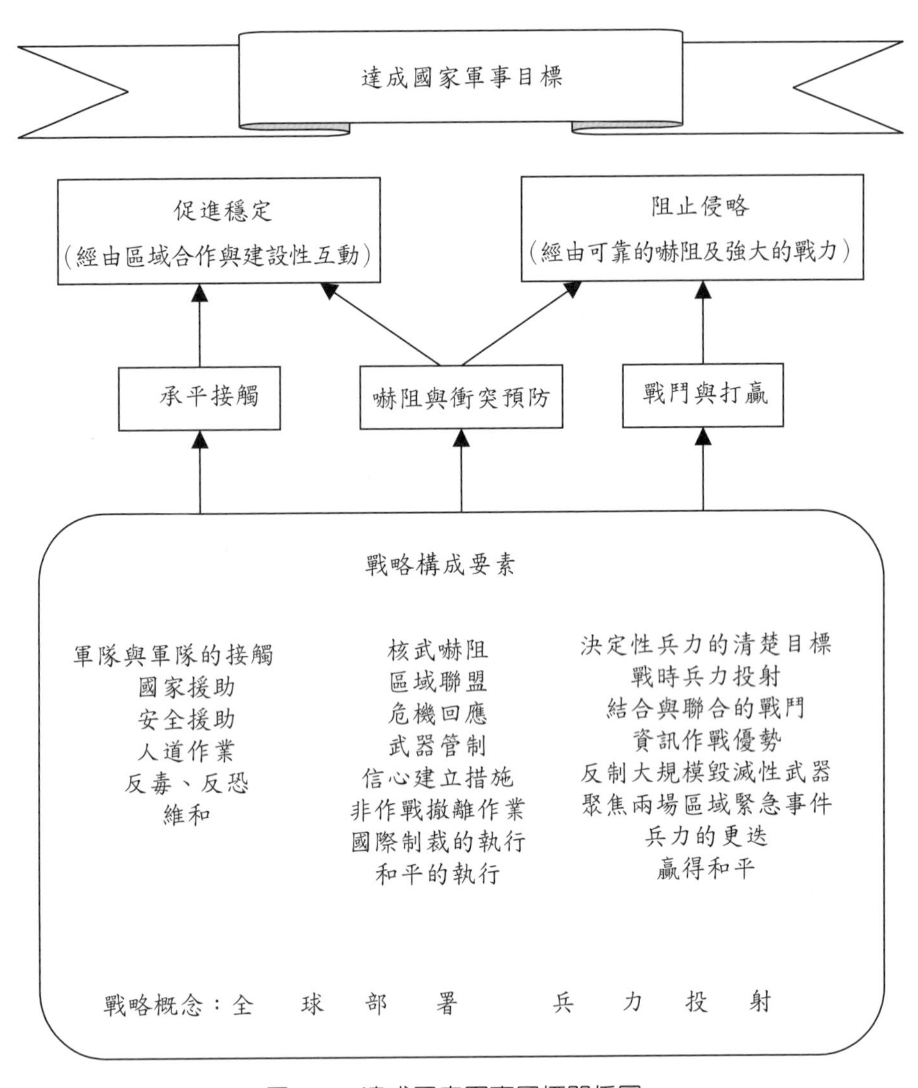

圖12.1　達成國家軍事目標關係圖

資料來源：National Military Strategy 1995, p.4（作者整理）

（一）保護美國

2004年「國家軍事戰略」強調：「目前最重要的優先選項是保護美國，部隊將透過海外的軍事行動、國土防衛的計畫與執行及支持政府機構，來確保美國免於直接的攻擊。我們在反恐戰爭的經驗體會一個事實，保護美國及其全球利益需要更多積極性的防衛措施。恐怖份子團體與流氓國家所構成的威脅，特別是具有大規模毀滅性武器的團體與國家，迫使我們採取積極的縱深防禦。為達此目標，我們需要採取行動來對抗海外的威脅，以確保空中、海上、太空及地面的領土通道，以及在國內對抗直接的攻擊。當接到指示美軍將對政府機構提供軍事支援，包括遭受攻擊後管理現場的能力。」而其具體作法則可歸納如下：首先，消滅威脅於初發方面，美國防衛的主要戰線仍然位於遠端，在重要區域的軍事行動，對防衛美國與保護美國與盟邦的利益，是非常重要的。美國與國際夥伴的區域安全活動，提供預測與瞭解新威脅的重要情報與資訊，這些情報與資訊使得美國能投射軍力來對抗威脅，並建立降低培養極端意識形態情勢的環境，有利在威脅醞釀時便能掌握。其次，就保護戰略通道言，國土安全的聯合作戰概念，包括保護美國免於遭受直接攻擊，並同時確保通往美國之空中、海上、地面與太空路徑的安全。美軍將與其他國際夥伴及政府相關部門共同協力，成立一個對通往美國空中、海上、地面與太空路徑的整合防衛。保護這些戰略路徑要求持續的監視，使得美國能夠確認、追蹤與攔截可能的威脅，此整合的防衛對美國行動的自由是不可或缺的。第三，在國土防衛行動方面，當美國企圖消滅威脅於初發及在戰略路徑上攔截威脅時，美國必須具備防止美國受到穿越前沿防衛攻擊的能力。在本土美軍必須確保美國免於來自空中與飛彈的攻擊、恐怖份子的攻擊及其他的直接攻擊，如有必要美軍將保護投射軍力所需的基礎設施。一旦受命在特殊事件發生後，美軍將暫時運用軍事能力協助執法部門。在緊急事件發生後且政府機構無法因應時，美軍將對政府機構提供軍事支援，以降低攻擊後的損失。第四，就創造全球反恐環境言，除了保衛美國國土及支援政府機構外，美國的戰略也將消除允許恐怖主義擴張與成長的情勢。為的打擊恐怖份子，美國將支持國內與國外的相關行動，來阻止任何國家對恐怖組織的資助、支持及收容庇護。美國將在瀕於潰敗的國家與未管理的區域阻絕恐怖份子的庇護所。在與其他國家軍隊及部門的合作下，美軍將協助建立有利的安全環境並增加盟邦的能力。在此互動中的關係將有助於全球反恐環境的建立，並進一步降低對美國、盟邦與利益的威脅。[10]

[10] *Ibid.*, pp.9-11.

（二）防止衝突與奇襲

美國必須透過嚇阻侵略與脅迫並維持在必要時防衛國家的能力，來預防衝突與奇襲。預防衝突與嚇阻侵略在很大的程度上是建立整合的海外部署。在海外重要戰略區域的美軍永久基地、支援海外區域目標的輪調部隊與緊急事件時的臨時部署部隊，傳達一個可靠的訊息，那就是美軍對預防衝突的承諾。這些軍力同時也清楚證明，如果敵人威脅美國、美國利益及盟邦，美國將強而有力的回應。美國必須在確認可能導致衝突的情勢上保持警惕，並在預測敵人的行爲與回應方面採取比過去更快速的方式。美軍的前進部署是有目的，不論是在地面、空中、太空與海上，均須提升安全與嚇阻侵略。爲防止衝突與奇襲，美軍須採取行動來確保戰略通道，建立有利的安全情勢，並增加盟邦的能力，來保護共同的安全利益。[11]而其具體措施則可包括如下：

首先，就前進部署言，爲加強美國與其夥伴在軍事方面合作的意願與能力來確保區域安全，需要一個遠程戰略並強化海外軍事部署。作戰指揮官運用爲執行特定任務的永久駐紮、輪調與臨時派遣的軍事力量，來強化邊界行動的能力。強化海外的軍事部署與態勢會使盟邦深具信心，強化推動反恐戰爭的能力、嚇阻與打敗其他威脅，以及支持軍隊的轉型。爲因應未來威脅而做出的這些改變，將有助於確保重要區域的戰略航道、對美國極爲重要的通訊網路，以及在戰場行動的能力。在調整海外部署兵力的過程中，作戰指揮官在建立有利的安全情勢時，必須規劃並建議部署的調整，以確保遠征行動、聯合作戰與多國部隊能在全球適當的行動。前進部署兵力的價值與效用，超越在戰場獲勝。在沒有戰爭的地方，部署軍隊證明美國願意領導並鼓勵其他國家來協助保衛、維持及拓展和平的意願。[12]

其次，就提升安全言，安全合作彌補其他國家在預防衝突與提升相互安全利益方面的努力，這些活動鼓勵其他國家發展現代化，並轉化它們的能力，因此增加夥伴的效能。安全合作有助解決軍種之間不同的思維差異，強化重要的情報與溝通鏈結，以及協助快速的危機反應。積極的安全合作將在世界的重要區域有助於穩定的情勢，並同時遏制潛在的敵人採取威脅穩定與安全的行動。

---

[11] *Ibid.*, p.11.
[12] *Ibid.*, p.11.

透過此種方式，推動與盟邦的軍事行動整合、協助區域的穩定、限制極端主義的發展，並爲未來成功設定有利的條件。[13]

第三，在嚇阻侵略方面，嚇阻是使敵人瞭解美國有不容置疑的能力，以阻絕其戰略目標並對有敵意的行爲給予嚴重警告。美國需要一系列廣泛的措施來嚇阻侵略與脅迫，藉由嚇阻廣泛威脅的軍事選項，包含使用大規模毀滅性武器及大規模的傳統兵力。此外將有效的核武嚇阻提供盟邦，可視爲一個重要防止核武擴散工具，因爲它可降低盟邦發展並部署核武的動機。爲嚇阻敵人侵略，美國應將目前戰略核子力量轉化爲一個具備多元能力的三合一部署。

第四，在預防奇襲方面，軍事力量不能只專注於回應侵略，攻擊美國可能引起的嚴重後果，要求美軍採取行動來確保在發動攻擊前就消滅特定的威脅，以確保國家免於直接攻擊。嚇阻威脅與預防奇襲將會增加情報作業的運作，情報作業、軍隊的敏捷與果斷，以及在危急時部門之間合作的能力。預防奇襲倚賴有效情資與作戰經驗的分享，這些都是使指揮官能及時做出決定的條件。[14]

（三）戰勝敵人

當必要時，美軍將擊敗敵人。安全環境的發展，使能夠達成戰術與作戰成功，並能夠建立有利的安全環境條件，以確保勝利的聯戰兵力成爲必要。恐怖攻擊證明衝突並不限於地理邊界，而打敗恐怖主義的根源則須要全國一致的努力。美國將持續爭取國際社會的支持，增加面對共同挑戰的盟邦能力，然而在必要時，美國也會毫不猶豫採取單獨行動。而其採取的手段可包括如下：首先，在迅速擊敗敵人方面，部分的行動計畫將著重於完成有限的目標，指揮官迅速擊敗敵人的計畫包括：修改其他國家不可接受的行爲或政策，迅速掌握先機或避免衝突升高、阻絕敵人的庇護所。摧毀敵人的攻擊能力與目標，以及提供衝突解決後建立穩定情勢的支援。在此案例中，美軍必須結合速度、敏捷及優越的作戰能力來創造決定性的效果。將兵力移動至重要的地理位置，要求戰略航道的確保及足夠的戰略與戰術運輸系統，以達成多重且同時進行的任務。在相互重疊的任務中迅速擊敗敵人，須具備快速的部隊重組、重新編組及重新

---

[13] *Ibid.*, p.12.
[14] *Ibid.*, p.13.

部署等能力，以遂行其他作戰。[15]

其次，在決定性的勝利方面，在必要時，指揮官的計畫將包括快速投入戰役當中以獲得決定性的勝利，並取得持續效果之選項。主要戰鬥所要求的能力必須是可應付全方位的威脅。這些威脅從運用傳統或不對稱能力的國家或非國家敵人。獲得決定性的戰役包括以下行動：透過整合的海空、太空及情報能力之運用摧毀敵人的軍事能力，以及在接受指示後推翻敵人的政權。這樣的戰役要求傳統戰鬥、非傳統戰鬥、國土安全、穩定與衝突後行動、反恐及安全合作活動的能力。[16]

第三，在穩定行動方面，獲得決定性勝利，將要求主要戰鬥行動的同步化與整合，以及穩定行動與衝突後機構之間的合作行動，以建立有利於美國的穩定與安全條件。美軍必須能夠從主要的作戰行動中轉型至穩定行動，並同時遂行這些條件。在行動的層次上，衝突後的軍事行動必須將結束衝突目標與外交、經濟、金融、情報、執法及資訊作爲相互結合，將它們的行動與國際夥伴及非政府組織協調並同步化。這些任務使其他國家權力的工具更爲有效，並建立長期的區域穩定與永續發展的條件。[17]其關係可歸納如圖12.2。

第二節　完成任務的聯戰能力

一、柯林頓政府時期

「軍以作戰爲主，作戰以求勝爲目的」，柯林頓政府美軍整個軍事戰略的第三個要素即「戰鬥與打贏」戰爭，而這也是做爲國家重要利益的最後保證，此對嚇阻侵略、預防衝突，以及面對挑戰時，美國將擁有實際優勢。隨時準備戰鬥與贏得戰爭仍是部隊管理軍事活動最優先的責任及最主要的考量。基於這樣的理由，基本上，國家建立與維持部隊。而現代化的部隊最重要的是發揮聯

[15] *Ibid.*, pp.13-14.
[16] *Ibid.*, p.14.
[17] *Ibid.*, p.14.

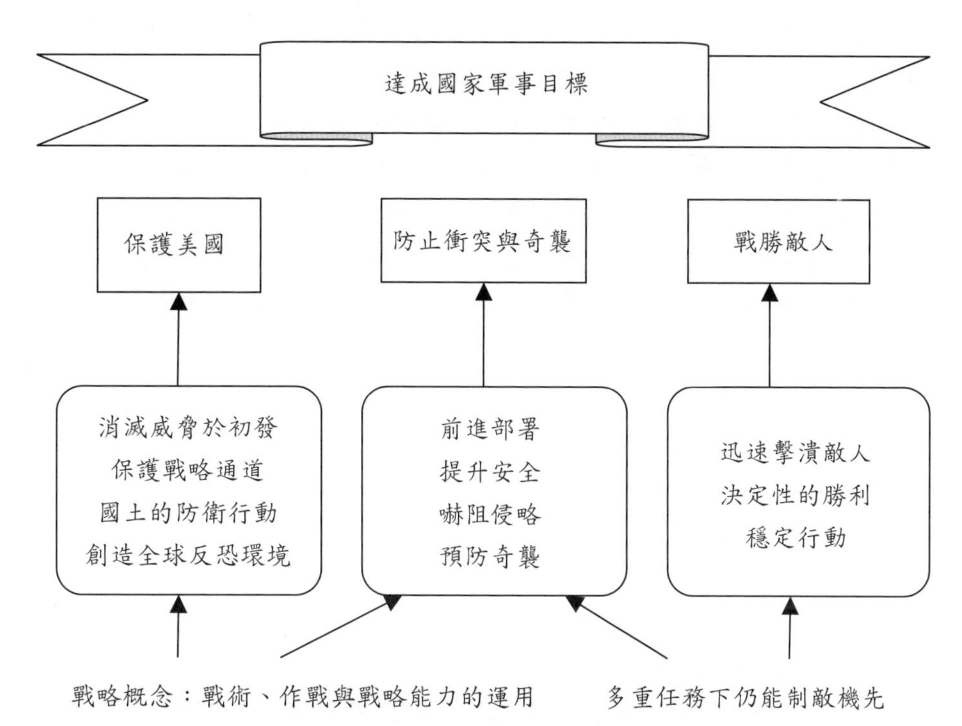

圖12.2　達成國家軍事目標關係圖

資料來源：National Military Strategy 1997（作者整理）

合作戰的統合戰力，因此各部隊的指揮、協調與聯繫，扮演重要的角色。美國的部隊須經常與區域盟邦或友好國家組成聯合部隊，可強化戰鬥能力與導引到更快速與有利的衝突結果，同時美國部隊須維持從事決定性戰役單邊行動的能力，聯合作戰運用平時的訓練，協助維持國際的支持，以及使部隊提供反制任何敵人達成決定性戰果所需的作戰能力。[18]

該戰略認爲現代戰爭需要部隊以聯合的隊伍遂行戰鬥，無論是否美軍單獨作戰，或作爲國際聯合部隊的一部，因此，每一個軍種須提供精訓與備便的部隊，以支援作戰指揮官的作戰計畫與行動。軍事行動的聯合作戰需要時間與地點的密切配合，以及每一個軍種獨特與互補的能力。每一個軍種有主要與合作功能兩種角色要執行，故須訓練、組織與裝備部隊。地面部隊主要涉及快速與

[18] Department of Defense, *National Military Strategy 1995*, p.13.

持續的陸上作戰行動，海軍與陸戰部隊實施海上軍事行動，空軍則遂行空中作戰行動，每一個軍種影響美國無礙進出空間的利益。[19]

另外，地面部隊須足以快速部署，以及假如需要時，透過同時行動與精準火力，全面貫穿作戰區域，執行強行進入，或把握主動接近及摧毀敵人。部隊也需能在敵人採行反制措施前，達成作戰與戰術的自由機動及靈活度，以完成部隊的目標，地面部隊須具有掌握陸戰所需的能力。此外，部隊也需提供維持陸戰所需之戰鬥支援與戰鬥勤務支援，並提供支援聯合部隊部署作戰區的重要要素。最後，地面部隊可實施占領、控制人群，以及提供政治目標可實現的保證。[20]

再者，海軍與陸戰隊須足以遂行海上與兩棲作戰行動，海軍快速部隊的部署可對危機迅速回應，執行強行進入或增強其他前進部署的要素，透過快速行動協助終止敵之攻勢，以及促使隨後地面與陸航接戰的流暢。這些部隊協助提供從空中、地面、空中或飛彈的入侵，藉由確保海上的行動自由與控制戰略要域（choke points），海軍與陸戰隊提供戰略機動的自由，因此提升聯合部隊在作戰區的部署與持續作戰。[21]

而空軍則須足以執行軍事作戰，以獲得及維持制空權，貫穿作戰區使敵人戰力處於不利態勢，以及協助摧毀敵人從事戰爭的能力。空優是重要的，所以可將部隊開往戰區，並隨時對敵人展開攻擊。制空則提供聯合部隊許多作戰行動與戰術作爲的優勢，並有利地面與海上的機動。空軍提供持續、精準火力、偵察、加油、全球快速部署與對戰區聯合部隊的支援。[22]

此外，在執行現代戰爭上，太空部隊扮演越來越重要的角色，它們提供全球與戰場搜索、彈道飛彈預警、精準飛行、通信安全、氣候與情報資訊。太空設施促進有效的指管，並提升聯合地面、海軍與空軍部隊的運用。[23]特種作戰部隊來自三個軍種，以其獨特的能力提供作戰指揮官部署部隊，以遂行直接行動、特種偵察、非傳統戰爭、反恐、心戰與民防事務、適當運用特戰部隊提供

[19] *Ibid.*, p.14.
[20] *Ibid.*, p.14.
[21] *Ibid.*, p.14.
[22] *Ibid.*, p.14.
[23] *Ibid.*, pp.14-15.

指揮官擴展戰場的視野、增加彈性與提升主動性的能力，經由作戰指揮官的指揮，這些特戰部隊將可全面融入軍事作戰行動。[24]

該戰略亦指出：「除了主要作戰部隊的指揮、協調、聯繫與支援外，具有何種戰力才能有效遂行聯合作戰，也是『國家軍事戰略』闡述聯合作戰時不可或缺者。美軍認爲必須有能力保護平時利益，應對危機與戰爭，聯合部隊需能擊潰兩個遠距的敵人，兩場同時進行的戰爭，面對大規模毀滅性武器與其他非對稱作戰，從主要作戰到人道救援，部隊也需準備實施與維持多重、同時發生小規模緊急事件的行動，除了上述核心需求，部隊也應具有以下諸種作戰能力：戰略嚇阻、決定性行動、特種作戰強行進入、兵力投射、反制大規模毀滅性武器、後勤措施、資訊作戰、戰略能力、人員、強大的全面情報能力、全球指管、制空與制海、制外太空與戰略機動。」。[25]

二、小布希政府時期

小布希政府時期美軍軍事戰略有關完成任務的聯戰能力指導認爲：「聯戰兵力具有以下的特性：全面整合，即聚焦完成統合目標的功能與能力。遠戰制勝，即在全球戰場快速部署、運用及駐紮；相互鏈結，即在時間與目標的鏈結與同步化。彈性編組，即在較低階層以聯合方式行動的能力。迅速調整，即適當的將各種能力整合以便快速回應。決策優勢，即迅速執行已充分考慮情資且讓敵人無法及時回應的決策。全面殲敵，即不論何種情況都能摧毀敵人及其系統。」。[26]

該戰略亦指出：「每一個軍事目標均內含聯合軍力所必須執行的一系列功能。透過這些功能的分析以及軍隊將如何執行這些功能的概念，指揮官歸納出任務並確定需求。聯戰部隊再依這些不同需求如聯合準則、組織、訓練計畫、裝備、領導人員，以及設施執行這些功能。」。[27]

[24] *Ibid.*, pp. 13-15.
[25] Department of Defense, *National Military Strategy, 1997*, pp.3-6.
[26] Department of Defense, *National Military Strategy 2004*, p.15.
[27] *Ibid.*, p.16.

（一）運用軍力

運用軍力來達成「國家軍事戰略」的目標是美軍的主要任務，其要求整合的運用行動來創造精確的效果。軍力的運用包含調動部隊以獲得時間與空間的優勢，以便掌握先機並擾亂敵人的防禦計畫。軍力的運用會整合空中、地面、海上、特別行動、資訊及太空能力。同時也要求指揮官，即便是在一個高度威脅的環境之中，亦需堅毅地評估任務的結果，並因需要重新部署。運用軍力也要求投射的裝備來快速調動，以便精準的部署與駐防，即使是敵人運用反制策略時。此投射能力要求到達戰場的安全管道以及能夠在遠距離作戰的能力。堅定的區域同盟可藉由提供航道、基礎設施及其他資源，能夠強化遠距離戰能力。這些盟邦也可提供區域性的情報，而使得美國能夠在關鍵的時刻與地點有效與精確的運用軍事力量。[28]

與盟邦分享情資須彼此相容的資訊系統與安全程序，以保護敏感的資訊並避免降低盟邦與美國有效合作的能力。這種資訊與情報分享，將有利於互信與自信的提升，且對建立堅固的國際夥伴關係是不可或缺的。運用軍力強調的是產生正確的效果來完成目標，而非集結在數量上具有優勢的部隊，對抗包括國際恐怖組織在內的廣泛敵人之軍力運用，將要求更佳的情報蒐集與分析系統。有效打擊或摧毀任何目標有賴精確與行動的結合，以及新科技、思維及組織的整合。擊敗最危險的威脅將要求堅毅的運用軍力，以便對抗具有時間關鍵的目標。確保隨時掌握對付這些目標，則需要求長時間且遠距離遂行任務的能力。[29]

（二）發展並維持軍事能力

執行多重任務的軍力運用，將會挑戰軍隊維持的能力。維持這樣的行動要求支持部隊在偏僻與落後前置地點的能力。此外，日益重要的機動性將會要求更多的遠征後勤能力，有效的後勤會在正確的時間與地點，提供正確的人員、裝備與補給數量。這樣的後勤能力，強調透過鏈結來創造一個完整的供需聯

[28] *Ibid.*, p.16.
[29] *Ibid.*, p.17.

結，且能同步化所有部署與分配過程的後勤系統。[30]

多重的主要戰鬥行動對戰略機動性有高度的需求。完成這樣的任務需要穩定的海運、空運、空中加油，以及前置設施的完備。支持這些行動的戰略機動性也需要儲存、運輸與分配設施，並具備能夠提供一個有關全球後勤鏈的即時資訊設施。軍隊的維持包括確保軍隊長期生存的軍力生產與管理活動。軍力的培養包括招募、訓練、教育及維持合格的人員，繼續在軍隊、後備部隊、國防部與相關機構服務。這些人員必須有正確的技巧與工具，以便在他們的組織之內實施協同與聯合的作爲。軍力的培養更包含裝備與設施的規劃、計畫、獲得、維持、修理與重組，以維持戰備。[31]

即使面對高密度的行動時期，軍隊的管理有助於強化戰備。並考慮現代化與轉化的效果對單位戰備跟整合的影響。軍力管理的政策，包括使部隊得以喘息的輪調政策，而此係經持續作戰需求評估而來。這些政策也有助於決定適當的地點、能力及相關的設施，以完成資源多重且同步進行的行動。軍力管理政策有助於確認現役與後備部隊的合適比例，並確保能力的適當平衡。[32]

（三）確保作戰空間

美軍必須具空中、地面、海上、太空及網路戰爭領域行動的能力。美軍運用軍事能力來確保這些領域的管道，以保護國家、戰場上的部隊，以及美國全球利益。現階段全球安全環境的非線性本質要求多層次的主動與被動措施，來反制眾多的傳統與不對稱威脅。這些威脅包含傳統武器、彈道與巡弋飛彈，以及大規模毀滅性武器，這些威脅也包括網路上針對美國資訊系統的重要網路與資料的攻擊。這些威脅將要求一個全面性的嚇阻觀念，以面對能夠運用任何能力的敵人、恐怖份子網絡及流氓國家。[33]

美軍要求新的能力，在威脅來源之處與全球戰略管道，偵測並攔截廣泛的威脅。情報與軍民雙用科技的便利性，已使得廣泛的敵人構成了一種新的危險，使得他們有能力來擾亂或利用美國的資訊系統。敵人或許已找到創新的方

[30] *Ibid.*, p.17.
[31] *Ibid.*, p.17.
[32] *Ibid.*, p.18.
[33] *Ibid.*, p.18.

式來結合有效的武器與能力，以強化他們威脅美國的能力。美軍必須擁有方法並制定行為準則，來採取包括積極的反擴散與支持反擴散政策在內的軍事行動。保護作戰空間將要求政府部門與國際盟邦的合作，來防止大規模毀滅性武器的使用並反制不對稱攻擊。這將要求與非軍事機構採取同步化行動的思維、工具及訓練。[34]

後續管理能力在攻擊發生後是非常重要的，特別是在遭受大規模毀滅性武器之時。這樣的能力將會降低損害與傷亡，並包括反制大規模毀滅性武器的效果，或在軍事行動之後蓄意或無意的有毒化學物質散播的反制行動。後續管理透過阻絕、消滅及淨化大規模毀滅武器，將有助於恢復被影響區域的秩序與運作。當受到指示時，美軍將提供盟邦與其他安全夥伴後續管理的資源。軍事行動要求能確保鏈結資訊系統管道，以及阻止敵人獲取我方訊息能力的資訊穩定性。保護作戰空間包括保護資訊、指揮及控制系統的行動，這些系統支援精確運用軍力與維持活動，而這些活動又確保所有面向的軍事行動。保護戰場空間可確保美軍蒐集消化、分析及傳播有助於決策優勢的所有相關資訊與情報。[35]

（四）達成決策的優勢

決策優勢即是更快制定比敵人更好的決定過程，是執行基於速度與彈性所設計的策略所不可或缺的。決策優勢要求獲得、整合、使用，分享資訊的新思維。它也必須具備新的觀念來發展指揮、控制、通訊及電腦的設施，以及提供敵人資訊的情報、偵測與監視設施。決策優勢要求敵我位置、能力及活動的精確訊息，以及其他影響作戰成功的相關資訊，瞭解戰場並擁有快速反應的指管系統，有助於動態的決策形成，並將資訊優勢轉化為敵人無法可及的優勢。持續的監視、訊息與檢索的管理、合作分析及與需求為導向的情報分享，都有利於瞭解戰場。空中、地面、海洋及太空偵測設施的蒐集系統與傳遞管道，均有助於對戰場的瞭解。在情蒐系統中人員情報是極重要的一環，他們有能力判讀敵人的意圖，且提供行動計畫與命令所需的情報。前置部署的情報分析師，必須有能力與後方的資料庫聯繫，並水平的整合訊息與情報。整個系統必須由具

[34] *Ibid.*, p.18.
[35] *Ibid.*, p.18.

有阻絕敵人獲取重要訊息的有效反情報能力加以支持。[36]

瞭解戰場須具備與其他政府機構與盟邦分享相關資訊的能力。這種情報分享要求嚴格的安全能力，以確保盟邦與其他政府機構能夠運用相關資訊之時，降低被滲透的可能性。堅固的多重安全管道將會有利於分散的指揮與控制並在多國聯合行動中增加透明度。在多重與多元位置部署軍力的決定，要求高度彈性的協同指揮與控制過程。指揮官們必須傳達決定給部屬，快速的研擬行動的替代方案、創造預期的效果、評估成果及採取適當的後續行動。美軍要求執行資訊作戰的能力，包括可確保資訊優勢的電子作戰、電腦網路行動、軍事欺敵、心戰行動及行動安全。資訊作戰必須是彈性的，俾因應特殊的對象與裝備而特別製作，且具備行動調整的彈性。如果嚇阻失敗，資訊作戰將擾亂敵人的通訊與依賴通訊爲主的武器、基礎設施、指揮控制及戰場空間管理功能。攻擊性與防禦性資訊作戰對確保美國在作戰空間的行動自由，是極爲關鍵的。[37]

一個具有決策優勢的軍隊，必須運用可使指揮官攻擊具備時間關鍵性目標的決策程序。動態的決策管理，將會結合有助於產生考慮充分資訊後決策的組織、計畫過程、技術及平行單位。這些決策要求相互鏈結的指揮與控制能力，以及一個特別設計的戰場空間共同運作圖像。相互鏈結網路必須能夠在多國行動中提供透明性，並協助政府其他機構與盟邦整合至協同行動當中。確保戰場空間軍力的運用、維持及行動，將依賴上述這些能力。[38]

第三節　兵力設計與未來願景

一、柯林頓政府時期

柯林頓政府「國家軍事戰略」說明美國部隊「通盤檢討」持續縮減，但仍會維持令人敬畏的兵力，以因應冷戰後國際變動快速與難以預測的國際環境。

---

36 *Ibid.*, p.19.
37 *Ibid.*, p.19.
38 *Ibid.*, p.19.

因此該戰略認爲美軍必須在人力素質、戰備、戰略機動能力、現代化、作戰與勤務部隊的均衡等面向，規劃美軍的部隊結構。

（一）高素質人力

首先，在人力素質方面，該戰略說明：「沙漠風暴行動的經驗確認部隊高素質的男女官兵是無可取代的，小而精的部隊提供超越任何敵人的基本優勢，對人力素質的要求並不是抽象的，其反映軍事行動的事實，儘管有嚴密的計畫與高技術，然而軍事行動仍有不明、不確定、機會等特徵，以及受到情感的驅使。他們通常在可想像的地形、氣候及極度壓力的情況下，不分晝夜遂行任務。在此情況下，領導統御、勇氣、主動精神、彈性與技能對勝利是重要的，沒有預見未來科技的轉變，將會降低高素質男女官兵在部隊的重要性。我們正努力維持新進人員的優越性，但也必須開發與將這些高素質的年輕人留在部隊，開發潛能需要啓發領導統御，以及實際與富挑戰的訓練。維繫好的人需要對官兵與家屬生活品質的關注，此涉及不僅是提供適當的軍事補助與家庭計畫，而且也保證作業步調與計畫部署在合理的範圍。」。[39]

（二）戰備

其次，該戰略亦提及戰備並認爲：「經驗顯示危機可能快速與無預期出現，現行我們的部隊維持一系列可能的態勢，以應對亞德里亞海空中戰鬥巡航可能的緊急事件，以及美國本土的龐大後備部隊。部隊需充分準備，包含人員、裝備、訓練、可維持能力，以應對戰略在部署的需求，並提供防止不確定性。部隊必須做好今日戰鬥的準備，透過重組部隊，我們正致力加強戰備。作戰計畫要求我們強化聯合戰備，並與盟邦及友好國家經常演習，傳統的戰備措施被定位在特定軍種的範圍，今日我們正加強聯合與盟邦準則及教育，發展聯合戰備措施，以及改進聯戰與聯合部隊的訓練與演習。」。[40]

---

[39] Department of Defense, *National Military Strategy 1995*, p. 18

[40] *Ibid.*, pp.18-19.

（三）提升

第三，該戰略亦提及提升並認為：「提升美軍戰備機動能力，包括空中運輸、海上運輸與前置已完成，美軍已獲得首批採購先進C-17運輸機40架中的18架，陸軍某重裝旅裝備已前置海外基地，以涵蓋東北亞到波斯灣可能發生的緊急事件，我們的計畫要求三個其他旅的海外前置，兩個位於西南亞、一個位於南韓。我們正採購更多海上運輸輸具，包括中型、快速運輸艦，此種組合，將大力改善兵力投射的能力。戰場搜索能力將以聯合搜索及目標攻擊雷達系統、升級版之空中預警管制系統、RC-135聯合情報載台及無人飛行載具等整合系統持續提升。提供一個強大、全球到達與通信相互操作性的架構也是必須的提升方案，這些包括制干擾『軍事戰略與戰術中繼衛星』（Military Strategic and Tactical Relay Satellite, MILSTAR）通信系統與全球指揮管制系統，此外，軍用與商用太空系統的適當整合，將可降低成本與最有效支援作戰，美國必須在這些領域保持決定性優勢。提升火力的計畫包括『聯合遠距攻擊武器』（Joint Standoff Weapon, JSOW）、『聯合直攻彈藥』（Joint Direct Attack Munitions, JDAM）、『傳感武器』（Sensor-fused Weapons, SFW）、『陸軍戰術飛彈系統』（Army Tactical Missile System, ATACMS）與對早期到達轟炸機與戰轟機的打擊提升。」。[41]

（四）現代化

第四，該戰略亦透露：「美國意圖保持全世界最佳裝備的部隊，現代化計畫保持部隊現行擁有重要的戰鬥優勢，經由一個預算重估的計畫，美國正持續汰換特定的武器系統與載台，俾利提供能力更佳與更現代的武器，現代化計畫提供未來能力與戰備的技術基礎。冷戰時期的國防投資提供美軍所需載台、系統與研發的基礎，美軍在預算緊縮的情況下現正尋求最大附加價值。主要的現代化計畫包括已投入的重大投資與具體成效，運用快速的技術演變持續現有載台的現代化，特別是在偵察與資訊作戰等領域，作戰的模型將快速運用裝備高效能系統的少數單位。」。[42]

[41] *Ibid.*, p.19.
[42] *Ibid.*, p.19.

（五）均衡

最後，該戰略認爲：「儘管規模較小，美軍必須維持規模與能力的平衡，以提供多用途及防止未知的危機。部隊架構必須提供地面、海上、空中與太空的需求，作戰部隊也須與支援部隊在能力上謀求平衡，常備部隊也須與後備部隊在能力上取得平衡，以及部隊的架構必須與基礎設施力求平衡。當角色、任務與功能被重心檢視以致力達成較大效能時，美軍必須保證重要戰鬥部隊、戰鬥支援部隊與其他支援部隊的能力仍被維持。」。[43]

二、小布希政府時期

小布希政府時期由於戰略環境的快速變遷及非傳統安全威脅的升高，均影響美軍對戰略規劃的思維。而兵力規劃與設計、風險與評估及未來願景等都是「國家軍事戰略」應當思索的重要課題。

（一）兵力設計與規模的意涵

國防戰略規劃一個適合防衛本土，在四個區域嚇阻，以及在兩場同時發生的戰爭中迅速獲得勝利。即使當美軍在執行幾個較輕微的事件之時，也仍然必須要在兩場戰爭之中至少獲得一場決定性的勝利。這種「1-4-2-1」（一支能在四個區域嚇阻敵人，並快速在兩個戰場至少獲得一場決定性勝利）的兵力規模，強調的是日益增加的創新與有效方式，來達成目標。這樣的兵力設計爲潛在情勢所需的條件、軍事行動所有範圍，建立任務的參數。它並不代表特定的情勢，也不反映臨時的狀況。反而，規劃者必須要將下列的因素列入考慮。[44]有關該戰略所列諸要素，可分述如後。

1. 基本線的安全態勢

戰鬥指揮官必須在一個基本線的態勢之內執行任務，包括反恐戰爭、持續中的行動及例行性的日常活動，這些都是美軍有決心且一定要執行的任務。隨著反恐戰爭所產生的極端特殊情勢，在可見的未來仍然繼續存在。因爲衝突後

[43] *Ibid*., p.19.
[44] Department of Defense, *National Military Strategy 2004*, p.19.

與反恐戰爭的行動很可能維持一段較長的時期，且行動的密度也不一致，所以規劃者必須考慮完成戰鬥任務所需的能力。面對這樣的基本線安全態勢，以及爲管理日益增加的風險所必須進行的能力交換配置，指揮官必須發展出選項來完成任務。[45]

2. 滿足部隊需求與海外部署

決定軍隊的規模要求評估滿足軍隊的需求，以面對目前跟未來的挑戰，並達成現階段優勢與能力結合的最佳狀態。決定軍隊的規模必須考慮海外部隊的配置、地點、分配及支援。部隊規模的決定必需能夠考慮永久駐紮的維持、輪調與臨時前進部署的軍隊、海外的基礎設施、資源，包括投射與維持這些能力的戰略運輸與安全條件。有些危機是相當難預測且容易升高。降低這樣的風險與確保美軍獲勝的能力，需具快速行動的前置能力，並能持續提供增援部隊。[46]

3. 脫離

美軍的軍事計畫認爲美國將會從一些緊急事件中脫離，當面對第二個戰役之時，仍然有一些較不緊急的事件是美國不願意或無法快速處裡的。有些部隊會執行長期的穩定行動來重建衝突後有利的安全情勢，這種情況之下美國就無法放手不管。在此情況下，有些重要的能力在後續的衝突當中可能就無法提供必要的支援。作戰指揮官在準備採取行動之時，必須考慮這樣的可能性，因爲許多戰爭中重要的相同能力會被用來執行較不重要的任務。[47]

4. 擴大

決定部隊規模的行動必須考慮一個事實，那就是較不緊急的事件也可能會擴大爲嚴重的衝突。在危機發生時，提供廣泛的軍事行動選項，會要求一個符合軍事行動要求的規模，但必須確保投入這樣的緊急事件，不可妨礙美國執行重大戰爭的能力。[48]

---

[45] *Ibid*., p.21.
[46] *Ibid*., p.21.
[47] *Ibid*., p.21.
[48] *Ibid*., p.22.

5. 軍力的產生與轉化

軍隊的規模與設計必須有超越目前行動的前瞻性。軍隊的戰力端賴長期的訓練、維持及轉型的能力。決定軍隊的規模必須包括理解軍隊支持訓練活動、大幅度的轉化及推動其他計畫會限制提供給戰鬥指揮官運用的兵力。對可接受程度的風險評估，將會決定美軍必須擁有面對各種重要事件的能力種類與型式。[49]

（二）風險與軍力評估

基於現有部隊的規模與資源這個戰略是可執行的。美國的傳統軍事力量是無法超越的，在可見的未來亦將如此，對美軍在各種行動方面的需求仍然很多。推動反恐戰爭、在阿富汗與伊拉克執行穩定行動、確保從本土的投射力量，以及維持全球性的承諾，並同時保護美軍的戰力，均須採降低風險的行動。指揮官必須發展出選項來平衡可能增加執行軍事戰略困難度的需求，例如轉型、現代化及重組化。目前美軍仍然維持適合高密度衝突與在戰場上戰鬥行動的最佳態勢。美國在反恐戰爭的經驗，已為運用軍力與必定要強化的能力，提供了正反俱呈的觀點。美軍將維持能夠執行重要戰鬥任務與緊急事件的能力。當在「持久自由行動」（Operation Enduring Freedom, OEF）與「自由伊拉克行動」（Operation Iraqi Freedom, OIF）成功的運用這些軍力之時，未來行動的成功仍將需要更進一步與更多實質的改變。此外，安全環境的改變，也迫使美軍做出適當的調整。這些改變包括威脅的演進，以及評估盟邦支援美國行動能力的評估。[50]

（三）未來願景

為了應付日益複雜的威脅，該戰略提出未來戰鬥的聯合願景觀點：「美軍的屬性與能力提供未來軍隊的基礎。當改變與挑戰出現時，它們提供了組織設計與思維調整的基礎。它們以協助其他國家力量的方式，來支持國防部的目標。這個目標就是「全方位的優勢」（full spectrum dominance, FSD），亦即

---

[49] *Ibid.*, p.22.
[50] *Ibid.*, p.22.

在所有的軍事行動範圍內，控制所有情勢或打敗任何敵人的能力。依據「國防戰略」確認了八個能力範圍，這些範圍能夠提供國防部轉型的焦點，包括強化情報、保護重要的行動基地、在共同空間的行動；太空、國際水域與天空，以及網路空間、在遠方不易進入的環境投射並維持美國的軍力、拒絕敵人的庇護所、執行以網絡爲中心的行動、強化非正規戰爭的熟悉度、強化國內與國際夥伴的能力。依循「國防戰略」的指導，「國家軍事戰略」勾勒出全方位的優勢與具體作法，以支持國防部的目標，達成部隊使命。」。[51]

1. 全方位的優勢

全方位的優勢是一種運用今日軍力與提供未來協同行動遠景的前瞻性觀念。達成全方位的優勢需要美軍把轉化的焦點集中在關鍵能力的領域，這些領域能夠強化軍隊在軍事行動範圍內成功的能力。全方位的優勢要求聯合的軍事能力、運作觀念，功能觀念，以及重要的促進者來適應不同的條件與目標。全方位的優勢承認與其他政府機構共同整合軍事活動的需求、與其他盟邦構連的重要，以及大幅度轉化的重要性。此一優勢藉強化軍種的互信以突顯軍種協同的重要，同時也減少不同部門的隔閡。它要求以能力爲基礎的方式，來獲取短期能力與長期目標之間的平衡，以及將軍事與戰略風險的全球性的觀點納入考慮。這種整合的觀點將確保美軍擁有快速在全球不同的地點同時執行任務的能力、封鎖敵人的選項及必要時創造決定性擊敗敵人的效果。從技術的選項到強化聯合戰鬥，我們必須檢視思維、組織、訓練系統、裝備採購、領導準備、人員計畫及設施來確保軍事的優勢。此將要求更全面的方法來對抗今日的威脅，以及爲未來可能出現的危機做準備。減少研發新能力所需的時間必須是一個優先項目。這樣的行動對大幅度轉化軍隊與執行未來聯合戰鬥的觀念是不可缺的。研究與發展計畫對全方位的優勢是等同重要的，可視爲對抗安全環境中更不確定因素的屏障。[52]

2. 具體作法

爲確保軍事優勢，各軍種及作戰司令部均有多種具體作法。當投入保護美

---

[51] *Ibid.*, p.23.
[52] *Ibid.*, p.23.

國與贏得反恐戰爭措施的同時，美軍必須對任何國家都維持優勢。下列的具體作法代表著部分能夠強化聯合作戰與支持轉化的活動。

（1）組織調整

一個具有彈性的組織必須能夠更具備組合性質，在遂行多項任務時得以迅速重整。兵力重整建立在各軍種之間的核心能力之上，同時能夠強化聯合作戰的力量。組織的適應性將要求平衡現役與後備部隊維持在適當比例的行動。此外，「常設聯合部隊指揮部」（Standing Joint Force Headquarters, SJFHQ）的建立可提供每一作戰司令部下轄特遣部隊重要支援。「常設聯合部隊指揮部」將有助於快速部署各軍種的部隊，以便在世界各地回應緊急事件與危機。特別挑選、訓練及裝備的「常設聯合部隊指揮部」將會具有在任何緊急事件有效行動的工具。同時，聯合訓練能力的設置，將使美軍得以在戰爭的戰術與運作層次方面，推動訓練並獲得經驗。一旦建立之後，它將提供美軍最接近戰場現實的訓練以及瞭解戰場空間的相關功能。此種新的訓練能力將可使美軍更有效面對不對稱的挑戰及多元的威脅。[53]

（2）跨部的整合與資訊分享

在五個區域與兩個全球戰鬥指揮系統中，「跨部反恐聯合機制協調組織」（Joint Interagency Coordination Groups, JIACGs），將有利於各機構之間的整合。該組織具備多功能，並已大幅增加各機構之間的情報分享。持續這種實驗的過程有助於美軍發展全方位聯合機制協調組織的目標，這樣的目標將使各機關，對作戰指揮官面對的跨國事務，提出專業意見。在短期內，美軍將在有助於實質合作的聯合機制協調組織與國防部標準的合作程序之間，繼續推動情報分享與戰場瞭解。跨部整合能夠產生具備公共事務與公共外交的戰略溝通計畫。除了軍事情報行動之外，此計畫可確保訊息的一致性、強調成功、精確的證實或駁斥有關美國行動的外來報告，以及強化美國目標的正當性。戰鬥指揮官必須能積極的投入此戰略溝通活動（strategic communication campaign）的發展、執行及支援行動。[54]

[53] *Ibid.*, p.24.
[54] *Ibid.*, p.24.

（3）全球資訊架構

國防部正在進一步發展跨部會的全球資訊架構，此全球資訊架構將有可能成爲獲得資訊與決策優勢最重要的單一促進者。此全球資訊架構有助於情報合作環境的產生，且有利於資訊分享、有效的同步計畫及同步執行多重行動。針對國防決策者、士兵及後勤支援人員，它將具有全球相互鏈結的、供需端的情報能力、相關的程序與人員，以蒐集、分析、儲存、傳播及管理情報。其他的方法包括，能夠結合戰場空間自覺系統轉化與「作戰淨評估」（Operation Net Assessment, ONA）概念、多國資訊分享、轉化改變計畫及數個先進觀念技術證明。他們可分別提供決策、技術、政策、組織及創新能力的資訊與知識。這些活動也是盟邦之間持續改善情報分享的行動。[55]

（4）情報戰的規劃

在一個動態的環境獲得決策優勢要求所有情報與資訊的同步化與整合，這些資訊包含來自於國防部、非國防機構、執法單位及國際盟邦。即便在衝突的所有面向與範圍中，情報支援仍持續進行，包括從合作安全與反恐戰爭要求在內的所有軍事行動範圍，到危機發生之前、主要戰鬥任務，以及衝突後的穩定行動。支持衝突預防、降低意外攻擊及戰鬥需求最佳情報的情報行動策略是不可或缺的。情報戰計畫，藉由在軍事行動所有的階段確認全面性的情報需求，這些需求包括全方位的分析、多重的情報蒐集、分析，以及支持情報架構，來執行上述策略。這樣的計畫也提供最廣泛的相關情報傳播與分享，以確保國內跟國際行爲的一致性，並避免被滲透。藉由處理情報行動的所有面向，這些計畫重視國防部的情報能力以及更廣泛的情報體系，來提供達成決策優勢的重要情報。[56]

（5）強化海外部署態勢

在強化與擴大美國夥伴的網絡之時，一個整合的全球部署與基地戰略提供強化戰鬥的行動背景。這樣的一個策略使永久駐防與輪調部署、預置裝備及全球行動能力成爲必要。態勢的調整須支持反恐戰爭的勝利，並能夠創造確保持

---

[55] *Ibid*., p.25.
[56] *Ibid*., p.25.

續和平的條件。為強化美軍的海外部署與全球巡邏，必須改善區域部隊有效反應區域與全球緊急事件，而執行遠征任務的能力，他們必須保持彈性的規模，以便在需要他們時，組成適當規模的兵力。美國海外部署與態勢的修正必須強化美軍處理不確定性的能力、允許快速行動及比過去更快速的回應速度。美國的海外部署同時也必須在關鍵區域改善相關情勢及預防衝突。一個整合後的全球部署與駐防策略有助於強化現行的盟邦，並同時建立新的夥伴關係。強化區域的盟邦有助於創造有利的區域權力均衡，這種權力均衡將可對具有敵意或不願意合作的政權帶來壓力。透過結合訓練、模擬及轉型，美國可強化與盟國的夥伴關係。當為永續和平建立有利情勢時，整合的全球部署與駐防戰略，有助於衝突前預採措施，以嚇阻侵略並控制衝突的升高。[57]

（6）聯戰指揮官的培育

美軍將持續改善專業的協同軍事教育，以提供軍士官更多的聯戰經驗、教育，以及訓練。在資深軍官的層級，一個修正後的進階課程，在強化資深軍官領導聯合特遣部隊與其他聯合行動的同時，將會增加對聯合作戰概念的灌輸。對士官與資淺軍官，在他們的服役初期之時，就施以聯戰教育將可確保未來的領導者在跨軍種及多國軍事行動中，更有效率地使用聯合作戰之戰術。[58]

綜合評析美國柯、布政府時期三份「國家軍事戰略」報告，1995年「國家軍事戰略」強調全球部署與兵力投射，藉由嚇阻與衝突預防，確保承平時期的穩定，同時運用優勢兵力阻止侵略，保證同時遂行兩場主要戰爭的勝利。1997年「國家軍事戰略」則說明消滅威脅於初發、保護戰略通道、國土的防衛行動、創造全球反恐環境等手段，以保護美國的安全。以前進部署、提升安全、嚇阻侵略、預防奇襲等手段，以防止衝突與奇襲。以迅速擊潰敵人、決定性的勝利作為、穩定行動等手段，以戰勝敵人。2004年「國家軍事戰略」陳述建立具聯合作戰部隊的重要性，以期建立一支戰鬥力強且反應快速靈活的現代化打擊部隊，俾有效遂行「1-4-2-1戰略」，亦即規劃一支能適合防衛本土，並在全球四個主要區域能有效嚇阻敵人，以及迅速在兩場同時發生的戰爭中，至少獲得一場決定性勝利的兵力規模，以有效確保美國的安全，防止衝突與奇襲，以

[57] *Ibid.*, pp.25-26.
[58] *Ibid.*, p.26.

戰勝敵人，達成國家軍事目標。由於「國家軍事戰略」係依循「國家安全戰略」與「國防戰略／四年期國防總檢」的指導，在「安全」面向的指導作為與兵力建構整備上，即朝「形塑」有利於美國國家利益的戰略安全環境，「回應」全球各種強度威脅的能力，積極為明日可能的威脅與風險預作「準備」。隨著時空環境的改變，以及威脅來源的變化，研判美軍仍將在1997年以來即確立之國家軍事目標：確保美國安全、防止衝突與奇襲、戰勝敵人進行戰略微調。而2004年所提「1-4-2-1戰略」，可能仍是未來美軍進行軍事戰略規劃的指導原則。

第四節　小　結

柯林頓與小布希政府時期「國家軍事戰略」主要是針對國家軍事目標的達成，但由於柯林頓政府時期冷戰剛結束不久，打贏兩場戰爭幾乎是「國家軍事戰略」的主軸，從柯林頓政府第二次所提「國家軍事戰略」（1997），可看到戰略思維的微調，此時美國所要應對的威脅不僅是來自崛起的區域大國，同時也面對非傳統的威脅，該戰略亦強調區域強權的崛起，導致多極世界可能帶來更大的危險。因此，美國部隊的功能是嚇阻及擊敗對國家及利益組織暴力行為的威脅，而打贏兩場戰爭思維仍是此時期戰略強調的重點。此戰略與前述戰略不同之處，是本戰略提出形塑、回應及準備的概念，在此基礎上所建立的部隊，將可保護國家安全及國家利益，並促進有利於美國及有志一同國家的利益。其次，小布希政府「國家軍事戰略」除強調對傳統性的挑戰，也強調非正規、災難性及破壞性的挑戰，並協助新興國家對抗恐怖主義威脅，同時確保其民主轉型與鞏固。

由於國際情勢的轉變，以及受第一次波灣戰爭劃時代軍事變革與轉型的影響，驅使美國須在整體軍事戰略思維與全球戰略佈局，進行以下的調整：首先，美國清楚認知，須加強與盟邦的軍事同盟關係，以維護冷戰後世界的和平與穩定。第二，美國須保持嚇阻戰力，不僅要持續保持海外兵力前進部署（forward deployment）的戰略，更要加強美國遠程高技術精準打擊的能力，以發揮軍事嚇阻的戰力。第三，在軍事轉型過程中，應加強聯合作戰與指、管、通、資、情、監、偵（C4ISR）整合作戰體系之完備，以提升未來美軍更具備快速反應及精準打擊之能力。第四，美國須即早擬定，因應大規模毀滅性武器對全球潛在安全威脅的相關對策。第五，美國須建立一支足以因應多重危機（multiple crisis）的有效軍力。[59]易言之，美國部隊在軍事戰略的指導下，進行與友邦的合作，以及人員素質與武器裝備的提升，俾維持無可挑戰的強大軍力。

綜合言之，如何妥善運用部隊維持美國在國際社會的領導地位，爲其「國家軍事戰略」的主要目的。因此，「國家軍事戰略」思維常伴隨國際安全環境的轉變而調整，而其不變之處便是如何維持一支強大的部隊，以確保美國、盟邦及友好國家的安全。亦如新現實主義所強調「高階政治」有關軍事戰略與安全的概念，唯有軍事戰略的正確指導，兵力適切的編組與訓練，戰力才能獲得確保，得力於精實壯大的軍事力量，國家安全方能高枕無憂，在安全獲得確保下，方能推動經濟的發展及協助其他國家的民主轉型與鞏固，並達成「國家安全戰略」及「國防戰略」的目標。基於這樣的精神，「國家軍事戰略」更是完全顯現新現實主義如何在國際無政府狀態下，藉軍事力量的建立，以追求對物質權力的擁有與控制能力，而美國「國家軍事戰略」闡述建構無比優勢的軍事力量，達成安全的極大化，即爲新現實主義關於安全論點的最佳例子。

[59] 楊念祖，〈從美國東亞戰略的演變看對台安全的影響〉，「第三屆國家安全與軍事戰略」學術研討會（桃園：國防大學，2002年11月），頁29-30。

第十三章　反恐戰爭國家軍事戰略計畫

The National Military Strategic Plan for the War on Terrorism (NMSP-WOT) outlines the Department's strategic planning and provides strategic guidance for military activities and operations in the GWOT. The document guides the planning ad actions of the Combatant Commands, the Military Department, Combat Support Agencies and Field Support Activities of the United States to protect and defend the homeland, attack terrorists and their capacity to operate effectively at home and abroad, and support mainstream efforts to reject violent extremism.

Peter Pace

恐怖主義戰爭的國家軍事戰略計畫勾勒國防戰略計畫，以及對軍事活動與全球反恐戰爭提供戰略指導，此文件指導戰鬥指揮部、軍事部門、戰鬥支援單位與野戰支援活動的計畫與行動，以保護與防衛國土。打擊恐怖份子及他們的能力，以執行海內、外有效率的作戰，並且支撐反制暴力極端主義的努力。

（佩斯・2006年反恐戰爭國家軍事戰略計畫）

2004年，前參謀首長聯席會議主席麥爾斯（Richard Myers）在參與國家委員會有關恐怖主義攻擊美國會議之前的聲明提及：「『國家安全戰略』（1997、2000）、總統決策指令39號（1995）及62號（1998）都說明部隊在打擊恐怖主義的角色與責任。」[1]2006年，前參謀首長聯席會議主席佩斯（Peter Pace）在「反恐戰爭的國家軍事戰略計畫」（National Military Strategic Plan for the War on Terrorism, NMSP-WOT）中則說明：「此戰略清楚說明部隊在反恐戰爭的全面計畫，同時做為進一步計畫的指導，並清楚闡述部隊如何在反恐戰爭中為達成國家目標做出貢獻。」[2]此戰略計畫為美國執行全球反恐戰爭（Global War on Terrorism, GWOT）的一項全面軍事計畫，該文件反映出美國全球反恐戰爭四年的教訓，包括911委員會（911 Commission）的發現與建議，以及由部長及參謀聯席會議主席所領導的嚴格審視。「恐怖主義戰爭的國家軍事戰略計畫」勾勒國防部戰略計畫，以及對軍事活動與全球反恐戰爭提供戰略指導，此文件指導戰鬥指揮部、軍事部門、戰鬥支援單位與野戰支援活動的計畫與行動，以保護與防衛國土。打擊恐怖份子及他們的能力，以執行海內、外有效率的作戰，並支撐反制暴力極端主義的努力。[3]

在全球反恐戰爭、各式各樣的暴力極端主義是對美國、盟邦與利益主要的威脅，擁護極端意識形態的團體與個人經常視美國及西方世界為達成他們目的的障礙。極端主義份子（extremist）與溫和主義者（moderate）此兩個名詞意涵如下，首先，極端主義份子是那些反對人民選擇如何生活並組織自己社會的一群人。第二，他們支持謀殺一般平民百姓並力促極端意識形態。溫和主義者或主流主義者所指的是那些不支持極端主義份子的人，溫和主義者一詞不必然意味著不守規則、世俗和西化者。除了他們反對殺害一般平民百姓，溫和主義者在許多方面也和一般美國人迥異。恐怖份子（terrorist）一詞為那些遂行恐怖活動者。[4]今日美國本土所面對的主要威脅是恐怖組織及其網絡，因此如何對其組織與領導展開打擊，摧毀其指揮、管制、通信、財物力的支援，[5]是遂

---

[1] Richard Myers, Statement of National Commission on Terrorist Attacks upon the United States, p.3.

[2] Department of Defense, *National Military Strategic Plan for the War on Terrorism 2006*, p.2.

[3] *Ibid*., p.3.

[4] *Ibid*., p.3.

[5] Lynn E. Davis and Jeremy Shapiro, *The U.S. Army and The New National Security Strategy* (California: RAND, 2003), p.10.

行全球反恐戰爭最重要的任務。

美國正與那些贊成使用武力以獲得掌控他們及威脅大眾生活方式的極端主義份子作戰，全球反恐戰爭是維持一般人有能力選擇生活的方式，並保護容忍自由與開放社會溫和路線的戰爭。雖然敵人（極端主義份子）認爲將這一個戰爭的屬性歸爲伊斯蘭教與西方世界宗教或文化的衝突，然其本質並非如此。這些極端主義份子視美國與西方世界爲達成他們最終政治目的主要障礙，在此一全球衝突的戰鬥中，美國必須與全世界的夥伴結盟，特別是那些在伊斯蘭世界反對極端主義份子支配的人。自由與開放社會的本質，恐怖份子網路可利用行動自由、通訊、金融體系及後勤支援，利用國家、軍警、國際與地方法律三不管地帶，使極端主義份子的網路可運作。是以美國及其盟邦對意圖破壞國際反恐聯盟及製造聯盟分裂的恐怖暴力行動仍未能完全壓制。極端主義份子網路運作與生存的條件，已發展好長一段時間，改變這些條件的努力將需要一個長期、持續的方法，促進不利於恐怖份子與其支持者的國際環境，此對反恐的成功是關鍵的。[6]此外，反恐戰爭成功之鑰端賴獲得恐怖份子的動機、能力與地點等相關情報，戴維斯與夏比洛（Lynn E. Davis and Jeremy Shapiro）認爲當前美軍在此方面明顯不足，因此必須強化在相關資訊的即時獲得與運用。[7]

敵人是一個極端份子組織、網路與個人及支持他們的國家與非國家行爲體的跨國運動，他們之共同點即是剝削伊斯蘭教與利用恐怖主義來做爲意識形態的目的，蓋達組織的聯合運動（Al Qa'ida Associated Movement）由蓋達與相關恐怖主義份子所組成，是此種極端主義最危險的組織，而某些其他暴力極端主義組織也造成嚴重及持續的威脅。在敵人的動機與樂於運用恐怖策略之間有一個直接的關係，美國與其夥伴的敵人是受到極端主義份子反對自由、容忍與溫和的意識形態激勵，而這些意識形態已造成極端主義份子組織及支持他們的國家與非國家行爲體等敵人網路。極端主義份子運用恐怖主義，蓄意以平民百姓爲目標，製造恐怖以威懾或脅迫政府與社會，來追求政治、宗教或意識形態的目標。極端主義份子運用恐怖主義妨礙及破壞政治進步、經濟繁榮、國際間國

---

6 Department of Defense, *National Military Strategic Plan for the War on Terrorism 2006*, pp.3-4.

7 Lynn E. Davis and Jeremy Shapiro, *The U.S. Army and The New National Security Strategy*, p.11.

家體系的安全與穩定及未來的公民社會。[8]

其次，2009年美國情報社群年度「威脅評估」對暴力主義亦有清楚的闡述，該評估報告認爲：「除聚焦於蓋達組織及其在巴基斯坦、伊拉克、沙烏地阿拉伯、印尼、歐洲等國黨羽的活動外，另指出蓋達核心領導幹部，仍利用部落地區做爲基地，以防被逮捕、散播宣傳、與其海外作業小組通聯、對新進恐怖份子提供訓練及指導。再者，該報告也提及本土恐怖威脅（the homegrown threat）可能對美國產生的危害。」[9]從該評估報告將極端暴力組織列爲首要威脅觀之，以蓋達組織爲首的恐怖組織及其黨羽，仍是當前美國最大的威脅來源。本章分就全球反恐戰爭的任務、軍事戰略的方法、反恐戰爭的優先選項等析論如後。

第一節　全球反恐戰爭的任務

過去30年來，由於失能國家進行內戰提供新一代激進份子與狂熱恐怖份子，從事恐怖主義與新武器結合的機會，以及在無道德及法律拘束環境下盡情運用。[10]恐怖主義是弱者最常使用的一種武器，美國如對恐怖組織挑戰無法遂行有力的反擊，將造成美國缺乏防衛意志的印象，因而導致恐怖組織進一步的挑戰。[11]本戰略強調：「國防部在獲授權與政府其他部門及夥伴國家協調，並依指示發展計畫：挫敗或擊潰對美國、盟邦與利益的恐怖攻擊；攻擊與瓦解恐怖份子海外網路，使敵人無法或無意攻擊美國本土盟邦與利益；阻止恐怖份子網路獲得或使用大規模毀滅性武器；建立可使夥伴國家有效管理他們領土與擊敗恐怖份子的條件；建立及維持對暴力極端主義份子及支持他們者不利的國際環境。」。[12]

---

[8] Department of Defense, *National Military Strategic Plan for the War on Terrorism 2006*, p.4.

[9] Dennis C. Blair, *Annual Threat Assessment of the Intelligence Community 2009*, pp.3-8.

[10] Walter Laqueur, "Terror's New Face: The Radicalization and Escalation of Modern Terrorism" in Charles W. Kegley, Jr. and Eugene R. Wittkopf, *The Global Agenda: Issues and Perspectives* (Beijing: Peking University press, 2003), p. 82.

[11] Lynn E. Davis and Jeremy Shapiro, *The U.S. Army and The New National Security Strategy*, p.10.

[12] Department of Defense, *National Military Strategic Plan for the War on Terrorism 2006*, p.6.

2009年美國「國家情報戰略」（The National Intelligence Strategy），更將打擊暴力極端主義列爲任務目標的第一項，該戰略認爲：「瞭解、監控及瓦解積極密謀重創及傷害美國、平民百姓、國家利益與盟邦的暴力極端組織，特別是蓋達組織及其他區域的黨羽、支持者及其所激勵運作的地方作業小組，將會持續加諸美國海內外人民與利益的嚴重威脅。情報社群支持美國政府全般的努力以保護國土，擊潰恐怖份子及其能力，反制暴力極端主義的擴散，以及預防恐怖份子獲得或使用大規模毀滅性武器。情報社群的任務是辨識與評估極端暴力組織，對即將發動的攻擊發出警告，發展準確的情報以切斷這些恐怖組織的資金來源，並瓦解、解除或擊潰他們的行動。在過去奠定的基礎上，必須持續改進能力以提升支援的品質及對顧客需求的回應，這些包括提供警告、瓦解恐怖組織之計畫，預防恐怖份子獲得大規模毀滅性武器，以及反制激進化。」[13]以上所述諸方法皆有利反恐任務的達成。

而本戰略在附錄中也明確劃分國防部各單位的職責，例如附錄B情報，敘述威脅、情報作戰的概念與情報活動。附錄C作戰，提供任務、對履行基礎計畫的協調指示與指定國防部的責任，建立美國特種指揮部作爲全球反恐戰爭的支援指揮部。附錄D後勤，提供任務，協調對支援此基礎計畫的指導與指定國防部的責任。附錄E法律的考量，提供國防部責任的指導。附錄F公共事務，結合附錄H的戰略溝通指導，對執行公共事務支持全球反恐戰爭活動的指導。附錄G聯合管理，提供任務、協調對全球反恐戰爭國際努力的指導。附錄H戰略溝通，結合附錄F公共事務，提供執行支持全球反恐戰爭戰略溝通活動的指導。附錄J指揮關係，敘述對全球反恐戰爭支援／被支援指揮官的關係。附錄L國土防衛、國土安全與民防支援，敘述與全球反恐戰爭有關任務領域的軍事角色。附錄R執行，描述國防部執行、評估及衡量全球反恐戰爭的進展。附錄T大規模毀滅性武器，敘述大規模毀滅性武器、恐怖主義與打擊大規模毀滅性武器的原則。附錄V部門間的協調，陳述部門間在戰略與戰術層級的協調過程。[14]由於聯合作戰計畫與執行體系事涉敏感，故上述附件並未附於報告之後。

---

[13] Dennis C. Blair, *The National Intelligence Strategy 2009*, p.6.
[14] Department of Defense, *National Military Strategic Plan for the War on Terrorism 2006*, pp.27-29.

第二節　軍事戰略方法

美國的部隊將會協助國家及國際的活動，以反制敵人的意識形態、支持溫和的替代方案，建立夥伴的能力及攻擊敵人，使之無法獲得主要資源與功能。[15]圖13.1描述此軍事戰略途徑（military strategic approach），並區分目的、方法與手段等三部分，相關內容摘述如後。

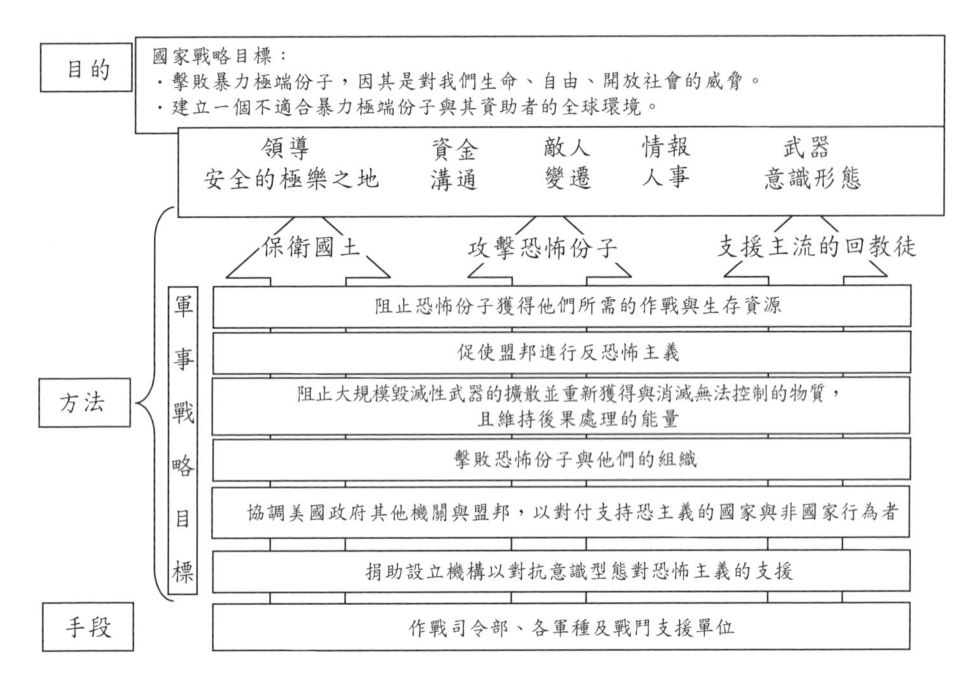

圖13.1　全球反恐戰爭的戰略框架

資料來源：National Military Strategic Plan for the War on Terrorism, 2006, p.22.

一、目的

國家戰略的目的是擊敗做爲威脅美國生活方式與自由及開放社會的暴力極端主義，並建立一個不利於暴力極端份子及所有支持者之全球環境。如

[15] *Ibid*., p.22.

軍隊達成這些在全球反恐戰爭國家戰略目標的貢獻，「緊急應變計畫指導」（Contingency Planning Guidance, CPG）建立四個最後目標。這些目標與任務在此戰略所表示者，是對全球反恐戰爭全面的軍事貢獻，應變行動計畫指導最終目標可在此文件機密版中尋得。[16]

二、方法

美國政府全球反恐戰爭持續領導國際在此方面的努力，以阻止暴力極端份子網路運作與生存所需的要素。只要阻止他們生存所需，就能贏得勝利。同時，必須阻止他們運作所需，此一戰略有三個要素且倚靠於三個重要的橫向促進者（enablers）。美國政府全球反恐戰爭的主要要素是：保衛國土、攻擊恐怖份子與他們海內外有效運作的能力，以及支持主流伊斯蘭教的努力，以拒絕暴力極端主義。三個重要的橫向促進者是：擴大國外夥伴與夥伴的能力，強化預防恐怖份子獲得與使用大規模毀滅性武器的能力，以及制度化國內、國際反制暴力極端主義的戰略。藉由完成六項軍事戰略目標（分述於後），國防部達成最終目標及完成美國政府的其他活動，這些軍事戰略目標呼籲直接與間接達成目標的方法。直接的軍事方法聚焦於保護美國的利益同時攻擊敵人；間接的方法主要集中建立對其他國家達成成就的條件，[17]此六個戰略目標涵蓋拒止、結盟、擊敗、協調、反制等措施，其內容分述如後。

（一）拒止恐怖份子所賴以運作與生存條件

瞭解恐怖份子網路重要的節點與鏈結是重要的，在國家軍事的層次，應聚焦於確認恐怖份子網路全球的鏈結，並安排隨後可達成全網路效果的區域行動，因爲恐怖份子分散在世界各地，而這些國家並沒有與美國交戰，反制恐怖份子的大部分努力必須靠那些國家，而當需要時美國也須給予鼓舞與協助。[18]

---

16 *Ibid.*, p.23.
17 *Ibid.*, p.23.
18 *Ibid.*, p.23.

（二）使夥伴國家能夠反制恐怖主義

就如911恐怖攻擊所顯示的，恐怖團體的基地是位於偏遠的地方，相對偏遠的國家仍然可對美國與利益造成重大的威脅。因此，勝利需要全世界、持續與全面的努力，以創造對暴力極端主義份子及其支持者不利的全球環境。美國也必須持續鼓勵與協助雙邊及多邊區域夥伴關係，可同心協力打擊恐怖主義。[19]

（三）拒止大規模毀滅性武器的擴散、恢復及消滅未受管制的物質及增進災後處理的能力

對敵人而言，能力是維持成功的要件。在支持者的眼中可靠性是能夠獲得及使用大規模毀滅性武器，或者成功運用技術以達成如攻擊紐約較大的效果。聯合公報（Joint Publication）說明軍隊在打擊大規模毀滅性武器的貢獻，包括不擴散（nonproliferation, NP）、反擴散（counterproliferation, CP）與災後處理（consequence management, CM）。軍事行動包括致力偵測及監控獲得與發展，安全合作的活動，大規模毀滅性武器的主、被動防禦，以及災後處理作業的協調（災後處理的後勤、健康服務的支援與去除污染的活動），這些努力都是做為保護國土之用。[20]

（四）擊敗恐怖份子及其組織

此一軍事戰略目標針對敵人持續全球恐怖行動的能力，此需要持續軍事行動以發展有利情勢及促進情報，使美國可打擊全球恐怖組織，發現敵蹤也成為反制恐怖份子軍事行動的首要目標。一旦情勢有利發展，軍事行動獲得授權以捕捉或擊殺資深的領導者與執行者、消滅安全庇護所、摧毀訓練營與資源、捕捉或擊斃基層組織的成員與瓦解招募與教化的努力。如往常一樣，所強調的是予以夥伴國家的作業及訓練，以達成此目標，同時假如情況需要時，美國隨時準備單獨行動。[21]

---

19 *Ibid.*, p.23.
20 *Ibid.*, pp.23-24.
21 *Ibid.*, p.24.

（五）與政府各單位及夥伴國家協調，反制國家與非國家行為體對恐怖主義的支持

國家資助者提供極端主義者使用主要的資源，包括掩護非法的活動。非國家行爲體可能也提供某些相同的利益給敵人，非國家行爲體可能是金錢的資助者，諸如直接與間接支持恐怖組織的慈善與犯罪組織。軍方對政府各部門及盟邦所採有效作爲，貢獻良多。軍事行動的範圍包括：確認對恐怖主義國家資助者與非國家行爲體支持者的情報行動，捕捉或擊斃恐怖份子與他們的支持者，封鎖行動以攔截恐怖份子的資源（包括大規模毀滅性武器及其構成要素），協調反恐怖主義、反暴亂與反麻醉藥品，演習與能力的展示，以遏制國家與非國家行爲體。在特殊的情況下，軍隊領導制止國家與非國家行爲體對恐怖主義的支持，就如在阿富汗與伊拉克行動所做的一樣，以驅逐支持恐怖主義份子的政權，並隨後穩定這些國家。[22]

（六）促使建立反制對恐怖主義意識形態支持的條件

反制支持恐怖主義的意識，端賴打擊敵人戰略重心之極端意識形態。儘管國防部並不是在此方面的領導單位，美國的部隊可在此方面有顯著的貢獻。譬如說，國防部可採取行動協助建立安全、信心與其他反對暴力極端主義份子組織的能力。國防部也可採取行動以動搖暴力極端主義份子的信心，揭發他們錯誤的聲明與貪腐，以及在其他方面影響有效傳達他們敵對、暴力與威懾信息的能力。爲了確保團結的努力，國防部將會與被分配主要責任的聯邦單位緊密協調，反制意識形態的支持行動，構思去除敵人意識形態（重心）的合理性，以及創造孤立節點與網路鏈結的條件。一旦被分離，這些節點或鏈結可視爲區域或地方的威脅，使美國在各地的夥伴國家難以防守，在意識形態鬥爭最有效的努力，可能是與夥伴的努力。軍隊在促使建立反制敵人意識形態與宣傳作戰的角色是重要的，美國廣泛專業軍事教育課程對培育每一個層級領導統御是重要的，此可根據這些考量來實施判斷。全球反恐戰爭短期與未來的成功，將會視文化教育及資深領導人的理解與軍事專業而定，在這些方法中，軍隊的貢獻可歸納包括安全、人道援助、軍隊與軍隊的接觸、遂行作戰與軍事資訊作戰，其

[22] *Ibid.*, p.24.

內容如下。

（1）安全：美國與當地國的部隊，提供做爲反制敵人意識形態與宣傳行動安全的重要條件，藉由協助訓練其他國家部隊打擊恐怖主義所需的技能，美國部隊經常做最佳的貢獻。一個安全的環境使得溫和主義者表達他們的意見，而不用畏懼極端主義份子的脅迫，安全對其他政府單位、國際組織、非政府組織與私人部門反制意識形態努力的成功，也是一個重要的條件。

（2）人道援助：美國部隊具有困難時減輕痛苦的能力，提供機會讓人們感受他們的情況與環境之影響力，這些努力對展現美國海外的善舉與善意、強化對當地政府與降低極端主義份子利用獲得支持理由所產生的問題，是重要的。

（3）軍隊與軍隊的接觸：軍事廣泛的接觸面與外國軍事領導人的接觸影響他們對全球反恐戰爭的想法，以及他們採取反制暴力恐怖份子與協助溫和主義者的行動。這些接觸包括，「國際軍事教育及訓練」（International Military Education and Training, IMET），盟邦參訪區域訓練與裝備中心，聯訓演習，以及資深軍事領導人的接觸。

（4）遂行作戰：美國實施作戰的方法，選擇是否、何時、何處與如何，可影響恐怖主義意識形態的支持，瞭解駐在國人民文化及宗教敏感事宜，以及瞭解敵人運用美軍的戰術來實施反制，是美軍軍事計畫要考量的。美國較傾向做爲一個支援的角色，經由他人而不是美國直接軍事行動，效果可達成，美國政府可尋求這樣做。當美國軍事介入是需要時，軍事計畫者應該建立在作戰方面的努力，以降低潛在副作用。同時，藉由軍事行動，必須傳達無與匹敵的軍事力量，在適當的情況下，美國樂意使用這樣的軍事力量，但此將需要謹慎的平衡。軍事行動的遂行應該避免破壞其可靠性及溫和政權反對極端主義份子的合法性，同時，擊敗極端主義份子藉此散播他們意識形態的能力。

（5）軍事資訊作戰（Military Information Operation, MIO）：擴大溫和派的聲音與反制極端主義份子可得到國防部的支持，這些作戰行動是與政府其他部門協調，主要是國務院，做爲國防部對公眾外交及公共事務貢獻的一個構成要素。[23]

此外，副助理國防部長萬辜索（Marion Mancuso）在國會作證時亦指出：「國防部須平衡其兵力以支持本戰略的遂行，國防部已建立實施卅項任務一個積極的時間表，俾改善我們執行非正規作戰的能力，即『非正規作戰路徑』（irregular warfare roadmap）。此路徑所聚焦者即是提升國防部非正規作戰的能力與能量，名爲同伴努力之『建立夥伴能量的路徑』（Building Partnership Capacity Roadmap）陳述關於各部門及多國機制之非正規作戰。國防部也在3000.05決策指令中針對上述這些路徑予以補充，指導國防部改善能力及遂行穩定行動。穩定行動的能力聚焦於保護當地住民及提升政府能力，以強化及確保社會安全，這些對非正規作戰是非常重要的。國防部2006年『四年期國防總檢』突顯非正規作戰的成功將需要間接的方法，即與其他國家合作建立反制的能量，同時尋求在實體與心理上擊敗敵人。」。[24]

渠進一步說明：「透過2008-2013會計年度防衛規劃，『非正規作戰執行路徑』（The Irregular Warfare Execution Roadmap）已開始提供資深官員提升高優先事務的決策機制。經由完成2008-2013會計年度防衛規劃的五大倡議，國防部將可轉型。首先是改變對支援非正規作戰人員的管理，其次爲重組一般性任務部隊使能更佳有效支援非正規作戰，第三爲增強特種作戰部隊支援非正規作戰之能力與能量，第四爲增強實施反網路作戰的能量，重新設計聯合及軍種教育與訓練計畫，以實施非正規作戰。」[25]事實上，恐怖組織在傳統武力居於下風的情況下，遂行非正規作戰是達成其政治目標最廉價的手段，其中三個因素增強非正規作戰挑戰的危險性，其一爲激進份子的意識形態，其次爲在許多地區政府缺乏有效的治理，最後是這些敵人獲得大規模毀滅性武器的可能性。因此，在反恐戰爭方法的運用上，須針對敵人的特性有效牽制其發展，俾能順利贏得反恐的長期戰爭。

---

[23] *Ibid.*, pp.25-27.

[24] Mario Mancuso, Statement by Mr. Mario Mancuso on the Subcommittee on Terrorism, Unconventional Threats and Capabilities, United States House of Representatives, September 27, 2006, pp.6-7.

[25] *Ibid.*, pp.7-8.

三、手段

此戰爭的成就將會視美國政府各單位與夥伴國家的緊密合作而定，以整合所有美國與夥伴國力的手段，如外交、資訊、軍事、經濟、金融、情報與執法。恐怖組織的秘密本質，加上支持他們的人民及政府，另鬆散管制且全球越趨融合等因素，使軍事力量的運用變的更複雜。聯合作戰指揮部（Combatant Commands）、軍事部門（the Military Departments）、戰鬥支援單位（the Combat Support Agencies）與國防部規劃及資源單位的整合，即爲反恐戰爭應採的軍事手段。[26]然而，今日美國部隊所面對的敵人已不是冷戰時期的蘇聯部隊，美國部隊今日所要承擔的任務包括反恐、維和、戰後重建與穩定行動，以及新的特種作戰任務，故今日部隊的特性須具有模組化、相容性與適應性等多種特徵。

羅伯・德爾夫（Robert M. Dorff）曾舉例闡述「目的」、「方法」與「手段」三者的關係。渠認爲「目的」乃指目標或所追尋的標的；「手段」乃用於追求目標的資源；而「方法」則爲組織與運用資源的方式。此等要素均代表一項問題。我們所欲追求的是什麼（目的）？有什麼（手段）可用？如何爲之（方法）？此一簡單的架構可運用於各種不同的狀況。以籃球運動爲例，大部分的籃球隊參加比賽的目標都是在贏球，假設兩支球隊實力相當，且目標都是贏球，很顯然地，兩隊所擁有的主要資源就是他們的球員，而球員的個人特色（如速度、身高與反應靈活度等）也構成球隊本身的另一種資源。球賽的規則不只是對比賽的規範，也是教練可加以運用的一種額外資源。舉例而言，投籃時間限制（shot clock）不只是用來規範一個球隊在多久時間之內必須投籃或上籃而已，教練也可善加利用此一投籃時間限制，來增加球隊的優勢，而大部分的規則都會影響教練用其資源的方式。基本上，一個球隊是以較對手得更高的分數來達成其獲勝的目標。他們可以採行攻勢（志在得分）與守勢（志在阻止對方得分）的「方法」或「方式」做爲其戰略，以達成獲勝的目標。懂「戰略」的教練比對方的教練更善於運用他們的「手段」，因此達成目標的次數也較頻繁。（當然，成功的教練比對方的教練更善於運用他們的「手段」。）我

[26] Department of Defense, *National Military Strategic Plan for the War on Terrorism 2006*, p.27.

們發現教練所做的抉擇都與如何運用手段以追求目標的決定有關。也就是說，作爲戰略思考的教練負責進行規劃，而球員則負責遂行戰略。[27]易言之，「目的」、「方法」與「手段」三者的關係，也是戰略擘劃者在擬定相關戰略時必須細心思索者。

第三節　反恐戰爭的軍事優先選項

今日美國部隊所面對的危險是難以預測，且可能遭致敵人突然的攻擊而毫無預警時間，因此國防部已擬出一些概念以協助指導美國在此全新威脅形態的世界責任，而爲有效遂行全球反恐戰爭，與盟邦及國會的密切諮詢是重要的。就國防部而言，如何妥善資源的分配與運用是打擊恐怖組織不可或缺的要件。一般而言，軍事優先選項可歸類爲第一或第二順位，或是執行要項（enablers）。優先選項的第一順位是達成反恐作戰目標的作戰指揮部、軍事部門、戰鬥支援單位。雖然這些優先選項在本質上是短暫的，這些任務預期短期內將在全球反恐戰爭上消耗大量的資源。第二順位的優先選項爲重要但不是至關重要的戰爭，且運用非使用在第一順位的各項能量，使用於第二優先順位的能力，每一個戰鬥指揮部、軍事部門與單位都不一樣。執行要項的要素在區分影響全球反恐戰爭短期及長期目標之作爲，而這些要素也明定國家軍事戰略中全球反恐戰爭可使用之資源，它們亦將前面所提及之戰略架構轉變成對抗敵人之重要力量。[28]

此外，前國防部長倫斯斐2004年5月在西點軍校（U.S. Military Academy in West Point）畢業典禮講話時提及五項優先事項，爲美國在全球反恐戰爭中應當著重者，其一爲強化與現行盟邦的夥伴關係，同時建立與新友好國家的關係。其二爲發展部隊較大的彈性，以處理各種不預期的狀況。其三爲聚焦建立更快速部署的能力，而不僅僅是駐防或強調部隊的數量。其四爲強化區域內國

[27] 羅伯・德爾夫（Robert M. Dorff），〈戰略發展初探〉，佘拉米（Joseph R. Cerami）與候肯（James F. Holcomb, Jr）編；高一中譯《美國陸軍戰爭學院戰略指南》(台北：國防部史政編譯局，2001年)，頁19-20。

[28] Department of Defense, *National Military Strategic Plan for the War on Terrorism 2006*, p.27.

家及跨區的合作。其五爲當需要運用部隊時，他們都是隨時待命執行任務。[29] 簡言之，美國全球反恐戰爭的成敗，對外而言，即是要爭取獲得國際的支持，對內而言，則是要調整部隊的型態，使之更符彈性，俾因應21世紀飄忽不定、組織鬆散的恐怖組織。

第四節　小　結

自美國發動全球反恐戰爭後，已重創蓋達組織的領導及其作業能力，美國判斷蓋達組織將會持續對美國本土與海外利益施加威脅，美國亦評估包括蓋達組織、黨羽、其他獨立運作的恐怖組織，以及興起的的網絡組織之全球聖戰活動（global jihadist movement），正快速擴散並躲避反恐的相關措施。同時美國亦認爲全球聖戰活動是鬆散的，欠缺一個聯貫的全球戰略，且越來擴散，以反美爲主軸之新聖戰網絡越來越有可能，在共同目標及鬆散組織兩股因素匯流下，將越來越難以發現及打擊這些聖戰組織。[30]故針對全球反恐作戰，美國須有一套完整的論述與策略，才能畢其功於一役。

「國家軍事戰略計畫」是國防部長辦公室、聯參、戰鬥指揮部與各軍種緊密合作的結果，從過去四年所學到的經驗，詳細計畫國防部未來數十年長期戰備整備的走向。美國部隊瞭解威脅與此戰爭的本質是最重要的，這種瞭解對執行此戰略是必要的。「國家軍事戰略計畫」對全球反恐戰爭是不可或缺的部分，是支持主流的努力以抵制暴力極端主義的概念。所有部隊成員需要瞭解此戰略的重要要素，美國必須瞭解敵人的文化、語言與人生觀，以更有效反制恐怖主義，並鼓舞海外民主、自由與經濟繁榮。[31]

911恐怖攻擊之後，美國已強化政府部門之協調及資訊的分享，最重要的就是「國土安全部」的成立，以提升在偵測、辨識、瞭解與評估恐怖威

---

[29] Donald Rumsfeld, *U.S. Refocusing Military Strategy for War on Terror*, internet available from http://www.iwar.org.uk/news-archive/2004/05-30.htm, accessed April 22, 2010.

[30] U.S. National intelligence Estimate, *Assessment of the United States' effectiveness in damaging al'Qai'da and the strength of al Qai'da*, internet available from http://www.ourfuture.org/reprts/, accessed on January 6, 2010.

[31] Department of Defense, *National Military Strategic Plan for the War on Terrorism 2006*, p.27.

脅及國土安全弱點的能力，保護美國重要的基礎設施，整合國家緊急事件回應網路，以及使聯邦及州政府更緊密的結合。此外，其他重要的變革尚包括「愛國法案」（Patriot Act）、情報社群的重組、國家反恐中心（National Counterterrorism Center, NCTC）的設立、資訊分享環境（Information Sharing Environment, ISE）的發展、「恐怖份子檢視中心」（Teoorist Screening Center）、「101聯合反恐小組」（Joint Terrorism Task Forces）的發展、「聯邦調查局」（Federal Bureau of Investigation, FBI）內部相關單位的整合、「北方司令部」（Northern Command）的成立、「國務院簽證與護照安全規劃及戰略計畫」（Visa and Passport Secuiryt Program and Strategic Plan）的發起、「國務院外交安全局」（Bureau of Diplomatic Security）對「正義計畫」（Rewards for Justice Program）獎勵的提高、財政部保密通信網路的提升等。透過這些措施與努力，美國與盟邦反制蓋達組織及黨羽已向前邁出一大步，強化與盟邦國家的合作及有關恐怖組織的分享將可限制恐怖組織的活動，美國已發現某些恐怖組織並消滅其對美國及盟邦的威脅，瓦解其密謀、逮捕恐怖組織領導人與作業小組，同時強化反恐的能量。

由於蓋達恐怖組織對美國發動攻擊的陰影仍在，故美國思索如何在內外建立不利於恐怖組織發展的環境。從「打擊恐怖主義國家戰略」到「反恐戰爭國家軍事戰略計畫」對如何遂行反恐戰爭均有明確的敘述。尤其本戰略更提出「目的」、「方法」與「手段」的概念，以具體引導對抗恐怖組織的方向。此外，該戰略亦說明美國需對恐怖份子的「作戰重心」（Center of Gravity, CG）[32]與重大弱點的分析。此「作戰重心」存在於戰略、作戰與戰術層次，且每一個極端主義網絡或組織都不相同。在戰略的層次，蓋達組織「作戰重心」是極端主義的意識形態，此意識形態激勵憤怒、怨恨與證明恐怖份子的暴力行爲達成戰略目標與目的是正當的。此戰略計畫的主要焦點是支援美國政府其他單位的努力，以反制極端主義意識形態所孕育的恐怖網絡。在作戰與戰術層次上有許多不同的「作戰重心」存在，包括重要的領導者、支持度、組織的

[32] 克勞塞維茲在戰爭論（On War）提出「作戰重心」一詞，根據美軍「軍語辭典」之定義：「重心即為心理、實體力量、行動自由或意志力等維持諸般力量的泉源，其通常視為力量的泉源。」詳見Department of Defense, *Dictionary of Military and Associated Terms* (Short Title: Joint Pub 1-02), p.72.

支援（國家與非國家行爲體的支持者）與組織的重要作戰因素，對「作戰重心」的研析必須適於全球反恐戰爭對每一個戰役的特定網絡。此外，美國學者艾克梅爾更具體指出有效打擊蓋達組織的五大方針，包括打擊Sayyid Qutb所傳達伊斯蘭理論的訊息、打擊傳達伊斯蘭神旨的人、打擊支持伊斯蘭—法西斯主義的組織、支持主流伊斯蘭的組織、建築可防止伊斯蘭—法西斯主義滲透的防火牆，瞭解我們作戰的對象是什麼（what we are fighting against）及爲何而戰（what we are fighting for）。[33]綜合言之，從上述的論述中，我們了解美國所採取的措施就是要瞭解敵人的作戰重心（意識形態），以妥擬各項因應作爲，並結合盟邦及友好國家共同致力全球反恐戰爭，確保美國海內外人民、財產、重要設施與利益的安全，故新現實主義安全的概念及新自由主義合作的概念在此戰略中顯露無遺。

[33] Dale C. Eikmeier, "Qutbism: An Ideology of Islamic-Fascism," *U.S. Army War College Quarterly*, Spring 2007, pp.92-95.

第十四章　打擊大規模毀滅性武器國家軍事戰略

The National Military Strategy to Combat Weapons of Mass Destruction (NMS-CWMD) presents the comprehensive, coherent guidance needed to succeed while executing the US military WMD-related nonproliferation, counterproliferation, and consequence management missions. It also provides strategic guidance for supporting other departments and agencies as directed, at home and abroad.

Peter Pace

打擊大規模毀滅性武器國家軍事戰略界定在戰略層次，主在論述打擊大規模毀滅性武器的軍事戰略目標、任務及完成此項任務所應採取的手段。這個研究提供國防部打擊大規模毀滅性武器的詳細計畫、行動協調、軍事作為及能力發展的結構。

（佩斯・2006年打擊大規模毀滅性武器國家軍事戰略計畫）

國防部長倫斯裴曾在該戰略說明：「敵人擁有的『大規模毀滅性武器』（Weapons of Mass Destruction, WMD），對美國及國際社會構成嚴重的威脅。這些武器可能對美國及國內、外軍隊、友邦及盟邦造成巨大的傷害。若美國無法妥採措施防範未然，將來可能得付出極高之代價。自從2001年911恐怖攻擊以來，國防部打擊大規模毀滅性武器的作爲，已有長足的進展，但仍有許多工作亟待完成。此『打擊大規模毀滅性武器國家軍事戰略』的文件，概要陳述國防部執行總統統帥軍隊、保護友邦及盟友，面對現存日益猖獗的大規模毀滅性武器所應扮演的角色，文件內容包括『打擊大規模毀滅性武器國家戰略』的三大基石，以反擴散打擊大規模毀滅性武器使用，防範大規模毀滅性武器的擴散，以及大規模毀滅性武器使用後的回應及後續處理。該戰略界定在戰略層次，主在論述打擊大規模毀滅性武器的軍事戰略目標、任務及完成此項任務所應採取的手段。本研究提供國防部打擊大規模毀滅性武器的詳細規劃、行動協調、軍事作爲及能力發展的結構。除此之外，這些文件也提及，雖然國防部在打擊大規模毀滅性武器應扮演重要角色，但是美國也應盡力整合國家與友邦及盟友所有打擊大規模毀滅性武器的資源。」。[1]

前參謀首長聯席會議主席佩斯（Peter Pace）也對本戰略提出扼要的說明：「我們國家遭遇到敵對國家及非國家組織使用大規模毀滅性武器日漸增加的威脅，由於投射大規模殺毀滅性武器的科技快速發展，更增加此項威脅的複雜性。我們須具備保護國家、軍隊、友邦及盟邦所應具有的全方位軍事行動能力，藉以去除大規模毀滅性武器的威脅及使用，此戰略架構提供整體的指導，協助我們聚焦於軍事努力以完成此項重要任務。美國軍隊遂行與打擊大規模毀滅性武器的擴散及後續處理的任務時，這份文件，具體呈現在打擊大規模毀滅性武器的廣泛及持恆指導。保護美國的國家利益，我們國家的夥伴及盟軍的利益，是對抗與打擊大規模毀滅性武器成功的關鍵。本戰略提供打擊大規模毀滅性武器方面所須的完整架構，可使美軍單獨遂行其軍事任務，並徹底打敗敵人。」[2]本章區分戰略指導原則、戰略軍事架構、軍事行動綱領分述如後。

---

[1] Department of Defense, *National Military Strategy to Combat Weapons of Mass Destruction 2006*, foreword.

[2] *National Military Strategy to Combat Weapons of Mass Destruction 2006*, Memorandum for: Distribution List.

第一節　戰略指導綱領

「打擊大規模毀滅性武器的國家軍事戰略」植基於六項指導綱領，包括建立一個積極及層級縱深防禦、建構統一的指揮與管制、實施全球性的部隊管理、能力爲導向的計畫、成效爲導向的方法、對盟友及夥伴的承諾，上述原則應作爲打擊大規模毀滅性武器的行動概念及計畫的基礎。[3]

一、積極、層級、縱深防禦

爲避免重蹈911恐怖攻擊事件覆轍，本戰略說明：「爲了保護美國並打敗侵略者，美國武裝部隊須建立一種積極防禦的思維。美軍應將重點置於軍事規劃、態勢、行動及能力，各部隊依照本身基本任務，採取主動的、多層次的作爲，保護國家、盟友、作戰夥伴及自身利益。這些部隊將展現行動能力，支援打擊大規模毀滅性武器的任務，並盡量在美國本土外解決這些威脅。美軍將協調所有對抗大規模毀滅性武器的力量並採一致行動。如此方能在對抗該武器上採取強而有力之縱深防禦。」[4]

二、瞭解狀況統一指管

面對流氓國家及恐怖組織決意獲得大規模毀滅性武器的企圖，美軍部隊指揮官對當前複雜與危險的國際環境應充分瞭解，故本戰略強調：「當決定運用專門能力打擊大規模毀滅性武器時，需要具備高度靈活的指管措施，而此端賴適時且可靠的情報。目前美軍在實施打擊大規模毀滅性武器的情報是有限的。在過渡時期，決定規劃及遂行打擊大規模毀滅性武器任務時，其獲得的情報往往是有限及不完整的。部隊指揮官，美國政府相關機構，美國盟友及作戰夥伴，若能及時提供及分享所獲得的情報，必能在多層次的安全環境中，成功地打擊大規模毀滅性武器。爲抗衡大規模毀滅性武器，高階領導人需要及時準確的情報以適切規劃使用手中的資源與能力，部分此類武器雖搶手，然卻屬低密

[3] Department of Defense, *National Military Strategy to Combat Weapons of Mass Destruction 2006*, p.13.
[4] *Ibid.*, p.13.

度。此外有些緊急狀況，如艦隊目標的執行或迅速採取行動與決策，對成功是重要的，均需要簡化計畫及協調，快速發展出行動方案，並獲得執行方必要授權。」[5]因此，就部隊指揮官而言，瞭解當前威脅、準確的預警情資、快速反應及果決的行動力，是反制大規模毀滅性武器的必要條件，同時行動也是確保安全的主要路徑。

三、全球性的武力管理

精實的戰力是打擊大規模毀滅性武器最有力的保證，故具備完善之計畫及部署能力，同時對擁有該武器之敵軍具有打擊能力是重要的。本戰略認爲：「打擊大規模毀滅性武器的具體能力，須具備全球性的力量，透過全球性的管理過程，使計畫及決策人員充分瞭解。舉凡武力的永久保持或運用，其關鍵之處，便是對大規模毀滅性武器的打擊。美國武裝部隊須準備進行主動及被動防禦，以及攻擊性的軍事行動，並同時具備在海外對大規模毀滅性武器的阻截能力，以保障國土安全進而可執行大規模毀滅性武器的後續處理。在某些狀況下，經由後伸取訊的能力，更可瞭解該等武器之特質。未來我們所規劃的反制手段更應使作戰指揮部的幕僚瞭解，俾使其能快速組建靈活適切的特遣部隊完成任務。」[6]故打擊大規模毀滅性武器能力的建構必須揚棄以威脅爲導向的概念，將其調整爲以能力爲導向，而其所要應付的對象也不能限於如北韓與伊朗等擁有大規模毀滅性武器的國家，其對象應包括蓋達國際恐怖組織及黨羽。因此，美軍指揮官惟有瞭解當前威脅的屬性，則全球性武力管理的目標才能達成。

四、能力為導向的計畫

隨著威脅型態的轉變，如何具備更重要且有效的能力去對付敵人，是美軍必須面對的挑戰。因此本戰略指出：「美國武裝部隊必須研擬各種反制手段來對付敵人所使用的方法，以達到其預期的目的。以能力爲導向的計畫，其運用資源應側重於發展的工具及範疇，例如，我們的規劃及能力發展，不應將重點

---

5 *Ibid.*, pp.13-14.
6 *Ibid.*, p.14.

放在生物毒劑的威脅，某一敵對國家，或是一非國家行爲者。我們須計畫及發展應付打擊大規模毀滅性武器的能力，藉以用來對付各式各樣的威脅，在整個任務遂行期間，提供軍隊持續的支援能力，或對已知的擴散武器，提供野戰部隊更高效能的防禦能力。」[7]換言之，此種轉變聚焦於應付未來敵人的能力，而不是他們可能是那一個國家或者將於何處發生戰爭（focused on “what” future adversaries can do, not “who” they might be or “where” a war might occur）。[8]這樣的思維相當程度檢討遂行兩場主要戰爭的迷思，改採務實可行的策略，確保美國國家安全與國家利益。

五、成果為導向的方法

由於大規模毀滅性武器可能帶來的災難性後果，本戰略闡述：「美軍將使用以成果爲導向的方法，加以規劃、執行及評估與大規模毀滅性武器相關的資源，以實現高效能的作戰成果，並降低遂行任務及實現軍事目標可能承受的風險。以成果爲導向的方法，來規劃其環節、計畫及行動，以期望應有的作戰成果。打擊大規模毀滅性武器的計畫必須體認協同作戰及八個重要的責任領域，能夠在戰術、作戰水準之上，透過此一過程規劃，能確定重要任務之所在。也能瞭解敵人可能的回應及行動。以成果爲導向的方法，產生計畫及行動，使指揮官能夠有效益完成所賦予的任務，提升整體作戰成效。也應確認執行軍事行動，務必使用最小的手段、實現最佳的作戰效能，以滿足軍事目標的需要。有效益的使用武力是打擊大規模毀滅性武器最重要的行動，最好的軍事行動成果，便是能夠預期所欲達成的效果，同時也能減少敵人對美國採取攻擊的行動。」[9]歐漢龍（Michael E. O’Hanlon）認爲除了有效運用兵力遂行反制大規模毀滅性武器外，美國也應持續協助擁有大規模毀滅性武器的俄羅斯在人員、技術與相關物質的管制。[10]隨著中國的崛起，美國未來也應強化與中國在此領域

---

[7] *Ibid.*, p.14.

[8] Lynn E. Davis and Jeremy Shapiro, *The U.S. Army and The New National Security Strategy* (California: RAND, 2003), p.17.

[9] Department of Defense, *National Military Strategy to Combat Weapons of Mass Destruction 2006*, p.15.

[10] Michael E. O’Hanlon, *Defense Policy Choices for the Bush Administration 2001-2005* (Washington D.C.: Brookings Institution Press, 2001), pp.139-141.

的對話及合作，俾有效反制相關大規模毀滅性武器的擴散。

六、美軍的承諾

遂行反制大規模毀滅性武器的努力，除了美軍本身能力之外，與盟邦及友好國家的合作也是確保大規模毀滅性武器不擴散的一環，因此本戰略闡明：「美軍必須強化運用國際盟友及作戰夥伴積極的支持，以實現全面性打擊大規模毀滅性武器的戰略。使用日常對話的工具，軍事接觸，負擔分攤的安排，及各地區作戰指揮部所舉辦的聯合演習等手段。美國確信獲得作戰夥伴意願及能力的支持，便可與志同道合的國家、國際聯盟及作戰夥伴，透過區域合作共同打擊大規模毀滅性武器；打擊大規模毀滅性武器的計畫及活動，包括採取鼓勵方式，促使盟軍及聯軍的參與，美軍亦將履行與同盟及其他國防的承諾，協助他們保護共同的利益，並訓練盟邦發展各項打擊大規模毀滅性武器的能力。」[11]因此，美軍對盟國、友邦持續的軍事援助與情報資訊分享，均是美國對上述國家承諾的具體行動。

第二節　軍事戰略架構

打擊大規模毀滅性武器的軍事戰略架構，包括目的（軍事戰略目標及附屬目標），方法（軍事戰略目標），手段（作戰司令部，軍事部門及作戰支援機構），並適用於打擊大規模毀滅性武器國家戰略的三大基石（禁止擴散、打擊擴散及擴散後續處理），如圖14.1。[12]

一、目的（軍事戰略目標及國家目標）

美國的軍事戰略目標是確保美國及其軍隊、盟友、夥伴及自身的利益，不受敵人使用大規模毀滅性武器的威脅或攻擊，具體的說明美軍衡量效益的標準：

[11] Department of Defense, *National Military Strategy to Combat Weapons of Mass Destruction 2006*, p.15.
[12] *Ibid.*, p.16.

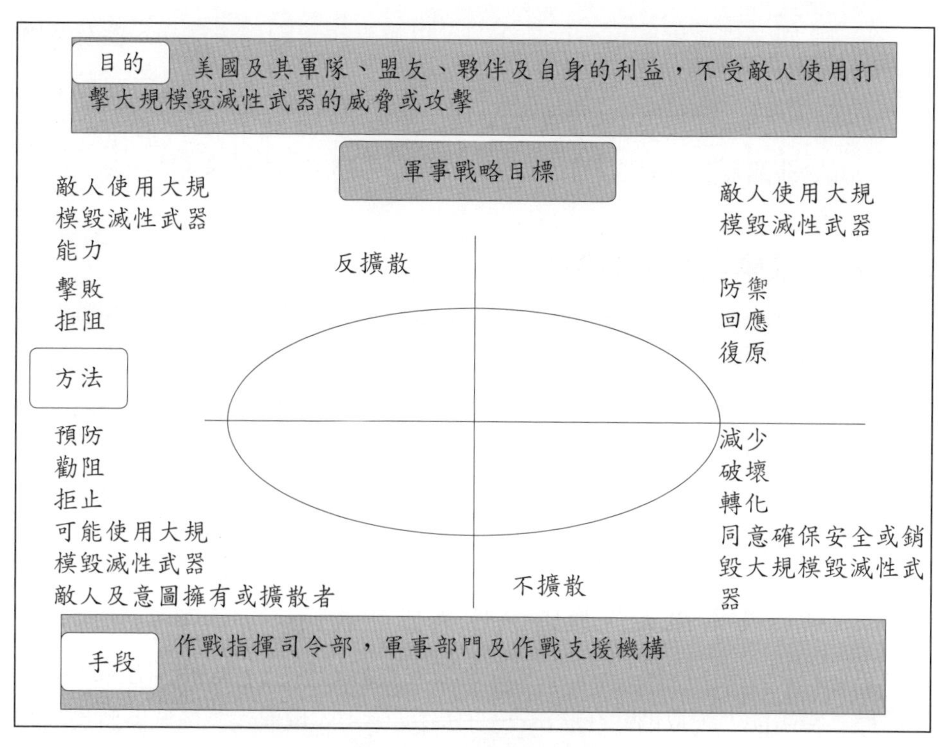

圖14.1　軍事戰略架構

資料來源：National Military Strategy to Combat Weapons of Mass Destruction 2006, p.16.

（一）美國武裝部隊結合國家所有資源，以阻止大規模毀滅性武器的使用。

（二）美國武裝部隊準備擊敗威脅使用及模擬使用大規模毀滅性武器的敵人。

（三）美軍能保障全球現有的大規模毀滅性武器的安全，並能依情況減少、改變甚或銷毀該等武器。

（四）阻止當前或潛存敵人生產大規模毀滅性武器。

（五）對當前或潛存敵人大規模毀滅性武器所實施的偵測、定位及消除。

（六）勸阻、阻止、預防及攻擊，使用大規模毀滅性武器擁有相關材料的敵人。

（七）如果使用大規模毀滅性武器能影響美國及其利益，爲了持續大規模毀滅性武器的軍事行動能力，以及支援美國民事當局、盟友及夥伴，美國有能力減少其造成的損害。

（八）美國協助探求攻擊的來源，作出決斷，以阻止未來的攻擊。

（九）盟國及美國有能力共同合作打擊大規模毀滅性武器。[13]

二、方法（軍事戰略目標）

「軍事戰略目標」（military strategic objectives, MSOs）概述美國武裝部隊將完成的戰略目標，軍事戰略目標須透過八項任務領域的遂行，去完成打擊大規模毀滅性武器的任務。這些任務是立基於「打擊大規模毀滅性武器的國家軍事戰略」所揭櫫的六項指導綱領（建立一個積極及層級縱深防禦、建構統一的指揮與管制、實施全球性的部隊管理、能力爲導向的計畫、成效爲導向的方法、對盟友及夥伴的承諾）。

（一）擊敗及嚇阻大規模毀滅性武器的使用

這個目標是對付意圖使用大規模毀滅性武器的敵人，美國國防部將進一步發展其軍事能力，以消除在狀況不利的環境中，大規模毀滅性武器對美國的威脅。美軍的意圖及行動，其目的在於嚇阻潛在意圖使用大規模毀滅性武器的敵人，對手必須確認，當他威脅或訴諸使用大規模毀滅性武器時，將會遭受嚴重的後果。爲防止對手使用大規模毀滅性武器，美國須擁有更爲廣泛的軍事能力，以防止敵人採取大規模毀滅性武器的攻擊。爲了遏制敵人使用大規模毀滅性武器，並減損其使用大規模毀滅性武器的能力，當嚇阻行動失敗時，美國軍隊可被要求採取攻擊性的軍事行動，消滅行動、阻截行動或積極防禦。[14]

（二）防禦、回應大規模毀滅性武器的使用及戰後恢復行動

這個目標是應付在戰場上或針對美國的戰略利益，使用大規模毀滅性武器的敵人，雖然重點是盡量減少影響大規模毀滅性武器的軍事行動，美國部隊須準備在本國、並支持盟友及作戰夥伴，針對大規模毀滅性武器的行動。儘管

[13] *Ibid.*, pp.16-17.
[14] *Ibid.*, p.17.

美軍已盡最大的努力避免盟友及作戰夥伴可能遭受敵人大規模毀滅性武器的攻擊，為了防衛大規模毀滅性武器及遭其攻擊後的恢復行動，美國武裝部隊將執行被動防禦的措施。[15]

（三）預防、阻止、拒止大規模毀滅性武器的擴散或持有

這個目標主在讓使用大規模毀滅性武器的敵人或潛在敵人無法獲得該武器，同時，使越來越多的盟友及作戰夥伴，能支持打擊大規模毀滅性武器的軍事行動。現在及潛在敵人可能認為擁有（或擴散）大規模毀滅性武器的運輸系統及相關物質，將可威脅美國及其盟國與作戰夥伴。為了阻止、拒止或拒絕敵人或潛在敵人擁有（或擴散）的大規模毀滅性武器的能力，美國武裝部隊將進行攻擊行動。軍方更須支持阻截、安全合作與防擴散的努力。此外，美國將採取行動，藉以保證盟國及作戰夥伴，毋須擁有大規模毀滅性武器。[16]

（四）減少、銷毀、或轉化大規模毀滅性武器

這個目標是同意摧毀或確保大規模毀滅性武器，現有及潛在盟友或作戰夥伴的意願，可能會放棄擁有大規模毀滅性武器或相關技術，為了改變大規模毀滅性武器的計畫，並減少大規模毀滅性武器及相關物質的儲存，美國武裝部隊將支持減少威脅的合作，以及準備協助儲存的合作行動。[17]

三、手段（作戰司令部、軍事部門及戰鬥支援機構）

作戰司令部、軍事部門及作戰支援機構，是完成軍事戰略目標須採取的必要手段。作戰司令部主要責任是計畫與執行，軍事部門主要責任是組織、訓練及編裝，至於作戰支援機構則支援各作戰司令部與軍事部門。美國戰略司令部指揮官身為最高指揮官，須整合司令部與國防部資源同步打擊大規模毀滅性武器。美國戰略司令部與國防部在準則、組織、訓練、後勤、領導、人事及設施等範疇，須作更為廣泛的整合。作戰指揮官將依據其被賦予的任務，繼續執行

---

[15] *Ibid.*, p.18.
[16] *Ibid.*, p.18.
[17] *Ibid.*, pp.18-19.

打擊大規模毀滅性武器的任務。除非其他指導，軍事部門將發展準則、組織、訓練及編裝，結合所有部隊力量，實施打擊大規模毀滅性武器的任務。各政府機構則提供專業知識及能力配合軍隊執行打擊大規模毀滅性武器的任務。除此之外，北美司令部及太平洋司令部具備單獨執行國內支援大規模毀滅性武器後續處理的能力。[18]

打擊大規模毀滅性武器是一個全方位、多層級的任務，國防部將面臨嚴峻的挑戰，同時需與政府機構、國際盟友及作戰夥作的合作。大規模毀滅性武器的擴散是一種全球性的威脅，有賴結合各種力量與之抗衡。軍事部門的努力需要與其他組織及擁有相關能力、資源或資訊的國家密切合作，以利打擊大規模毀滅性武器的遂行。一般而言，軍事部門要全面打擊大規模毀滅性武器須與國內機構、盟友及作戰夥伴合作，藉以勸阻、制止及擊敗那些試圖傷害美國的大規模毀滅性武器。爲使大規模毀滅性武器與恐怖主義脫鉤，打擊大規模毀滅性武器及全球反恐行動必須整合。一如打擊大規模毀滅性武器國家戰略中所述。美軍須加強獲得大規模毀滅性武器的相關技術、後勤及阻截的能力；最後，美軍必須作好準備，以防止並藉由必要的武力使用，藉以擊敗擁有大規模毀滅性武器的恐怖份子及其支援國家。[19]有關戰略目標、戰略手段與指導原則關係如圖14.2。

第三節　軍事行動綱領

一、戰略手段

戰略手段是遂行軍事戰略的跨領域能力，他們提高擊敗大規模毀滅性武器武力的整合與效能，指揮官須不斷評估其戰略手段，並確定需要改進的地方，國防部遂行擊敗大規模毀滅性武器的戰略手段有三：即情報、作戰夥伴的能力

[18] *Ibid.*, pp.18-19.
[19] *Ibid.*, p.19.

及戰略溝通。[20]

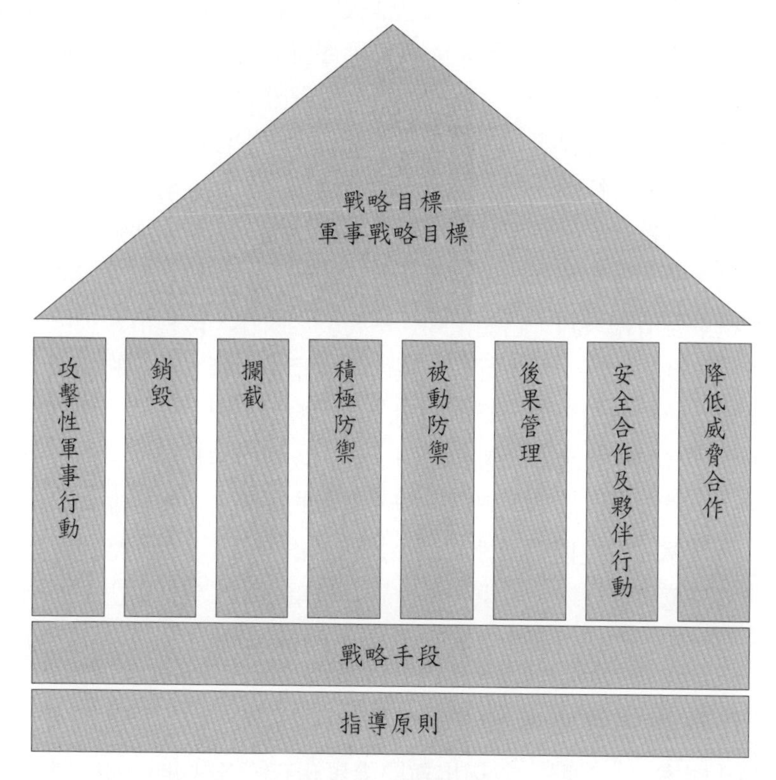

圖14.2　指導原則

資料來源：National Military Strategy to Combat Weapons of Mass Destruction 2006, p.19.

（一）情報

可靠資訊的獲得，直接影響任務遂行，故情報向來為作戰的耳目。對此，本戰略指出：「情報直接支援戰略、計畫及決策，提升軍事行動的能力，並提供計畫及風險管理，大規模毀滅性武器的情報是八項軍事任務領域的支援手段之一。雖然美軍認知情報的有限性及不完整的特質，策劃及執行擊敗大規模毀滅性武器戰略時，可能源自於不完整及有限的資訊。但美軍可藉大規模毀

[20] *Ibid.*, p.20.

滅性武器的情報，掌握核生化預警的前兆，透過組織改造的流程，使打擊大規模毀滅性武器的情報更爲精準，並透過情報與作戰部門的融合，使情蒐研析及情資的分派等工作更爲精進。若未能具備確實可信的情報，美軍將無法阻止、擊敗或改變敵人大規模毀滅性武器的使用。瞭解敵人具備何種大規模毀滅性武器的能力是當前迫切的課題。美國務必準確及完整的理解大規模毀滅性武器的威脅程度及其擴散的行動，結合全球化發展趨勢，評估近期及長期擊敗大規模毀滅性武器的有效辦法。爲了減少情報的不確定性，美軍須加強情報能力，利用各項管道，促進資訊共享，提高對狀況的瞭解。就對抗大規模毀滅性武器而言，偵測是重要情報來源，它能預知「威脅」之所在，檢視情報決策，可對八個軍事責任領域的戰略、軍事行動及戰術作爲產生影響，偵測的範圍，包括由情報界蒐集必要的資訊，進行戰略規劃，藉以檢測戰場上核生化武器的威脅。偵測要項包括，核生化武器攻擊的來源、敵人攻擊能力及屬性。爲阻止日後相同的攻擊，美軍應早期偵知大規模毀滅性武器的設施，並將相關資訊告知決策者，使其選擇擊敗大規模毀滅性武器最爲有效的方法。」[21]凱格利與魏德寇柏夫亦認爲情報蒐集對打擊大規模毀滅性武器是重要的，包括對巴勒斯坦民兵的支持者、與伊朗或利比亞關係密切的激進份子相關資訊。[22]

（二）作戰夥伴的能力

美國「國家安全戰略」曾指出對國際事務有許多並非美國可獨力完成，因此與夥伴國家的合作，對解決跨國事務是重要的。故本戰略認爲：「與作戰夥伴建構雙邊及多邊的關係，藉以增加擊敗大規模毀滅性武器的能力。藉由作戰夥伴及盟國擊敗大規模毀滅性武器的能力，使美軍得以捍衛國家的安全，遏阻敵人前進部署，並能同時受領多項任務；美軍亦須協助盟邦具備有效打擊大規模毀滅性武器的能力。美國與國際安全合作的項目是多元的，不能僅將重點置於飛彈防禦合作及防止核生化武器的擴散的安全倡議之上，同時，應該強調被動防禦，例如，消除大規模毀滅性武器的後續及處理合作，包括多邊論壇的

---

[21] *Ibid.*, p.20.

[22] Richard Betts, “The New Threat Of Mass Destruction” in Charles W. Kegley, Jr. and Eugene R. Wittkopf eds, *The Global Agenda: Issues and Perspectives* (Beijing: Peking University Press, 2003), p.79.

努力。美國必須將擊敗大規模毀滅性武器與作戰司令部的安全合作倡議密切結合，以減少美軍在擊敗大規模毀滅性武器的負擔。未來大規模毀滅性武器的使用勢不可免。是以，盟邦除應具承受此武器攻擊的能力外，亦應具消除威脅及戰後復原的能力。對美國而言，國際社會在此方面的協助，將為其在打擊該武器及承受其攻擊等面向發揮相乘效果。」[23]

（三）戰略溝通支援

為有效做好政府各部門的協調聯繫，以及與夥伴國家的分工合作，戰略溝通扮演重要的角色。故本戰略指出：「支援性的戰略溝通，包括全球性、區域性及國家層次的打擊大規模毀滅性武器的努力與援助，在美國政府部門努力溝通及展示決心時，軍隊扮演了重要的角色，為了取得戰略溝通的進展，需要有效率地整合外交、公共事務及資訊部門的能力。戰略溝通形塑了全球、區域及國家層次的認知。美國的行動及言辭能夠有效地安撫盟友及作戰夥伴。對潛在敵人而言，它亦明確告知敵人使用大規模毀滅性武器的成本與風險。」。[24]

二、軍事任務領域

軍隊的任務是勸阻、阻止、維護及擊敗那些試圖威脅使用大規模毀滅性武器傷害美國及其盟國與作戰夥伴的敵人，假使遭受攻擊時，能減輕其造成災害，並迅速恢復其原狀，對敵人可產生相當的嚇阻作用。此一任務植基於擊敗大規模毀滅性武器國家戰略所制定的三大基石（禁止擴散、防止擴散及擴散後續處理）。作為美國武裝部隊擬定計畫及提昇能力時的指導原則，上述三大基石，應將重點置於四個軍事戰略目標之上，在實現這些軍事目標時，美國武裝部隊可能被要求從事八項軍事任務，如圖14.3。包括攻擊性的軍事行動、消除、阻截、積極防禦、被動防禦、戰後管理、安全合作、盟國偕同演訓及降低威脅合作。而提升能力是達成上述責任領域須具備的關鍵。[25]

---

[23] Department of Defense, *National Military Strategy to Combat Weapons of Mass Destruction 2006*, p.21.
[24] *Ibid.*, pp.21-22.
[25] *Ibid.*, p.22.

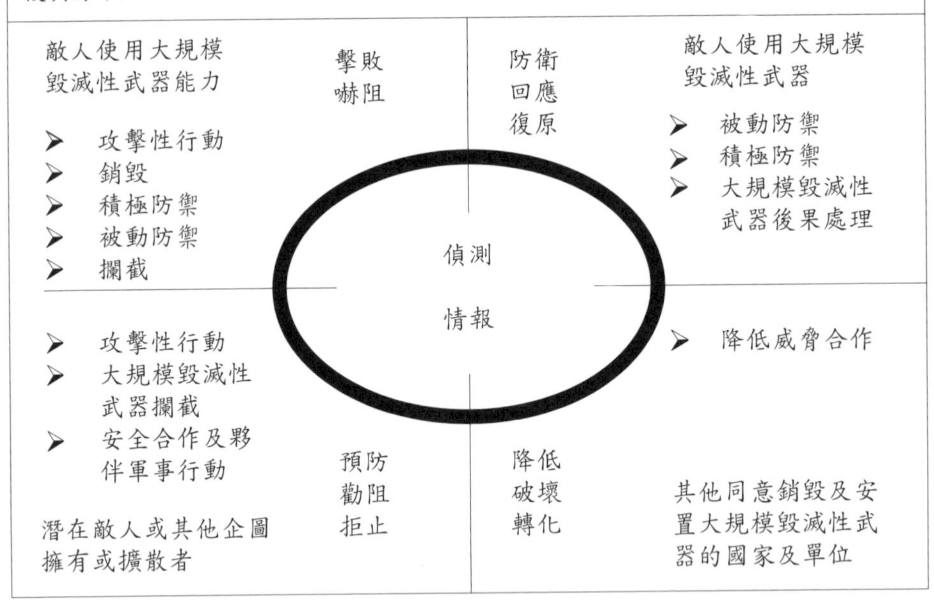

圖14.3 軍事任務領域

資料來源：National Military Strategy to Combat Weapons of Mass Destruction 2006, p.22.

（一）攻擊性的軍事行動

攻擊性的軍事行動，可能包括動態的（包括傳統武器及核子武器）或靜態的選擇（如資訊作戰），藉以阻止或擊敗大規模毀滅性武器的威脅或爾後的使用。攻擊性軍事行動，包括偵測、鑑定、破壞或銷毀敵人足以造成預期成效之大規模毀滅性武器相關的資產、運送工具、相關設施及其他具備高價值的戰略目標。攻擊性的軍事行動可在任何時空中進行。為了擊敗某種類型的目標，需具備專業能力及軍事行動的概念，其能力包括找尋、掌握、回收、復原，以及銷毀大規模毀滅性武器的能力，並擊敗深埋地底的戰略目標、有能力擊敗或消除化學武器或生物毒劑所衍生的效益，有能力去找尋、修復、追蹤目標，並對大規模毀滅性武器目標實施評估。在武器擴散途徑的鏈結及節點均有弱點。針對這些弱點，美國應有計畫與能力使用動態或靜態的手段予以反擊。[26]

（二）銷毀性軍事行動

所謂銷毀性軍事行動，是有系統地找尋、界定、並弱化敵對國家或非國家行爲體所擁有之大規模毀滅性武器及其相關能力。對該等武器採取攻擊性的軍事行動可能對平民、美國或合作夥伴及戰略同盟的武裝部隊造成危險，是以必須遂行銷毀行動。該行動的首要考量在清除對美國的威脅及支持軍事及國家目標。規劃及遂行銷毀任務時，須採下列二項行動以確保美國及盟國部隊的安全。第一，做好安全措施以防核武器及相關物質遭掠奪。第二，針對美軍民造成直接威脅的武器、物資、人員及載具等予以摧毀。另由敵人方面所獲專家學者、相關文件及新聞報導，甚至擄獲之武器對未來防制大規模毀滅性武器擴散工作均極其重要。前列工作完成後，銷毀工作即可轉移至其他政府部門、國際機構或所在地政府，致力將此等武器的技術轉移至和平用途。國防部必須針對用途不明的大規模毀滅性武器，研擬銷毀的對策與能力，而這項工作需由準則、組織、訓練、人員教育、物資、領導及計畫各方面全盤考量。除非確信此工作將由其他單位接手，否則指揮官在任務伊始，即應將此項工作納入考量。[27]

（三）阻截性軍事行動

阻截性軍事行動，是爲了阻止大規模毀滅性武器的運送及其相關運輸工具、技術、物質。不管由軍隊或政府機構所遂行的任務，指揮官須具備阻截該武器及相關物資之能力，並與美國政府、作戰夥伴及同盟國家密切的合作。例如，爲了從事阻截行動，須指示及標示任何與大規模毀滅性武器有關物質，至於重點阻截則須超越傳統的軍事封鎖，針對敵人物質的運送加以阻截，遂行這些軍事行動，其目的在於阻截與大規模毀滅性武器相關的物質及擴散網絡。因此，指揮官須具備摧毀敵人大規模毀滅性武器的能力，在其對美軍造成傷害前，能夠有效地予以摧毀。至於系統性的做法，則是需要應付與日俱增及日趨

---

[26] *Ibid.*, p.23.
[27] *Ibid.*, pp.23-24.

複雜的眾多大規模毀滅性武器的交易行爲。若無法持恆追蹤並破壞此一交易行爲，美國及其盟國與作戰夥伴，可能遺漏重要的情資，而無法獲得大規模毀滅性武器的相關資訊。美國武裝部隊須繼續加強其阻截能力，制止大規模毀滅性武器及其相關物質的擴散，惟部隊遂行上述任務時，端賴及時、可靠及實用的情報。美國在參加「擴散安全機制」會議中即強調，美國應將重點置於阻截大規模毀滅性武器的環節之上，爲支援該項建議，越來越多的國家規劃，實施並執行阻截軍事行動，旨在破壞運送大規模毀滅性武器運輸系統及相關物質，該會議代表國際社會共同打擊大規模毀滅性武器的政治承諾。由許多案例中可發現，與會的美國政府機構及盟邦對美軍的計畫與作戰程序並不熟悉，此有賴各級指揮官對此予以調整以符合需求。[28]

（四）積極防禦

針對大規模毀滅性武器的積極防禦措施，不但包括飛彈防禦系統（彈道飛彈及巡弋飛彈），也包括防空、特別軍事行動及安全行動，以防衛傳統與非傳統性大規模毀滅性武器的攻擊。至於各層次的網絡安全防禦能力，將納入國家的相關網絡之中，包括陸地、海上及空中爲基礎的系統，均將採用各種方式及管道，藉以擊敗大規模毀滅性武器。[29]

（五）被動防禦

大規模毀滅性武器被動防禦措施，包括減少該武器的使用，確保美國、盟國及其作戰夥伴的自身利益，以及其設施、基礎建設損失所採取的措施。被動防禦的軍事行動，是針對廣泛的軍隊聯合作戰及軍事部門的準則及組織，並聚焦於四個能力，即感覺——持續提供核生化相關的資訊及能力；形塑——有能力瞭解所處的情境及未來可能發生事件；保護——具有遭受威脅時的自保能力；持恆——能夠在被污染的情境，繼續遂行其軍事行動。成功的被動防禦，端賴設施的有效整合、訓練有素的人員、嫻熟的技術、戰術及作爲。此外，被動防禦也對擊敗大規模毀滅性武器的阻截、消除及擴散的後續處理，做出積極

---

[28] *Ibid.*, pp.24-25.
[29] *Ibid.*, p.25.

的貢獻。[30]

（六）大規模毀滅性武器的後續處理

大規模毀滅性武器的後續處理，包括採取那些可能減輕大規模毀滅性武器攻擊或事件的措施，包括具有毒性工業化學品及工業材料，並協助國內、外軍隊復原工作的行動。美國武裝部隊須具備支援國內、外盟友及作戰夥伴擊敗大規模毀滅性武器的行動。在國內，美國武裝部隊可能需要支援從事後續處理聯邦政府，當接受總統指示或授權時，國防部長可授權「國防支援民事局」（Defense Support of Civil Authority, DSCA）。在國外，由在地國提出要求，總統可授權、國防部長可支援美國政府與外交後續處理作爲。對後續處理作爲，軍事部門須具備處理相關事宜的指導作爲。[31]

（七）安全合作及夥伴行動

打擊大規模毀滅性武器，是一項全球性的挑戰，需要一個深具協調性的國際反應、安全合作及夥伴行動，是支援國際社會擊敗大規模毀滅性武器的活動，這些活動可改善作戰夥伴在擊敗大規模毀滅性武器八個任務領域的能力。著名的例子，是取得國際社會參與防止擴散的安全會議的進展，建立北約核生化防禦部隊，及協助北約國家發展對該武器之銷毀能力。軍隊應努力遂行打擊大規模毀滅性武器的任務，其目標是建立合作夥伴，可爲自己提供協助聯合作戰的八個任務領域。美國武裝部隊應開展與作戰夥伴的安全合作，改善作戰夥伴打擊大規模毀滅性武器的能力。這些活動可提升彼此對共同威脅的警覺，建立同盟關係及共通性。在對非擴散的軍事支援方面，包括防止及遏制國家及非國家團體獲得大規模毀滅性武器的相關能力。活動內容則包括支援國際條約的實踐，及國際禁運及外銷管制的措施。[32]

（八）降低威脅合作

降低威脅合作，是在地國當局爲加強人身安全所開展的活動，其內容包括設

---

[30] *Ibid.*, p.25.
[31] *Ibid.*, p.26.
[32] *Ibid.*, pp.26-27.

置偵測設備、拆除、重新導向、並保護國家現有的大規模毀滅性武器的計畫、儲存及能力。軍隊須作好準備，一旦接受國防部長賦予任務時，立刻執行此項任務。雖然這項軍事行動不是指揮官主要的職責，但指揮官仍須確實採取措施，以維護戰區內之安全合作計畫，另其所採措施亦應與降低威脅機制一致。[33]

第四節　小　結

美國的戰略目標即為確保其武裝部隊、盟邦、合作夥伴及其國家利益，不受大規模毀滅性武器的威脅與襲擊。故美國武裝部隊須準備做好下列措施：擊敗與制止當今敵人及日後對大規模毀滅性武器的使用；從事防範性的軍事行動；適度對大規模毀滅性武器作出回應；預防、勸阻、或轉變大規模毀滅性武器的擴散與擁有；減少、消除或改變大規模毀滅性武器。上述措施即為美國之軍事戰略目標。美軍將藉由八項軍事任務領域，來完成打擊大規模毀滅性武器的軍事戰略目標（Military Strategic Objectives, MSOs），即攻擊性的軍事行動、消除性軍事行動、阻截性的軍事行動、積極防禦、被動防禦、擴散的後續處理、作戰夥伴的安全合作及減少威脅的合作。[34]

美國武裝部隊須發展打擊大規模毀滅性武器任務的計畫，六項指導原則是美軍應該加以遵循的，即積極且有層次的縱深防禦、統一指管、全球性的武力管理、能力為導向、成效為導向的方法及美國的承諾。除此之外，作戰指揮官必須不斷評估及建議改進情報及偵察的能力、作戰夥伴能力、戰略溝通支援等戰略手段。適當的組織及分配資源，此一戰略將能長期有效地平衡軍事及戰略的風險。它將使美軍能夠對付今日大規模毀滅性武器的威脅，改造聯合作戰部隊足以應付來日大規模毀滅性武器的挑戰。[35]本戰略具體指出軍事戰略架構包括目的、方法與手段，目的即為確保美國及友邦的安全，方法則是以能力應付大規模毀滅性武器，而手段即是各單位力量的整合。易言之，就是發揮美軍聯

[33] *Ibid.*, p.27.
[34] *Ibid.*, p.28.
[35] *Ibid.*, p.28.

合作戰的精神，減少作業疏失、協調不佳與效能不彰所衍生的後遺。爲增進美國本土、部隊與友邦的安全，美國打擊大規模毀滅性武器軍事戰略具體落實新現實主義所強調之安全概念，惟有安全獲得保障，才能提供經濟發展的良好環境，在經濟發展的帶動下，方能順利推動民主的改革。因此，安全、經濟繁榮與民主三者關係互爲影響，「軍事戰略」更是指導如何建立優質的人力、裝備與聯合戰鬥力量，俾支撐「國防戰略」與「國家戰略」上述目標之達成。

此戰略所揭櫫的是如何統合海內外各項管制措施，俾有效進行大規模毀滅性武器的管制，當然這樣的思維亦包括防止恐怖主義與大規模毀滅性武器的結合（核武恐怖主義）。在國際無政府狀態下，國家安全的保障還是來自於國家享有相對的優勢，雖然現實主義的分支（如新現實主義、攻勢現實主義、守勢現實主義）在對權力與安全的觀點上仍有分歧，但如果所對抗的對象是擁有大規模毀滅性武器的恐怖組織，則此三者的立場實難加以區分。所以，就以本戰略而言，其涵蓋採取自助的作爲，擴大美國軍隊的反制能力，以維護國家安全，確保國家安全無虞。故本戰略的內涵已具體呈現，如何建立強而有力的軍事武力，保持主動積極的防禦，兼具攻守一體的概念，不予恐怖份子接觸與使用大規模毀滅性武器的機會，同時保有先制攻擊的能力，在這些措施當中，實已呈現新現實主義、攻勢現實主義、守勢現實主義理論的內涵。

第十五章　結　論

The challenges America faces are great, yet we have enormous power and influence to address those challenges. The times require an ambitious national security strategy, yet one recognizing the limits to what even a nation as powerful as the United States can achieve by itself. Our national security strategy is idealistic about goals, and realistic about means,

George W. Bush

當前美國面臨著巨大的挑戰，但我們也擁有解決這些挑戰的強大力量及影響力。這個時代需要雄才大略的「國家安全戰略」，但也必須認清即便強大如美國者仍有其限制。美國「國家安全戰略」在目標方面充滿理想，但卻採取步步踏實的手段。

（小布希・2006年國家安全戰略）

本書引用鈕先鍾先生「戰略三重奏」中思想的概念，強化「層級戰略」的論述（如圖2.1）。鈕氏指出影響戰略思想的要素包括：地理、歷史、經濟、思想（宗教、意識形態與文化）、組織及技術等，美國身處於一超多強的國際體系，對國際事務扮演舉足輕重的角色，其戰略的擬定仍受上述因素影響。爲了維持其戰略的一致性及獲得廣大人民的支持，戰略的擬定必須簡明清晰，此從其「國家戰略」中可以清楚看出，該戰略不但用字淺顯易懂，且敘述條理分明，使不具軍事背景的民眾也能一目瞭然，而其最大的作用即在凝聚統一的戰略思想，發揮群眾的影響力，俾有助美國政府各項政策的推動。而「國防戰略」則是強調瞭解軍事權力、經濟權力、體系的變化、各國的國際地位及國際安全等的重要性。該戰略首先論述美國面對的戰略環境，繼之提出應對環境的能力與手段，以及強調風險的管理俾降低人員傷亡與戰力的耗損。「軍事戰略」則強調不僅要達到我方的目標，而且還要阻止對方達到其目的，同時還要阻止對方妨礙我方達成目標。[1]該戰略強調以優勢軍力遂行嚇阻與衝突預防，進而促進穩定與阻止侵略，以達成國家軍事目標，而其優勢即是以高素質人力、高科技裝備、全球資訊、靈活情報、強化海外部署、卓越的聯戰指揮，建構一個絕對優勢的戰力，確保目標的達成。

根據1986年「高尼法案」第603款規定，美國總統應於每年向國會提交「國家安全戰略」報告。[2]從那時候起，雖然每一位總統未必遵守這樣的規定，但是其後的歷任總統，在任內多少會提出幾份「國家安全戰略」報告。譬如說，雷根（Ronald Reagan）總統先後提交兩份報告（1986、1987）、老布希總統也提交三份報告（1990、1991、1993）。[3]柯林頓總統在八年任期內，總共提交七份「國家安全戰略」報告（1994-2000），至於小布希總統則提出兩份報告（2002、2006）。1997年之前，美國「層級戰略」概分爲「國家安全戰略」與「國家軍事戰略」兩個層級，及至1997年國防部提出「四年期國防總檢」後，「層級戰略」概分爲「國家安全戰略」、「四年期國防總檢」與「國

1 鈕先鍾，《戰略研究入門》，頁275。

2 The White House, *A Natonal Security Strategy of Engagement and Enlargement* (Washington D.C.: The White House, 1996), p.2.

3 Don M. Snider, *The National Security Strategy: Documenting Strategic Vision*, internet available from http://www.ditc.mil/doctrine/jel/research_pubs/natlsecy.pdf, accessed November 16, 2009.

家軍事戰略」三個層級。直至2005年美國防部首度提出「國防戰略」之後，「層級戰略」始由總統之「國家安全戰略」、國防部長之「國防戰略」與參謀首長聯席會議主席之「國家軍事戰略」三者構成，此三個層級戰略在思想脈絡一貫，做法上下一致，成爲政府各部會與部隊維護國家安全重要的行動指導。

美國是當今世界唯一的強權，其國家利益遍及世界各地。所以，世界任何地區發生的事情，都與美國的利益息息相關，此由其「國家安全戰略」所揭櫫的大戰略思維可明顯看出。美國以安全、經濟繁榮與民主爲其「國家安全戰略」的三大核心目標，在安全層面上，即如何確保美國海內外的安全，同時也確保盟邦及友好國家的安全，而其手段不外乎增強兵力的部署，並強化盟邦及友好國家的防衛能力。在經濟的面向則是，力促一個開放的國際經貿整合，並加強與各國的自由貿易及經濟合作，確保美國的經濟繁榮。在民主方面，美國冀望與世界各國的接觸，透過各項經濟的援助，協助各國經濟環境的改善，提升政府的效能，並協助非民主國家的轉型及鞏固。

從國際關係理論的角度詮釋美國「國家安全戰略」，可探究其思維的源頭，以新現實主義安全觀、新自由主義合作觀及民主和平理論解讀「國家安全戰略」，則其所強調的三個核心目標：安全、經濟繁榮與民主，與此三個理論的核心主張一致。換言之，從國際關係理論三個不同的面向，檢視美國「國家安全戰略」更能一語道中論述之內涵。順此思維，「國防戰略」與「國家軍事戰略」在「國家安全戰略」的指導下，形成脈絡一貫、前後呼應的「層級戰略」。上述國際關係相關理論，爲美國「國家安全戰略」的思維及國防各級戰略形成的理論基礎，提供強而有力的論證。

「國防戰略」則明確敘述國防部的四項主要戰略目標，如何達成目標及執行指導。四項戰略目標包括確保美國免於遭受直接攻擊、確保戰略通道及維持全球行動的自由、強化盟邦及夥伴關係、建立有利的安全環境。而達成目標的手段計有四項，包含向盟邦及友好國家擔保；展現美國履行防衛承諾及協助保護共同利益，勸阻潛在敵人；經由美國的軍事優勢勸阻敵人的威脅，嚇阻侵略與反威懾；藉由維持美國快速部署的軍事力量；展現美國果斷解決衝突的意志，擊敗敵人；美國部隊將在總統指揮下擊敗任何的敵人。國防戰略計畫與決策的指導建構於四個方針，即積極、多層次的防衛、持續轉型、以能力爲基礎的方法、風險管理。經由確立戰略目標、達成目標的方法與指導，可使國防部在戰略不確定的時代具有達成任務的能力。

「國家軍事戰略」則是立足於「國家安全戰略」與「國防戰略」的指導，進一步擬定國家軍事目標、完成任務的聯戰能力、兵力的規模與未來戰鬥的聯合願景。其中「國家軍事戰略」建立美軍軍事目標以支持「國防戰略」，即保護美國免於外來攻擊及侵略、防止衝突與奇襲、戰勝敵人。完成任務的聯戰能力則包含全面整合、遠戰制勝、相互鏈結、彈性編組、迅速調整、決策優勢與全面殲敵。兵力的規模則需符合「1-4-2-1戰略」原則，即有一支能在四個區域嚇阻敵人，並快速在兩個戰場至少獲得一場決定性勝利的部隊。未來戰鬥的聯合願景則需聚焦於八個方向：強化情報、保護重要的行動基地、共同空間行動自由、不受限的軍力投射、拒止敵人的庇護所、執行以網路爲中心的行動、強化非正規作戰的熟悉度、強化國內與國際夥伴的能力。依據此戰略可確保軍事目標的達成，並確保戰力持續不墜。

美國「國家安全戰略」強調整合區域的做法，仍是以安全、經濟繁榮與民主爲論述的重點。而國防部所擬定之「國防戰略」與「國家軍事戰略」提供達成「國家安全戰略」目標的有利條件。美國「國家安全戰略」、「國防戰略」與「國家軍事戰略」透過國際關係理論新現實主義、新自由主義及民主和平理論的詮釋，使其在上能有理論的導引，在下則能產生層級的呼應。此「層級戰略」具體勾勒美國總統、國防部長及參謀首長聯席會議主席戰略的指導，除可強化美國全民共識、美軍戰略思想、更有利各軍種擬定軍種戰略及聯合作戰之遂行。由於美國在此「層級戰略」建構已屆成熟，目前國軍亦正進行國防事務的改革，美國「層級戰略」的建構除了可提供我國在擬定相關戰略參考外，也值得戰略學術社群從不同的面向，再做進一步探究。

參考書目

中文

Graig A. Snyder著，徐緯地等譯，《當代安全與戰略》（*Contemporary Security and Strategy*）（吉林：吉林人民出版社，2001年）。

Jack Donnelly著，高德源譯，《現實主義與國際關係》（台北：弘智文化，2002年9月）。

Joshua S. Goldstein著，歐信宏、胡祖慶合譯，《國際關係》（International Relations）（台北：雙葉書廊有限公司，2003年）。

Lynn E. Davis and Jeremy Shapiro著，高一中譯，《美國陸軍與新國家安全戰略》（*The U.S. Army and The New National Security Strategy*）（台北：國防部長辦公室，2006年）。

孔令晟著，《大戰略通論：理論體系和實際作爲》（台北：好聯出版社，1995年）。

西翁・布朗（Seyom Brown）著，李育慈譯，《掌控的迷思：美國21世紀的軍力與外交政策》（*The Illusion of Control: Force and Foreign Policy in the Twenty-First Century*）（台北：國防部長辦公室，2006年12月）。

吳育騰，〈美國2008國防戰略安全意涵之研析〉，《空軍軍官雙月刊》，144期。

李際均，《軍事戰略思維》（北京：軍事科學出版社，2007年7月）。

肯尼思・華爾茲（Kenneth Waltz），〈無政府秩序和均勢〉，收錄於羅伯特・基歐漢（Robert Keohane）編，郭樹勇譯，《新現實主義及其批判》（北京：北京大學出版社，2002年）。

姚有志（主編），《戰爭戰略》（北京：解放軍出版社，2005年）。

美國白宮編，曹雄源、廖舜右譯，《柯林頓政府時期接觸與擴大的國家安全戰略》。

美國白宮編，曹雄源、廖舜右譯，《柯林頓政府時期新世紀的國家安全戰略》。

美國國防部（Department of Defense, USA）著，國防部譯。《2001美國四年期國防總檢報告》，（台北：聯勤北印廠，2002年1月）。
美國國防部（Department of Defense, USA）著，蕭光霈譯。《2006美國四年期國防總檢》，（台北：國防部部長辦公室，2007年5月）。
美國國防部（Department of Defense, USA）著，國防部譯。《1997美國四年期國防總檢》（台北：聯勤北印廠，1997年10月）。
美國國防部編，曹雄源、廖舜右譯。2005美國國防暨軍事戰略。桃園：國防大學，民97年。
胡敏遠，《野戰戰略用兵方法論》，（台北，揚智出版社，2006年）。
倪世雄，《當代國際關係理論》（台北：五南圖書出版公司，2005年）。
康紹邦、宮力等著，《國際戰略新論》（北京：解放軍出版社，2006）。
張亞中（主編）《國際關係總論》。（台北，揚智出版社，2007年）。
許嘉，《美國戰略思維研究》（北京：軍事科學出版社，2003年）。
許嘉，《美國戰略研究》。
黃金輝，《兵家智謀》，（嘉義：千聿企業社出版部，2001年9月）。
陳勁甫、邱榮守，〈論析美國『四年期國防總檢』的立法要求與影響〉，《問題與研究》（台北），第46卷第3期。
陳偉華，《軍事研究方法論》，（桃園：國防大學，2003年）。
陳漢文，《在國際舞台上》，（台北：谷風出版社，1987年）。
陳德禹，朱浤源主編，《撰寫碩博士論文》，（台北：正中書局，1999年）。
彭懷恩譯著，《政治學方法論Q&A》，（台北：風雲論壇出版社有限公司，民88年）。
鈕先鍾，《中國戰略思想新論》（台北：麥田出版股份有限公司，2003年）。
鈕先鍾，《西方戰略思想史》（台北：麥田出版股份有限公司，1999年）。
鈕先鍾，《戰略研究入門》（台北：麥田出版股份有限公司，1998年）。
楊念祖，〈從美國東亞戰略的演變看對台安全的影響〉，「第三屆國家安全與軍事戰略」學術研討會（桃園：國防大學，2002年11月）。
葉至誠、葉立誠合著，《研究方法與寫作》，（台北：商鼎文化出版社，2001年）。
廖舜右、曹雄源，〈現實主義〉，張亞中（主編）《國際關係總論》（台北：

揚智文化，2007年）。
劉復國，〈美國「四年期國防總檢報告」與「轉型外交」對我國政策啓示〉，《戰略安全研析》，第10期，95年2月。
潘淑滿，《質性研究：理論與應用》，（台北：心理出版股份有限公司，2003年）。
蔣緯國，《大戰略概說》（台北：三軍大學，1976年）。
鄭端耀，〈國際關係「新自由制度主義」理論之評析〉，《問題與研究》，第36卷第2期，民86年2月7日。
薛國安，《孫子兵法與戰爭論比較研究》，（北京：軍事科學出版社，2003年）。
魏汝霖，《孫子今註今譯》，（台北：台灣商務印書股份有限公司，1994年）。
羅伯特‧基歐漢（Robert Keohane）編，郭樹勇譯，《新現實主義及其批判》，（北京：北京大學出版社，2002年）。
羅伯‧德爾夫（Robert M. Dorff），〈戰略發展初探〉，佘拉米（Joseph R. Cerami）與候肯（James F. Holcomb, Jr）編；高一中譯《美國陸軍戰爭學院戰略指南》（台北：國防部史政編譯局，2001年）。

英文

Baldwin, David (ed). *Neorealism and Neoliberalism: The Contemporary Debate* (New York: Columbia University Press, 1993), pp.4-8. & John Baylis and Steve Smith, *The Globalization of World Politics: An Introduction to International Relations* (New York: Oxford University Press, 1997).
Bartholomees, J. Boone. "A survey of the Theory of Strategy," *U.S. Army War College Guide to National Security Issues*, Volume1: Theory of War and Strategy.
Baylis, John and Smith, Steve *The Globalization of World Politics* (New York: Oxford University Press, 1997).
BBC News, Bush Outlines Iraqi Victory Plan, internet available from http://news.bbc.co.uk/2/hi/americas/4484330.stm, accessed April 26, 2010.

Bealey, Frank *The Blackwell Dictionary of Political Science* (Massachuetts: Blackwell, 1999).

Betts, Richard "The New Threat Of Mass Destruction" in Charles W. Kegley, Jr. and Eugene R. Wittkopf eds, *The Global Agenda: Issues and Perspectives* (Beijing: Peking University Press, 2003).

Bill, James A. & Hardgrave, Robert L. *Comparative Politics: The Quest for Theory* (Ohio: Charles E. Merril Publishing Company, 1973).

Blair, Dennis C. 2009 Annual Threat Assessment of the Intelligence Community.

Blair, Dennis C. *The National Intelligence Strategy 2009.*

Blair, Dennis C. The National Intelligence Strategy of the United States of America, 2009.

Bush, George W. *The National Security Strategy of the United States of America 2006* (Washington D.C.: The White House, 2006).

Clinton, William J. *1996 State of the Union Address*, *Washington Post*, internet available from <http://www.washingtonpost.com/wp-srv/politics/special/states/docs/sou96.ht,#defense>, accessed August 14, 2008.

Clinton, William. *A National Security Strategy for a Global Age* (Washington D.C.: The White House, 2000).

Cohen, William S. *Annual Report to the President and Congress* (Washington D.C.: DOD, 1999).

Council on Foreign Relations, *National Strategy to Secure Cyberspace*, internet available from http://www.cfr.org/publication/9073/national_strategy_to_secure_cyberspace.html?bre, accessed March 30, 2010.

Cronin, Audrey Kurth, CRS Report for Congress, Foreign Terrorist Organizations, CRS-83-6.

CSIS, APS and AAAS, Nuclear Weapons in 21st Century U.S. National Security, Report by a Joint Working Group of AAAS, the American Physical Society, and the Center for Strategic and International Studies 2008.

Davis, Lynn. and Shapiro, Jeremy, eds. *The U.S. Army and the New National Security Strategy* (California: RAND, 2003).

Department of Defense, *Dictionary of Military and Associated Terms* (US: DOD, 1998).

Department of Defense, National Military Strategy 1995, Chairman Remark.

Department of Defense, National Military Strategy 2004, Chairman Remark.

Department of Defense, National Military Strategy, 1997, Chairman Remark.

Department of Defense, *Quadrennial Defense Review Report* (Washington D.C.: DOD, 2001), internet available from http://www.defenselink.mil/pubs/pdfs/qdr2001.pdf, accessed March 25, 2008.

Department of Defense, National Military Strategic Plan for the War on Terrorism 2006.

Department of Defense, National Military Strategy to Combat Weapons of Mass Destruction 2006.

Department of Defense, *The National Defense Strategy of the United States of America 2008* (Washington D.C.: DOD, 2008), foreword, internet available from http://www.defenselink.mil/news/2008%20National%20Defense%20Strategy.pdf.

Department of Defense, *The National Defense Strategy of the United States of America* (Washington D.C.: DOD, 2005). Internet available from http://www.defenselink.mil/news/Mar20050318ndsl.pdf.

Department of Defense, The National Military Strategy for Cyberspace Operations 2006.

Department of Defense, *The Report of the Quadrennial Defense Review* (Washington D.C.:DOD, 1997), internet available from http://www.dod.mil/pubs/qdr/toc.html.

Department of Homeland Security, Protecting America, internet available from http://www.dhs.gov/files/programs/protecting -america.shtm, accessed on January 7, 2010.

Department of Homeland Security, U.S. Department of Homeland Security Five-Year Anniversary Progress and Priorities, internet available from http://www.dhs.gov/xnews/releases/pr_1204819171.shtm, accessed April 1, 2010.

Department of Homeland Security, National Infrastructure Protection Plan Resource Center, Homeland Security Presidential Directive 7, internet available from http://www.learningservices.us/DHS/NIPP/Authorities.cfm?CFID=1677828CFTOK, accessed May 16, 2010.

Diamond, Larry. *Developing Democracy: Toward Consolidation* (John Hopkins University Press: Maryland, 1999).

Dougherty, James E. & Pfaltzgraff, Robert L. *Contending Theories of International Relations: A Comprehensive Survey* (U.S.: Priscilla McGeehon, 2001).

Doyle, Michael. "On the Democratic Peace," *International Security*, 1995.

Drew, Dennis M. and Snow, Donald M. *Making Strategy: An Introduction to National Security Process and Problems*, (Alabama: Air University Press, 1988).

Eikmeier, Dale C., Qutbism: An Ideology of Islamic-Fascism, U.S. Army War College Quarterly Spring 2007.

Evera, Stephen. *Guide to Methods for Students of Political Science* (U.S.: Cornell University Press, 1997).

Garnett, Geoffrey. "International Cooperation and Institutional Choice: The European Community's Internal Market," *International Organization*, 46(2) (Spring 1992), 533-557.

Gates, Robert M. "The National Defense Strategy-Striking the Right Balance."

Gilpin, Robert. *The Political Economy of International relations* (Princeton: Princeton University Press, 1987).

Gunaratna, Rohan. *Inside Al Qaeda: Global Network of Terror* (New York: Columbia University Press, 2002).

Handleman Howard (3rd edition), *The Challenge of Third World Development* (New Jersey: Upper Saddle River, 2003).

Hastedt, Glenn P. *American Foreign Policy: Past, Present, Future* (New Jersey: Upper Saddle River, 2003).

Homeland Security Council, National Strategy for Homeland Security 2007, internet available from http://www.dhs.gov/xlibrary/assets/nat_strat_homelandsecurity_2007.pdf., accessed April 3, 2009.

Hurley, Edward, Cybersecurity plan heavy on private-public cooperation, internet available from http:searchsecurity.techtarget.com/news/article/0, 289142, sid14_gci880914,00.html, accessed March 29, 2010.

ISS, *The Military Balance 2009* (UK: Routeledge, 2009).

IWS-The Information Warfare, National Security Act 1947, http://www.iwar.org

Jablonsky, David. "Why Is Strategy Difficult?" in J. Boone Bartholomees, ed., *U.S. Army War College Guide to National Security Issues, Volume 1: Theory of War and Strategy* (U.S.: U.S. Army War College 2008).

Jackson, Robert & Sorenson, Georg. Introduction to International Relations: Theories and Approaches (New York: Oxford University Press, 2003).

Jepperson, Ronald. Alexander Wendt, and Peter Katzenstein, *Norms, Identiy, and Culutre in National Security*, in Peter J. Katzenstein ed., *The Culture of National Security*: *Norms and Identity in World Politics.*

Jervis, Robert "Cooperation under the Security Dilemma," *World Politics*, 30 (2) (January 1978).

Katzenstein, Peter (ed). *The Culture of National Security: Normsand Identity in World Politics* (New York: Columbia University Press, 1996).

Laqueur, Walter. "Terror's New Face: The Radicalization and Escalation of Modern Terrorism" in Charles W. Kegley, Jr. and Eugene R. Wittkopf, The Global Agenda: Issues and Perspectives (Beijing: Peking University press, 2003).

Mancuso, Mario, Statement by Mr. Mario Mancuso on the Subcommittee on Terrorism, Unconventional Threats and Capabilities, United States House of Representatives, September 27, 2006.

Myers, Richard Statement of National Commission on Terrorist Attacks upon the United States.

Nation, R. Craig "Thusydides and Contemporary Strategy," in J. Boone Bartholomees, ed., *U.S. Army War College Guide to National Security Issues, Volume 1: Theory of War and Strategy* (U.S.: U.S. Army War College 2008).

National Security Act 1947, 《IWS-The Information Warfare》, internet available from http://www.iwar.org.uk/sigint/resources/national-security-act/1947-act.htm

& Clark Q. Murdock and Michele A. Flournoy, "Beyond Goldwater-Nichols: US government and Defense Reform for a New Strategic Era," Phase 2 Report, p.28, 《CSIS》, internet available from http://www.csis.org/media/csis/pubs/bgn_phz_report.pdf, accessed September 12, 2008.

National Security Council, National Security for Victory in Iraq 2005.

O'Hanlon, Michael E. *Defense Policy Choices for the Bush Administration 2001-2005* (Washington D.C.: Brookings Institution Press, 2001).

O'Hanlon, Michael E. Peter R. Orszang, Ivo H. Daalder, I.M. Destler, David L. Gunter, Robert E. Litan, and James B. Steinberg, *Protecting The American Homeland: A Preliminary Analysis*, (Washington D. C.: Brookings Institution Press, 2002).

Office of Border Patrol, *National Border Patrol Strategy 2004.*

Office of Director of National Intelligence, The National Intelligence Strategy 2009.

Office of Homeland Security, *National Strategy for Homeland Security 2002*, internet available from http://www.usembassy.it/pdf/other/homeland.pdf, accessed October 12, 2008.

Office of the Secretary of Defense, *Quadrennial Defense Review*, internet available from http://www.comw.org/qdr/06qdr.html, accessed April 21, 2008.

Perl, Raphael, CRS Report for Congress, U.S. Anti-Terror Strategy and the 9/11 Commission Report, CRS-2.

Perl, Raphael F., CRS Report, National Strategy for Combating Terrorism: Background and Issues for Congress, CRS3-4.

Phares, Walid. *Future Jihad: Terrorist Strategies against America* (New York: Palgrave MaCmillan, 2005).

QDR Legislation, internet available from http://www.qr.hq.af.mil/QDR_Library_Legislation.htm,

Rose, Seth, *Defending the National Strategy to Secure Cyberspace*, internet available from http://www. Standford.edu/class/msande91si/www-spr04/readings/week2/DefendingNati, accessed March 30, 2010.

Ruggie, John "Multilaterialism: The Anatomy of an Institution," in Ruggie, John ed.

Multilateralism Matters: The Theory and Praxis of an Institutional Form (New York: Columbia University Press, 1993), p.11, in Dougherty and Pflatzgraff (2001).

Rumsfeld Donald, *Annual Report to the President and the Congress* (Washington D.C. DOD, 2002).accessed January 22, 2009.

Rumsfeld, Donald H. *The National Defense Strategy of the United States of America*, internet available from http://www.defenselink.mil/news/Mar2005/d20050318ndsl.pdf, accessed April 21, 2008.

Rumsfeld, Donald H. U.S. *Refocusing Military Strategy for War on Terror*, internet available from http://www.iwar.org.uk/news-archive/2004/05-30.htm, accessed April 22, 2010.

Russett, Bruce. "Controlling the Sword", in Marc A. Genest ed., *Conflict and Cooperation: Evolving Theories of International Relations* (Beijing: Peking University Press, 2003).

Russett, Bruce. "On the Democratic Peace," *International Security*, 1995.

Scobell, Andrew. *China and Strategic Culture*, p.1, internet available from http://www.strategic studiesinstitute.army.mil/pdffiles/pub60.pdf, accessed March 9, 2009.

Shalikashvili, John M. *National Military Strategy 1997: Shape, Respond, Prepare Now-A Military Strategy for a New Era*, internet available from http://www.au.af.mil/au/awcgate/nms/index.htm, accessed September 22, 2008.

Shuster, Mike and Chadwick, Alex, *Analyzing Bush's National Strategy for Victory*, internet available from http://www.npr.org/templates/story/story.php?storyID=5034345, accessed March 30, 2010.

Sloan, Stephen. *Beating International Terrorism: An Action Strategy for Preemption and Punishment* (Alabama: Air University Press, 2000).

Smith, Steve, Positivism and beyond in Steve Smith, Ken Booth & Marysia Zalewski, eds., *International Theory:Positivism and beyond* (UK: Cambridge University Press, 2000), p.11.

Snider, Don M. The National Security Strategy: Documenting Strategic Vision, internet available from http://www.ditc.mil/doctrine/jel/research_pubs/natlsecy.pdf, accessed November 16, 2009.

Sodaro, Michael J. *Comparative Politics: A Global Introduction* (McGraw-Hill Higher Education: Boston, 2001).

Squassoni, Sharon, CRS Report, Proliferation Security Initiative.

Stephen D. Krasner, "Global Communications and National Power: Life on the Pareto Frontier," *World Politics*, 43 (April 1991), 336-366. in Dougherty and Pflatzgraff (2001).

The 9/11 Commission Report: *Final Report of the National Commission Terrorist Attacks upon the United States* (New York: W.W. Norton & Company Ltd., 2004).

The American Association for the Advancement of Science (AAAS), The American Physical Society (APS), and The Center for Strategic and International Studies (CSIS), Nuclear Weapons in 21st Century U.S. National Security.

The Freedom House, *Combined Average Rating-Independent Countries 2001-2002*, internet available from http://www.freedomhouse.org/template.cfm?page=220&year=2002.

The Freedom House, *Combined Average Rating-Independent Countries 2008*, internet available from http://www.freedomhouse.org/uploads/Chart117File169, accessed on February 10, 2010.

The Freedom House, Combined Average Ratings: Independent Countries 2002, internet available from http://www.freedomhouse.org/uploads/Chart44File118, accessed on February 12, 2010.

The Freedom House, Combined Average Ratings: Independent Countries 2005, internet available from ttp://www.freedomhouse.org/uploads/Chart18File32.pdf, accessed on February 12, 2010.

The White House, *9/11 Five Years Later: Successes and Challenges 2006* (Washington D.C.: The White House, 2006).

The White House, *A National Security Strategy for A New Century* (Washington D.C.: The White House, 1997).

The White House, *A National Security Strategy for A New Century* (Washington D.C.: The White House, 1998).

The White House, *A National Security Strategy for A New Century* (Washington D.C.: The White House, 1999).

The White House, *A National Security Strategy for A New Century* (Washington D.C.: The White House, 2000).

The White House, *A National Security Strategy of Engagement and Enlargement* (Washington D.C.: The White House, 1995).

The White House, *A National Security Strategy of Engagement and Enlargement* (Washington D.C.: The White House, 1996).

The White House, National Security to Combat Weapons of Mass Destruction.

The White House, *National Strategy for Combating Terrorism* (The White House: Washington D.C., 2006).

The White House, *National Strategy for Combating Terrorism* (The White House: Washington D.C., 2003).

The White House, *National Strategy for Homeland Security* (Washington D.C.: The White House, 2002).

The White House, *National Strategy for Homeland Security* (Washington D.C.: The White House, 2007).

The White House, *National Strategy for Victory in Iraq 2005* (Washington D.C.: The White House, 2005).

The White House, *National Strategy to Combating Weapons of Mass Destruction 2002* (Washington D.C.: The White House, 2002).

The White House, *The National Security Strategy of the United States of America* (Washington D.C.: The White House, 2006).

The White House, *The National Security Strategy of the United States of America* (Washington D.C.: The White House, 2002).

The White House, *The National Strategy to Secure Cyberspace* (The White House: Washington D.C., 2003).

US Agency for International Development, *Strategic Plan of Fiscal Years 2007-2012*.

USAID/IRAQ, USAID/IRAQ TRANSITION STRATEGY PLAN (2006-2008), internet available from http://www.usaid.gov/iraq/pdf/USAID_Strategy.pdf, accessed April 27, 2010.

US Army War College Selected Readings, "*War, National Policy, and Strategy*," 1992.

U.S. Department of State, Diplomacy in Action, internet available from http://www.state.gov/t/isn/wmd/, accessed March 30, 2010.

U.S. National intelligence Estimate, Assessment of the United States' effectiveness in damaging al'Qai'da and the strength of al Qai'da, internet available from http://www.ourfuture.org/reprts/, accessed on January 6, 2010.

U.S. Senate 108th Congress 2nd Session, national Strategy for Homeland Security Act of 2004, internet available from http://www.the orator.com/bills108/s2708.html, accessed April 1, 2010.

Viotti, Paul R. & Kauppi, Mark V. *International Relations Theory: Realism, Pluralism, Globalism* (New York: Macmillan Publishing Company, 1987).

Waltz, Kenneth N. *Theory of International Politics* (U.S.: McGraw-Hill, Inc., 1979).

Wiarda, Howard J. *Introduction to Comparative Politics: Concepts and Processes* (Harcourt Brace & Company: Florida, 2000).

Wikipedia, the free encyclopedia, National Military Strategy (United States), internet available from http://en.wikipedia.org/wiki/National_Military _Strategy_(United States), accessed January 5, 2010.

Wilson, Clay, CRS Report, Computer Attack and Cyber Terrorism: Vulnerabilities and Policy Issues for Congress, Summary.

Yarger, Harry R. "*The Strategic Appraisal: The Key To Effective Strategy*," J. Boone Bartholomees, Jr. (ed), U.S. Army War College Guide to National Security Issues, Volume1: Theory of War and Strategy.

Yarger, Harry R. "Toward A Theory of Strategy: Artlykke and the US Army War College Strategy Model," in J. Boone Bartholomees, ed., *U.S. Army War College Guide to National Security Issues, Volume 1: Theory of War and Strategy* (U.S.: U.S. Army War College 2008).

國家圖書館出版品預行編目資料

戰略透視：冷戰後美國層級戰略體系／曹雄源著. ——二版.——臺北市：五南，2013.09
面；　公分
ISBN 978-957-11-7280-4（平裝）
1.軍事戰略　2.國防戰略　3.國家安全
4.美國外交政策
599.952　　102016242

1PU8

戰略透視：冷戰後美國層級戰略體系

作　　者— 曹雄源（227.3）
發 行 人— 楊榮川
總 編 輯— 王翠華
主　　編— 劉靜芬
責任編輯— 蔡惠芝
封面設計— P.Design視覺企劃
出 版 者— 五南圖書出版股份有限公司
地　　址：106台北市大安區和平東路二段339號4樓
電　　話：(02)2705-5066　　傳　　真：(02)2706-6100
網　　址：http://www.wunan.com.tw
電子郵件：wunan@wunan.com.tw
劃撥帳號：01068953
戶　　名：五南圖書出版股份有限公司

台中市駐區辦公室/台中市中區中山路6號
電　　話：(04)2223-0891　　傳　　真：(04)2223-3549
高雄市駐區辦公室/高雄市新興區中山一路290號
電　　話：(07)2358-702　　傳　　真：(07)2350-236

法律顧問　林勝安律師事務所　林勝安律師

出版日期　2011年3月初版一刷
　　　　　2013年9月二版一刷
定　　價　新臺幣400元

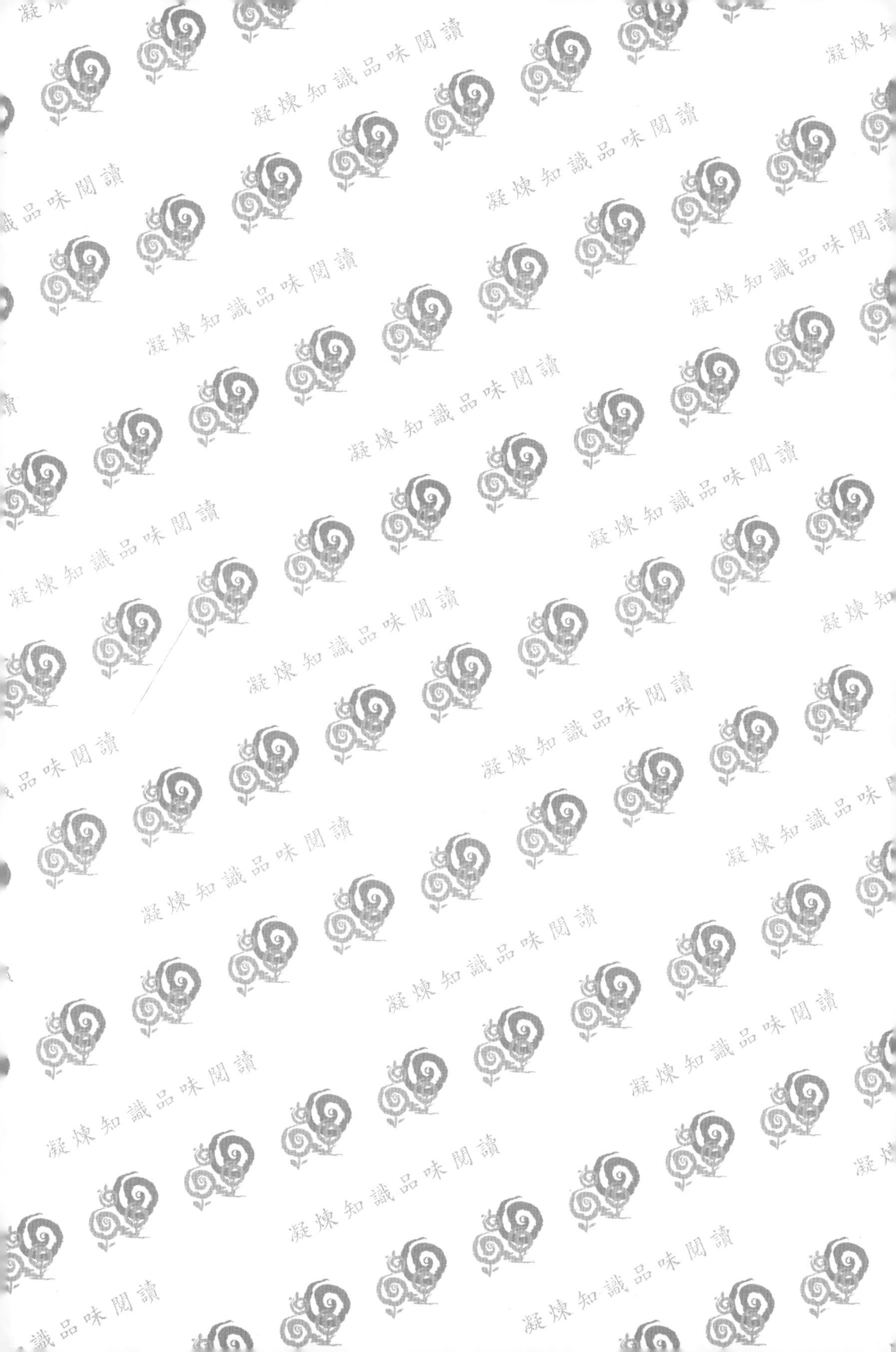
凝煉知識品味閱讀